A Portrait of The Brain

사람들은 우리의 기쁨, 환희, 웃음, 농담뿐만 아니라 슬픔, 아픔, 비탄, 눈물까지도 뇌에서, 그리고 오로지 뇌에서만 나온다는 것을 알아야 한다……. 우리가 겪는 이 모든 것들이 뇌에서 온다.

기원전 5세기, 히포크라테스로 추정

뇌의
초상

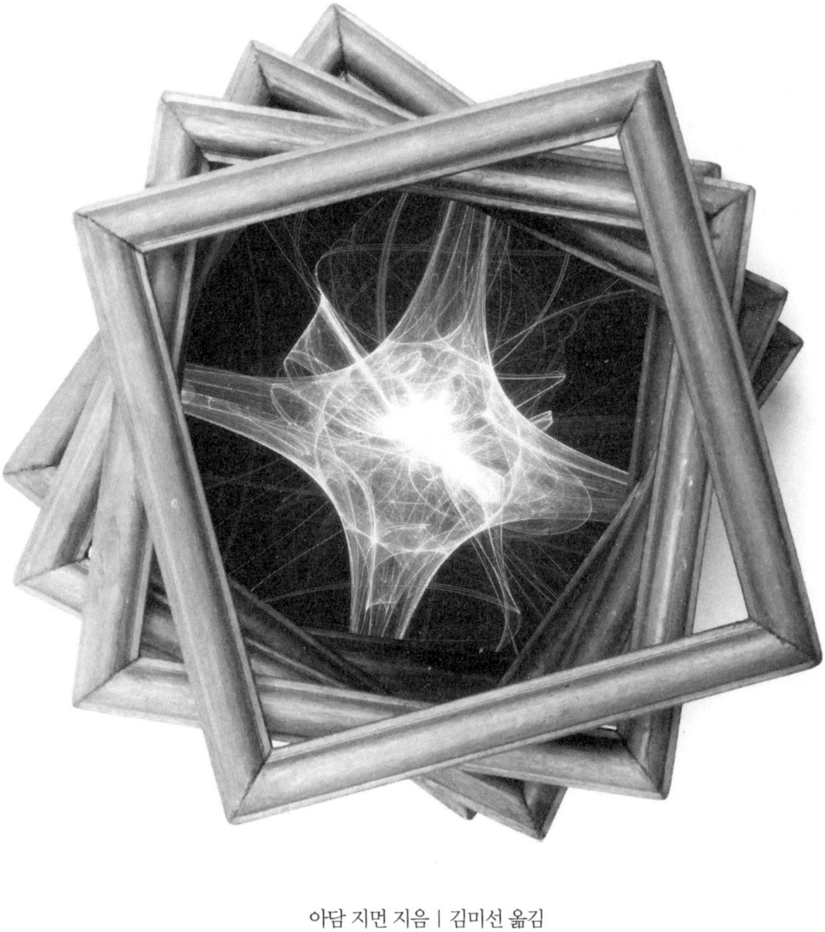

아담 지먼 지음 | 김미선 옮김

지호

항상 그것이 사라지고 나서야 내가 가진 게 무엇인지를
아는 것 같지 않나요?

조니 미첼Joni Mitchell의 노래, 'Big Yellow Taxi', 1970

실로 그러합니다. 다져진 길을 벗어난 작업의 흔적이 보이는 사례들
에서만큼 자연이 평소에 자신의 은밀한 신비를 공개적으로 전시하는
곳은 없습니다……. 거의 모든 것에서, 거기 포함된 유용하거나
응용 가능한 것들은 강탈당하거나 어떤 식으로든 흐트러지기
전에는 지각되기가 어렵기 때문이죠.

윌리엄 하비William Harvey가 얀 플라크펠트Jan Vlackveld에게 보낸
편지 중에서, 1657

나는 그것들의 안에 있는 것들을 분해하고,
안에 있는 것들의 안에 있는 것들을 발견한다.
그 세포들을 지탱해주는 분자들의 원자들을 이해할 때까지.
하지만 아름다움을 갈망하는 인간은 어디에 있을까?

존 마틴John Martin, 『외로움의 기원*The Origin of Loneliness*』, 2004

인간의 본성을 알려면 만물의 본성을 알아야 한다.

히포크라테스

차례

머리말

이 책은 뇌 장애의 이야기들을 통해, 원자에서 출발해 정신까지 한 단계 한 단계씩 뇌를 소개한다. 나는 이 책이 당신에게 당신이 어떤 존재인가에 대해 신선한 통찰을 주기를 바란다. 물리적인 몸이자 살아 있는 생명체이자 의식 있는 마음이기도 한, 셋이면서 하나이고 하나이면서 셋인 존재인 당신을. 우리 본질의 이 세 가지 측면에 오래전 히포크라테스가 의학의 핵심 요소로 여긴 환자, 의사, 질병을 통해 접근하면서, 이 책은 그 하나하나에 달린 창을 열어젖힐 것이다. 뇌는 인간의 모든 경험에 관여한다. 욕망, 상상, 환희뿐만 아니라 슬픔, 걱정, 낙담까지 이 책이 다루는 감정의 범위가 그 사실을 반영한다.

자신의 사례를 기술하도록 허락해준 환자들에게 더할 수 없는 감사를 표한다. 익명성을 지키기 위해 주변적인 세부사항들을 바꾸긴 했지만, 내가 묘사하는 사람들과 우리의 만남이 띠었던 색깔과 생동감은 그대로 유지하려고 노력했다.

원래 알던 이와 새로 사귄 이를 막론하고, 나를 도와준 친구와 동료들에게 진심으로 감사한다. 브라이언 보슈, 새라 버터필드, 스테파니 플레밍, 로라 굿, 샐리 레어드, 존 스톤, 에린 타운젠트, 마이클 트림블,

밥 윌은 개별 장들에 관해 유용한 조언들을 해주었다. 레베카 애일워드, 수전 블랙모어, 미카 듀어, 소피 지먼과 익명의 두 검토자는 책 전반에 관해 상세하게 평을 해주었다. 매트 리들리, 브론윈 테릴과 데이비드 샐러스는 특정 정보를 조회할 수 있도록 친절하게 도와주었다. 나의 대리인인 피터 탤랙은 처음부터 일이 돌아가도록 도와주기 시작해 끝까지 열렬하게 관심을 쏟아주었다. 헌신적인 편집자인 예일 대학의 헤더 맥칼럼은 내게서 통일성 있는 뇌의 초상을 뽑아내기 위해 무던히 애썼다. 상상력 넘치는 숙달된 일러스트레이터 셸리 제임스와 함께 일해서 즐거웠다. 책에는 결함들도 있겠지만 이는 모두 나의 책임이다.

서문

도대체 이 세상은 무엇이며, 인간이 원하는 것은 또 무엇이란 말인가?
한순간은 사랑과 함께 또 한순간은 홀로 차가운 무덤 속에
있어야 하다니……

초서Caucer, '기사 이야기'

'우리는 무엇인가?' 초서는 아주 적절한 의문을 던졌다. 셰익스피어라면 이렇게 대답했을 것이다. "행동할 때는 사뭇 천사 같구나! 이해할 때는 사뭇 신 같구나!" 하지만 또한 우리는 "먼지 중의 먼지"임을 항상 명심하라고 충고했을 것이다. 700년이 지나, 우리는 초서의 질문에 확신을 갖고 뇌라고 답하는 경향이 있다. 우리가 우리인 이유는 머릿속에 세상에서 가장 경이로운 생물학적 장치를 지니고 있기 때문이라고, 우리의 사고를 형성하고 행동을 지시하며, 약 1천억 세포들로 이루어져 있고, 아마 1백조 상호 연결을 만들고 있을, 지금까지 우주 안의 어떤 곳에서 마주친 것보다도 가장 복잡한 시스템을 지니고 다니기 때문이라고 말이다. 분명, 뇌는 인간의 본질에 대한 열쇠를 쥐고 있다. 뇌를 이해하면 우리 자신에 관한 수수께끼들의 아주 많은 부분을 이해할 수 있을 것이다.

당신이 이런 발상에 대한 나의 흥분을, 그리고 내 의심의 일부까지도 공유한다면, 계속해서 책을 읽으라. 이 책은 뇌와 나머지 본질과의 연속성을 밝히는 방식으로 뇌를 소개하면서, 원자로부터 유전자로, 유전자로부터 단백질로, 단백질로부터 세포로, 다음엔 점점 더 복잡해지

는 신경층을 거쳐, 우리가 때때로 직접 느낄 수도 있는 손에 잡히는 실체에 이르기까지, 한 단계 한 단계 뇌를 재구성할 것이다. 이 재구성 작업을 가능하게 만든 과학적 발견들은 지난 수백 년의 지적 업적들 가운데 가장 주목할 만한 것에 속한다. 원자로부터 뇌로 올라가는 과정에서, 우리는 눈에 보이지는 않지만 뇌의 떼어놓을 수 없는 대응물인 마음의 출현을 살펴볼 것이다.

사실, 마음은 오래도록 시야에서 결코 밀려나지 않을 것이다. 나는 뇌의 각 단계를 개인들의 이야기를 통해 설명할 것이다. 어떤 원소의 원자가 부족한 사례부터 뇌의 한 부분이 베어져나간 사례까지, 이 이야기에 등장하는 주인공들의 뇌가 작동하는—또는 잘못 작동하는—방식은 각 단계들을 하나씩 가장 잘 이해시켜준다. 어떤 이야기들은 우리의 나약함을 상기시키는 슬픈 이야기다. 카렌 블릭센Karen Blixen(『아웃 오브 아프리카』의 저자-옮긴이)이 아프리카에서, 한 소년이 길에서 말문도 열지 못하고 다 죽어가는 것을 구해낸 이야기를 어머니에게 썼듯이, '그러한 일들이 일어날 수 있다는 게 끔찍할' 정도이다. 그런가 하면 어떤 이야기들은 우리에게 극복하고, 적응하고 성장하는 위대한 능력이 있음을 알려준다. 모든 이야기가 인간의 조건을 말하고 있다.

신경장애를 앓는 사람들의 경험을 통해 뇌를 설명하는 일은, 나에게는 내 전문 분야인 신경학을 소개할 기회가 된다. 신경과 의사들은 근육, 신경, 뇌에 장애가 있는 사람들을 돌본다. 우리는 사람들이 우리를 과학자로 생각해주길 바라고, 우리들 가운데 일부는 실제로 과학자이지만, 사실 우리에게 일용할 양식을 주는 것은 통역자로서의 일이다. 때로는 단조롭지만 기이하기 일쑤인 우리 환자들의 이야기를 설명이

되도록 과학 용어로 옮기고, 여기에 성공하면 다음엔 환자들의 경험을 설명하는 과학을 환자들이 이해할 수 있는 용어로 옮기는 것이다. 어떤 병이 제기한 수수께끼를 푸는 일은 도전적이고 만족스러운 일이며, 특히 그것이 치료로 이어질 수도 있기에 더욱 그렇다. 그렇지만 틀린 답을 얻는 것은 의학이라는 모험적인 일에서는 피할 수 없으며, 그럴 때는 같은 정도로 당혹스럽고 마음이 어두워진다. 나는 성공의 황홀함과 함께 실패의 지끈거리는 아픔도 묘사할 것이다.

처음부터 책의 소재와 서술 방향을 간단히 아는 것이 도움이 될 수 있지만, 두근거리는 마음으로 책을 읽고 싶다면, 다음 절은 건너뛰었다가 책의 나머지를 읽은 뒤에 돌아오는 편이 나을 것이다.

여는 장인 '피곤해'는 나에겐 뼈아픈 이야기였던 앨리슨의 이야기로, 만성 피로로 오해되는 고전적 신경장애의 사례다. 앨리슨의 피로와 잇따른 합병증에는 근본적인, 실로 근본적인 원인이 있는 것으로 드러났다. 이 사례는 이 책의 분석에서 최하위 수준인 원자와 분자, 즉 우리 세계—물론 우리 몸을 포함한—의 미시적 구성요소 수준을 소개한다. 나는 이 미시적 요소들을 그것이 발견된 역사를 통해 소개할 것이다. 개념의 기원을 알면 종종 그 개념을 이해하는 데 큰 도움이 되기 때문이다. '과학의 역사가 곧 과학인 것이다.

2장에서는 원자에서 유전자로 옮겨가, 유전자란 무엇인가 그리고 그것이 우리 뇌를 어떻게 통제하는가를 탐색한다. 일례로 찰리의 운동, 사고, 행동에 영향을 준 뇌의 희귀한 유전병을 살펴본다. 이 사례는 여러 의미에서 독특한 것으로 증명되었다.

3장에서는 '거대분자'라는 다른 집단으로 초점을 옮긴다. 거대분자는 유전자와 나란히 우리 삶의 화학적 토대—단백질, 즉 생물학의 '첫 번째 것들'—를 제공한다. 3장에서 묘사하는 병은 단백질 기능의 관점에서 가장 잘 이해되는, 국소적이고 끔찍한 병이다. 다행히 그 병은 사라질 상황에 놓여, 영국에서 유행병이 되는 일은 지금까지 실현되지 않았다.

4장에서는 내 가상의 현미경 해상도를 낮추어, 거대분자에서 우리 세포의 미소한 거주자들인 '세포소기관'으로 올라간다. 원자, 유전자, 단백질처럼, 이 세포소기관들도 뇌세포뿐만 아니라 몸 전체의 세포에서 발견된다. 하지만 이 장에서 묘사하는 세포소기관은 미시적 발전소로서, 뇌처럼 높은 에너지를 요구하는 조직에서 특히 중요한 역할을 한다. 문제의 세포소기관인 미토콘드리아의 기능 장애는 흔히 신경장애의 원인이 된다. 미토콘드리아에게는 혁신적으로 변신한 특이한 진화사가 있다. 변신이라는 장의 제목이 여기서 비롯된다.

5장에서는 뇌의 가장 저명한 거주자인 신경세포, 즉 뉴런을 심각한 신경병 중 가장 흔한 질환인 간질의 사례를 통해 소개한다. 데이브의 이야기에 곁들여진 내용은 19세기 과학의 주요 탐구 대상들 가운데 하나였던 뉴런의 발견이다.

뉴런이 전달하는 신호는 전기의 형태를 띠지만, 한 뉴런과 다음 뉴런 사이의 교차점에서는 메시지의 중개자가 전기에서 화학물질로 바뀐다. 액체 신경전달물질들이 둥둥 떠서 시냅스를 건너, 한 뉴런이 다음 뉴런과 소통할 수 있게 해준다는 말이다. 6장에서 19세기의 의사 겔리노와 21세기의 10대 소녀 루시의 도움을 받아 이 과정을 소개한다. 둘의 공통 관심사는 잘 진단되지 않는 어느 희한한 병이었지만, 최근 그 병도 원인의 비밀을 드러내며 굴복했다. 여기서는 나 자신에게 약간의 상상력을 허용했다. 이 병의 증세에서 꿈이 지니는 중요성과 지난 10년에 걸쳐 많은 환자들과 나누었던 대화의 흡인력이 그렇게 하도록 나를 부추겼다.

7장에서는 뇌의 구성요소에서 그 구성요소들의 조직으로 넘어간다. 쇼나와 제드 두 사람의 기억 장애 사례를 통해, 우리에게 기억을 부여하는 신경망을 살펴본다. 쇼나는 기이한 형태의 데자뷰를, 제드는 최근에 설명된 일시적 기억상실증을 겪는다.

8장에서는 미시적 규모에서 빠져나와 뇌를 하나의 전체로서 살펴본다. 초점은 피질의 기능에 둔다. 이 이야기의 주인공인 얀은 또 다른 형태의 기억 장애에 시달린다. 그의 치매는 우리가 경험을 해석하기 위해 끊임없이 의존하는, 언어와 세계에 관한 지식이라는 데이터베이스를 고갈시킨다. 얀의 사례에서는 역설적으로, 무시되고 있던 어떤 재능이 이 장애 덕분에 뒤늦게 꽃피었다.

의사를 찾아오는 환자들에게 병이 없는 경우도 종종 있다. 의대생이었을 때, 거의 충격적일 만큼 갑작스럽게 이 사실을 깨달았던 순간을 기억한다. 의학적 과정은 한 가지나 서너 가지 증상과 함께 시작되지만, 증상과 병의 대응 관계는 매우 느슨하다. 이 점에서는 신경과나 다른 과나 마찬가지다. 연구 결과로 끊임없이 드러나듯, 신경과 외래 진료소를 찾는 환자들의 약 30퍼센트에게는 '의학적으로 설명되지 않는 증상이 있다. 그러한 환자들도 증상이 설명되는 환자들과 똑같이 장애를 겪으며, 모종의 심리학적 고민이 있을 공산이 크다. 9장에서는 이와 같은 사례로서 제니의 경우를 살펴보면서, 히스테리를 생각해온 흥미로운 역사도 돌아본다. 히스테리는 병이 없어도 증상이 생길 수 있는 경로들 가운데 하나다. 9장은 과학이라는 비밀의 화원에서 인간의 감정과 행동이라는 더 친숙한 영역으로 우리를 다시 데려간다.

마지막 장인 10장에서는 지금까지의 여정을 요약하면서, 앞에서 한 이야기들의 배경에 있는 몇 가지 질문들을 곰곰이 생각해본다. 인간의 자아가 어떻게 '인간 기계로부터 출현하는 것일까? 과학이 정말로 우리의 복잡한 본성을 만족스럽게 이해시켜줄 수 있을까? 아니면 아직도 영혼을 들먹여야 우리 자신을 제대로 이해할 수 있을까? 에필로그는 이 마감 주제에 관한 변주곡이다.

chapter 1

원자

피곤해

나는 피곤하다, 고사리를 꺾느라 ……

계일의 민요

앨리슨

만물의 피곤함을 사람이 말로 다할 수 없나니.

전도서 1장 8절

나의 환자 앨리슨은 피곤했고, 나도 그랬다. 그녀는 그날 아침 나의 새 환자 열 명 가운데 일곱 번째 환자였다. 나는 선배 동료 대신 근무를 하고 있었다. 청춘의 넘치는 관대함으로, 내가 문제없이 일을 대신 처리해주겠다고 그를 안심시켰다. 말한 당시에는 진심이었지만, 이미 시들어가고 있던 나의 영혼은 이 일곱 번째 진료 의뢰서를 읽으면서 조금 더 시들었다. "38세의 이 상냥한 여성을 진찰해주셔서 감사합니다…… 한동안, 특히 아침이면 피곤해서…… 집안일을 해내기가 힘들 정도입니다…… 2~3년 전에 선생님께서 직접 보신 환자로…… 진단은 '만성 피로가 거의 확실합니다." 이 문제는 내게 남아 있는 15분 안에 답을 얻을 가망이 전혀 없어 보였다.

마음으로 모르는 것은 눈에도 보이지 않는다. 나는 최선을 다해, 혹은 최선을 다한다고 생각하며, 앨리슨의 이야기에 귀를 기울이고 그녀의 피로한 팔다리를 살폈다. 그녀는 아닌 게 아니라 '상냥한 여성'이었다. 검은 머리, 검은 눈의 그녀는 요구하는 것이 많지 않았지만, 도움을 필요로 하고 있었다. 그녀는 의심할 여지없이 피곤했고, 오후보다 오전에 더욱 그랬다. 그녀는 두통과 함께 깨어났고, 두통은 시간이 갈수록 심해졌다. 서서히, 하지만 틀림없이 그녀의 증상들은 나빠지고 있었다. 그녀가 감당할 수는 있었다. 하지만 피로는 그녀의 생활에서 즐거움을 앗아갔다. 진료 기록에서 선배 의사가 몇 년 전에 그녀를 진료한 사실을 확인할 수 있었다. 선배는 혈액 결과에서 이상을 감지했지만, 더 검사를 해보아도 원인이 밝혀지지 않아 상호 동의하에 문제를 그 상태 그대로 남겨두었던 것이다. 내가 더 예리했거나 덜 늘어져 있었다면, 어쩌면 우리가 만난 짧은 시간 동안에 어떤 실마리를 찾을 수 있었을지 모른다. 하지만 나는 미숙하고 바빴다. 너무 바빠서 잠시 멈춰 앨리슨의 곤경을 새삼스럽게 생각해볼 수도 없었고, 생각했다 해도 너무나 경험이 없어서 별다른 성과를 얻지 못했을 것이다. 확실한 것은 헤어질 때쯤에 내가 그녀에게 해줄 도움이 될 만한 말이 아무것도 없다는 점이었다. 내 최초의 비관론은 이미 완전히 정당화되어 있었다. 앨리슨에게 혈액 검사들을 좀 받아보라는 카드를 건네주고 다음 환자를 볼 준비를 하면서, 나는 단조롭고 별 도움도 안 되는 '임상적 일화'였던 우리의 만남에서 아무것도 더 이상 기대하지 않았다. 이틀 뒤, 나는 휴가를 즐기며 나 자신의 피로를 말끔히 씻어내고, 삶에 대한 열정을 새로이 했다.

피로의 샘

그가 침대에 눕는 것은 환자나 잠을 자고 싶은 사람이 피치 못할
사정으로 침대에 눕는 것, 혹은 피곤에 지친 사람이 어쩌다 눕는 것,
혹은 게으름뱅이가 즐거이 침대에 눕는 것과는 성질이 다르다.
그것은 그의 일상이었다.

이반 곤차로프Ivan Goncharov, 『오블로모프』

19세기 곤차로프의 소설 주인공인, 호감은 가지만 나태한 주인공 오블로모프는 대개 한낮에도 가운 차림으로 있곤 한다. 곤차로프의 설명은 그런 상태의 주요 원인들을 멋지게 요약한다. 최근까지 나는 장로교 지역인 에든버러에 살았는데 그곳에서는 일을 너무 많이 하고 잠을 지나치게 적게 자는 것이 피로의 주된 원인이었다. 보통 과로의 습관은 점진적으로 생겨나서 자신도 모르게 진행된다. 피곤해서 나를 찾아온 어느 유독 성실한 직장인의 경우가 그랬다. 그의 근무시간은 보통 오전 8시부터 오후 6시까지였지만, 몇 년에 걸쳐서 집으로 돌아와서도 조금씩 일을 하는 습관이 생겼다. 저녁을 일찍 먹고, 오후 9시에 잠자리에 들었다가, 두 시면 다시 일어나 한밤중에 살금살금 서너 시간 서류작업을 하고서, 오전 다섯 시부터 일곱 시까지 곯아떨어지곤 했다. 과로는 그의 일상이었으므로, 그는 사는 게 갈수록 시들해지는 이유가 생각건대 과로 때문일 것이라는 이야기를 쉽게 받아들였다.

그런가 하면, 곤차로프가 암시하듯이, 거의 모든 종류의 중한 병들이 다 피곤할 수 있다. 한동안은 계속해서 원인불명일 수 있지만, 대개 전문가가 때로 두세 가지 검사를 거쳐 주의 깊게 평가하년, 원인이 되는 문제가 드러난다. 문제는 서서히 망가지고 있는 기관이거나, 깊이 자리잡은 감염, 더 고약하게는 드러나지 않게 전이되고 있는 암일 수도 있다. 하지만 과연 피로의 그 무엇이 모든 신체 조직에 스며들어 전체를 무기력에 빠뜨리고 몸을 제대로 작동하지 않게 하는 것일까? 확인 가능한 아무런 신체적 장애도 없는데? 피로는 병일까? 아니면 죄일까?

병들어 아플 때는 내가 행복하고 만족스러운 정상 건강상태를 회복할 것이라는 사실이 잘 믿기지가 않는다. 마찬가지로 일단 다시 건강해지고 나면 병들 가능성을, 즉 우리 자연이 간직하고 있을 법하지 않은 역경들 가운데 하나가 나를 때릴지도 모른다는 사실을 믿는 것도 그만큼 어렵다. 당신도 그럴 것이다. 원기 왕성한 사람들은 피로의 실재를 잘 인정하지 못하는 것 같다. 근면하게 분투하는 바쁜 사람들 — 물론 대부분의 의사들을 포함해 — 은 완벽하게 건강해 보이는 신체가 사람을 쉽게 무력하게 만드는 만성 피로를 겪고 있다는 모순을 도무지 이해하지 못한다. 그러므로 문제를 도덕적인 것으로, 의지박약으로, 일종의 게으름으로, 죄 — 나태의 죄 — 로 간주하려는 유혹은 엄청나다.

만성 피로의 희생자들은 자신의 고충에 대한 이런 반응에 예민하다. 그 결과, 만성 피로는 가장 논쟁적인 병들 가운데 하나가 되었다. 만성 피로가 의학적 장애로서 존재하는가의 여부가 의회에서 논쟁의 대상이 되자, 우리의 보건부 의무실장은 최근에 그것이 '실재하는 심각한 병'임을 재천명해야 했다. 논란은 과열되어 종종 과학 문제뿐만 아니라 신앙 문제로까지 번지곤 하지만, 사실 만성 피로라는 헷갈리는 문제는 과학으로 해명할 수 있다.

문제는 오래 묵은 것으로 드러난다. 빅토리아 시대 영국의 양갓집 규수들 사이에서 진단되던 '신경쇠약증neurasthenia', 즉 신경의 소진과, 제1차 세계대전의 참호 생활에서 비롯된 '분투 증후군effort syndrome'이 바로 1950년대의 근육통성 뇌척수염myalgic encephalomyelitis(ME), 1980년대의 여피 플루yuppie flu, 오늘날의 만성 피로의 직계 조상이다. 이 증세들이 '실재'할까? 물론 실재하며, 여러 고충과 장애의 흔하고 중요한 원인이다. 이것이 몸의 장애일까 마음의 장애일까? 나는 이 책이 펼쳐지는 동안 이 구분이 우리가 보통 믿는 것보다 훨씬 더 희미하다는 사실을 독자 여러분도 조금씩 납득하게 되길 바란다. 하지만 현재로서는 '둘 다'라고 답하는 게 최선일 것이다. 만성적으로 피로해서 활동하지 않는 것이 어떻게 건강과 기분 둘 다에 영향을 주지 않을 수 있겠는가?

논의가 치료에서 원인으로 돌아가는 것은 언제나 위험하지만, 만성 피로에 효과가 있는 것으로 밝혀진 치료법들은 흥미로운 사실을 보여준다. 그런 치료법으로는 점차로 운동량을 늘려가는 '신체적' 접근 방식과, 우리의 행동을 몰아가는 잘못된 믿음을 확인해서 수정하는 것을 목표로 하는 인지행동요법, 즉 '대화 치료'가 있다. 이 치료법들이 이루고자 하는 목표는 무엇일까? 바로 몸을 통해 마음을 치유하고, 마음을 통해 몸을 치유하는 것이다.

나는 그 바빴던 아침에, 앨리슨과 내가 이 어려운 영역의 어느 부분을 지나고 있다고 짐작했다. 피로를 진단할 때는 부주의하면 빠질 수 있는 함정들이 있음을 나는 충분히 잘 알고 있었다. 피로란 너무도 눈에 띄지 않게 생겨나서 오래 지나도록 징후들을 못 보고 지나칠 수 있는 유별난 장애인 것이다. 나도 전에 이런 피로들을 몇 번 마주친 적이 있었다. 스트레스 대처에 필요한 부신 호르몬이 부족해서 생기는 애디슨병Addison's disease은 문제가 백일하에 드러나기 전, 몇 개월이나 몇 년 동안 알게 모르게 권태감과 피로를 일으킬 수 있다. 잠이 거부할 수 없이 몰려드는 기면증narcolepsy은 만성 피로나 단순한 게으름으로 오인될 수 있다. 결핵과 유사한 원인불명의 염증인 사르코이드증sarcoidosis도 결핵과 마찬가지로 만성 탈진 상태를 일으킨다. 나는 속으로 그런 가능성들을 떠올렸다. 하지만 어떤 것도 꼭 들어맞지는 않았다.

원자들과 공허

사실, 있는 것은 원자들과 그 사이의 공허뿐이다.

데모크리토스

2주 뒤, 나는 휴가를 마치고 재충전되어 돌아왔다. 내가 그동안 앨리슨에게 일어난 일을 알게 된 순간은 분명하게 기억나진 않는다. 나는 이것이 놀랍다. 그것은 분명 누군가의 가장 비참한 순간을 가려주는 보호용 기억상실증이 존재함을 보여주는 것이다. 내 생각엔, 중환자 병동에서 회진이 간단히 끝나갈 무렵, 동료들이 거기 입원해 있는 한 환자에 관해 자세한 이야기를 하기 시작하면서, 내가 그녀를 알고 있다는 사실을 깨달았던 것 같다. 그녀는 2주 전 병원의 다른 곳에서 나와 얼굴을 맞대고 앉아 자신의 피로를 호소하고 있었는데, 도대체 그동안 무슨 일이 있었던 걸까?

그동안 있었던 일은 이랬다. 공교롭게도 앨리슨이 나를 보러 병원에 왔던 날이 그녀 상태의 전환점이었던 것이다. 다음 이삼일에 걸쳐 피로는 탈진으로 바뀌었다. 그녀의 아침 두통은 깨어났을 때 욱신거림을 참을 수 없을 정도까지 악화되었다. 자신을 침대에서 질질 끌어내 하루를 시작하는 것이 그녀가 할 수 있는 전부였다. 그러다가 어느 날 아침, 내 휴가가 끝나던 날, 그 일마저 그녀가 할 수 있는 한도를 넘어버렸다. 그녀의 남편은 출근하기 전에 그녀를 깨우려고 노력했다. 얼굴도 때려보고, 어깨도 흔들어보고, 다음엔 몸 전체를 흔들었다. 아무리 애를 써도 그녀를 깨울 수 없었던 데는 충분한 이유가 있었다. 그녀는 더 이상 자고 있는 것이 아니라 혼수상태였던 것이다. 혼수상태의 원인은 기본적인elementary 것, 아니 그야말로 원소적인elemental 것이었다. 병원에 도착했을 때 파랗게 질려 있던 그녀의 입술이 그 사실을 드러내고 있었다. 진료실에서 나의 생각이 ME와 여피 플루로 돌아서고 있었을 때, 그 생각은 생명의 절대적인 기본 요소를, 우리 생명의 바탕에 있는 원자와 원소들을 향했어야 했던 것이다. 거기에 앨리슨의 탈진과 혼수상태에 대한 설명이 있다.

물질이 보이지 않는 입자들, 즉 원자들로 이루어진다는 발상은 한정된 숫자의 주요 실체들, 즉 원소들이 만물의 다양성의 바탕이 된다는 관념만큼 오래된 것이다. 그리스의 철학자 레우키포스는 기원전 5세기에 물질을 무한히 나눌 수 있는지, 아니면 어느 시점에는 나눌 수 없게 되는지를 자문함으로써 '아토모스atomos'라는 개념에 도달했다. 그는 그것만은 나눌 수 없어야 한다고, 즉 원자atom가 물질의 가장 작은 미시적 단위라고 판단했다. 그의 제자인 데모크리토스는 이 이론을 발전시켜, '확실한 단일체로서 단단한' 모든 원자들은 실체는 동일하지만 크기, 모양, 위치, 속도가 다르며, 그 원자들의 조합과 재조합이 만물의 다양한 속성을 만들어낸다는 의견을 내놓았다. 이 생각에는 현대 화학의 씨앗이 들어 있고, 말할 것도 없이 진화론의 싹도 들어 있다. 이 초기 원자론자들은 환경에 가장 적합한 원자들의 조합이 살아남아 번성한다고 인식했으니 말이다. 이 고대 발상들에 대한 지식이 가장 풍부하게 들어 있는 자료는 교과서가 아니라, 시詩다. 400년 뒤 로마의 시인 루크레티우스가 되풀이되는 광기의 사이사이에 정신이 명료한 때 쓴 훌륭한 시,

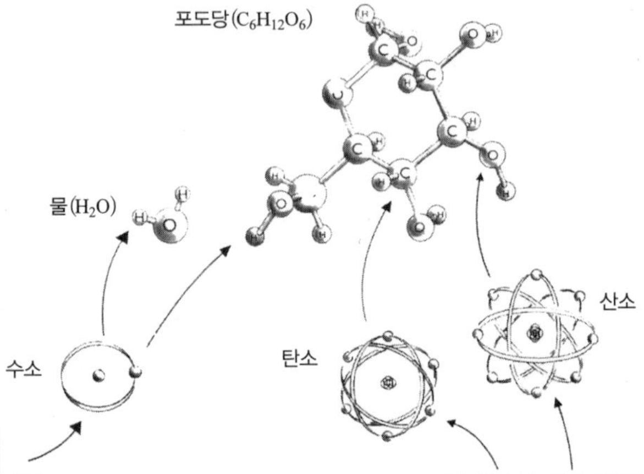

1 H																	2 He
3 Li	4 Be											5 B	6 C	7 N	8 O	9 F	10 Ne
11 Na	12 Mg											13 Al	14 Si	15 P	16 S	17 Cl	18 Ar
19 K	20 Ca	21 Sc	22 Ti	23 V	24 Cr	25 Mn	26 Fe	27 Co	28 Ni	29 Cu	30 Zn	31 Ga	32 Ge	33 As	34 Se	35 Br	36 Kr
37 Rb	38 Sr	39 Y	40 Zr	41 Nb	42 Mo	43 Tc	44 Ru	45 Rh	46 Pd	47 Ag	48 Cd	49 In	50 Sn	51 Sb	52 Te	53 I	54 Xe
55 Cs	56 Ba	57 *La	72 Hf	73 Ta	74 W	75 Re	76 Os	77 Ir	78 Pt	79 Au	80 Hg	81 Tl	82 Pb	83 Bi	84 Po	85 At	86 Rn
87 Fr	88 Ra	89 +Ac	104 Rf	105 Ha	106 Sg	107 Ns	108 Hs	109 Mt	110 110	111 111	112 112	113 113					

그림 1. 주기율표

주기율표는 원소들을 화학적 성질에 따라 체계화하여 보여준다. 일부 무거운 원소들은 생략되어 있다. 지금까지 117가지 원소들이 발견되었다. 생물에 풍부한 모든 원소들은 첫 번째 네 줄에 들어 있다. 수소(H), 탄소(C), 질소(N), 산소(O), 나트륨(Na), 인(P), 염소(Cl), 칼륨(K), 칼슘(Ca), 철(Fe)이 여기에 들어간다. 원소의 원자들이 화합해서 화합물의 분자들을 형성한다. 그림은 매우 단순한 물 분자(두 개의 수소 원자와 한 개의 산소 원자)와 더 복잡한 포도당 분자(여섯 개의 탄소 원자, 여섯 개의 산소 원자, 열두 개의 수소 원자)를 보여준다.

'만물의 본성에 관하여*De rerum natura*'가 그것이다.

이런 통찰들에는 선견지명이 있었다. 이 생각들은 살아남아, 고전적인 4원소—흙, 공기, 불, 물—이론으로 변해 왜곡되었고, 중세 시기에는 이 이론에 고무된 연금술사들이 '닿는 모든 불완전한 것들을 완벽하게 바꿔주는' 현자의 돌을 만들어내려 했다. 하지만 이 생각들은 17세기에 이르러 비로소 현대적인 형태를 띠기 시작했다. 걱정이 많고 신앙심이 깊었던 옥스퍼드의 과학자 로버트 보일Robert Boyle은 제1실체는 네 가지가 아니라 더 많으며, 모두 입자들로 구성되어 있음을 인식했다. 그는 이 실체들, 즉 원소들이 고체, 액체, 기체 형태로 존재할 수 있음을 깨달았다. 1661년에 발간된 『회의적 화학자*The Sceptical Chemist*』에서, 그는 원소를 이렇게 정의했다. "어떤 원초적이고 단순한, 또는 완벽하게 해체된 물체. 다른 어떤 물체들로 이루어진 것도, 같은 물체끼리 서로 합쳐서 이루어진 것도 아닌 …… 이 성분들이 화합하여 즉시 완벽하게 혼합된 물체들을 이루며, 혼합된 물체들은 궁극적으로 이 성분들로 분해된다." 1백 년 뒤 파리의 과학자이자 관리였던 앙투안 라부아지에Antoine Lavoisier는 무수한 조합과 변용을 통해 화학적 세계의 변화무쌍한 모습을 만들어내는 '분해할 수 없는 기본 실체'를 확인하는 것을 무엇보다 중요한 목표로 삼았다. 1789년, 프랑스 혁명의 해, 라부아지에는 이 역할에 해당하는 33가지 후보를 제안했고, 그 가운데 25가지가 시간의 시험을 견뎌냈다.

19세기가 시작될 무렵, 웨스트몰랜드의 방직공의 아들로, 독실하고 은눈하며 살았던 퀘이커 교도 존 돌턴John Dalton은 '원자'라는 용어를 원소의 가장 작은 구성요소로 다시 소개했다. 데모크리토스가 제안한 것처럼, 그도 서로 다른 원소의 원자들이 실체는 동일하지만 크기가 다르다고 인식했다. 러시아의 화학자 드미트리 멘델레예프Dmitri Mendeleyev가 1869년에 자신의 주기율표를 발표할 무렵에는 당시에 인식되던 80여 가지 원소들의 정체, 성질, 관계들이 밝혀졌으며, 원소들의 원자론이 확립되었다. 이 이론은 우리가 사는 세계를 이해하는 데 절대적으로 기본이 된다. 미국의 물리학자 리처드 파인먼Richard Feynman은 만일 우리가 다른 문명에 과학 지식을 단 한 문장으로 전하려 한다면, 그 문장은 '만물은 원자로 이루어져 있다……'로 시작해야 한다고 말했다. 원자는 인간의 여러 질병을 이해하는 데도 기본이다.

모두 불타버리다

우리는 살아갈 뿐, 단지 호흡할 뿐,
하늘의 불로든 땅의 불로든 모두 불타버린다.
엘리엇T. S. Eliot, 『네 개의 사중주』에서 '리틀 기딩'

앨리슨의 고충이 이에 딱 들어맞는 사례로 드러났다. 그 우울한 회진에서 내가 발견한 사건의 전말은 정말로 단순했다. 그녀는 밤새 점차 숨을 쉬지 못했던 것이다. 그녀의 혈액이 산소에 굶주리고, 대신 우리 몸에서 일어나는 화학 과정들의 주요 폐기물인 이산화탄소를 잔뜩 싣게 되었던 것이다. 뇌는 끝도 없이 산소를 갈망한다. 산소가 없으면 1분도 안 되어 의식이 빠르게 사라진다. 하지만 다행히도 문제가 지나치게 많이 진행되지는 않았다. 일단 진단하고 나서, 혈액 내 기체들의 장애를 잠깐 동안의 인공 환기로 되돌릴 수 있었으며, 몸의 화학과 의식 둘 다를 빠르게 회복시켰다. 자는 동안 혈액에 이산화탄소가 쌓이고 있음을 신호하던 두통이 치유되었고, 그녀에게서 삶의 환희가 다시 살아나기 시작했다. 재난이 될 뻔했던 이 사건의 원인은 곧 밝혀졌다. 그녀는 유독 생명을 불어넣는 공기를 받아들이기 위해 폐를 열어주는 근육들이 무척이나 약했다. 우리 존재의 불을 피우는 풀무가 거의 치명적으로 멈칫거렸던 것이다.

공기 안에 불꽃이나 생물이 소비해 없애는, 즉 무생물의 연소나 생명체의 신진대사로 인해 소비되어 없어지는 유효 성분이 들어 있다는 관념은 최소한 17세기까지 거슬러 올라간다. 당시도 유리 그릇 속에 갇힌 동물은 몇 분 안에 죽는다는 것, 그릇 안에 촛불까지 켜져 있으면 더 빨리 죽는다는 사실이 잘 알려져 있었다. "동물들이 소모하는 공기는 어떤 생명의 입자들로 이루어진 것이 …… 생명에 절대적으로 필요한 공기의 어떤 성분이 호흡 행위를 하는 동안 혈액 속으로 들어가는 것이 분명해 보인다." 1669년에 『심장에 관한 논고*Tractatus de corde*』를 펴낸 리처드 로어Richard Lower는 '숨결spiritus nitro-aereus'이 폐를 통과하는 동안 피의 색깔이 변하는 것을 발견했다. 피가 정맥을 흐를 때는 검푸른 색이다가 동맥을 흐를 때는 선홍색으로 바뀌었다. 로어의 동료이자 옥스퍼드에서 보일의 조수 일을 하던 로버트 훅Robert Hooke은 공기의 흐름이 계속해서 폐로 불어넣어지는 한, 호흡 행위 자체가 이 변화에 꼭 필요한 것은 아님을 보여주었다.

그 유효 성분의 정확한 본성은 백 년 동안 발견되지 않고 교묘히 피해 다녔다. 스웨덴의 약사 겸 화학자 칼 셸레Karl Scheele는 1772년, 산화수은을 가열하다가 '불 공기'를 분리했다. 그는 그것이 대기 중에서 불을 꺼지지 않게 지탱해주는 부분임을 발견했다. 평범했지만 두려움을 몰랐던 남자 셸레는 새로운 화학물질들의 성질을 직접 수집하는 데 열중하다 마흔의 나이에 세상을 떠났다. 아마도 수은 중독이었을 것이다. 그의 『공기와 불에 관한 실험들*Experiments on Air and Fire*』이 아직 출판되지 않았던 1774년에, 같은 방법을 써서 영국의 화학자 조지프 프레스틀리Joseph Priestley도, 안에 넣으면 '초가 놀라운 강도의 불꽃을 키우며 타는' 신기한 '공기'를 얻었다. 프랑스를 방문했을 때 프리스틀리는 이 발견을 앙투안 라부아지에에게도 알렸다. 몇 년 안에 라부아지에는 그 물질에 '산소'라는 이름을 붙이고 그것이 불과 생명에서 맡은 역할을 해명했다. 초가 밝게 타는 것과 몸이 따뜻하게 달아오르는 현상의 화학적 본성은 사실상 동일하다. 둘 다 '산화oxidation,' 즉 산소와의 화학적 결합, 주위 공기에서 일정량의 기체를 끌어오는 일에 의존하는 것이다. 우리는 모두 절묘하게 조절되는, 매우 느리게 타는 화학적 전열기들이다. '빛도 없이 타는 불'들의 하나인 것이다.

라부아지에는 1789년에 단두대의 이슬로 사라졌다. 죄목은 '공화국에는 학자가 필요없다'는 것이었다. 그가 죽을 무렵에는 그가 확인했던 원소들 가운데 네 가지—라부아지에가 이름 붙인 수소와 산소, 더불어 탄소와 질소—가 생물의 주요 성분이라는 점이 분명해져 있었다. 우리는 우리 신진대사의 불꽃을 계속해서 타오르게 하기 위해 대기 중의 산소에 절대적으로 의존한다. 우리는 그 기체로 연료들을 태워서 우리, 그리고 우리 뇌의 활동을 유지해나간다. 우리의 몸 또한 '고정된'

산소들로 가득하다. 산소는 우리 몸무게의 65퍼센트를 차지한다. 산소는 수소와 함께 묶여서 물을 이루고 있고, 또 수소, 탄소, 질소, 인과 함께 묶여서 우리 몸을 구성하는 더 큰 분자들—DNA, 탄수화물, 지방, 단백질—을 이루고 있는 것이다. 우리 몸에는 물론 몇 가지 다른 원소들도 들어 있다. 모든 생명이 태어난 바다 속에 녹아 있는 나트륨, 염소, 칼륨, 마그네슘, 칼슘은 수용액 형태로 존재하면서 여전히 우리 세포조직들을 적시고 있으며, 우리의 진화 과정에서 미량씩 집어넣은 구리, 코발트, 아연, 철과 같은 더 무거운 원소들은 우리 세포 곳곳에서 독창적으로 사용되고 있다. 하지만 그럼에도 불구하고, 우리를 구성하는 원소의 숫자는 거의 손가락과 발가락만 가지고도 꼽을 수 있을 정도다.

각 원소의 원자는 그 원소의 구분 가능한 최소 단위다. 원자들은 정말로 매우 작다. 수소 원자의 크기는 1밀리미터의 천만 분의 일 정도다. 원자들은 서로 결합해서 분자를 형성한다. 분자는 서로 끌어당기는 원자들의 패거리다. 이런 식으로 원소들이 팀을 짜서 화합물을 형성한다. 예컨대 우리가 내쉬는, 각 분자마다 탄소 원자 하나와 산소 원자 두 개가 들어 있는, 이산화탄소CO_2나, 우리가 마시는 물H_2O도 그런 화합물이다. 원자들이 정말로 물질의 나눌 수 있는 최소 단위일까? 흠, 간단히 말해서, 물론 그렇진 않다. 20세기 물리학의 많은 부분이 원자 안의 세계, 즉 중심의 핵과 궤도를 도는 전자들을 탐험하는 데, 그리고 이 핵들을 분열시키거나 융합시켜 끌어낼 수 있는 엄청난 양의 에너지를 발견하는 데 쓰였다. 물질의 궁극적인 구성요소를 찾는 탐구는 레우키포스와 데모크리토스가 처음 연 길을 따라, 렙톤, 쿼크, 끈과 같은 훨씬 더 난해한 존재들을 불러들이면서 오늘도 계속되고 있다. 하지만 우리가 육안과 맨손을 사용해 삶의 대부분을 이끌어가는 수준에서는, 화학적으로 순수하고 원자적으로 균일한 금과 은, 납과 철, 탄소와 산소 같은 원소의 목록이 기초적인 것들이다. 이 장이 특별히 선택한 주인공은 산소이지만, 탄소도 별도로 언급될 자격이 있다. 탄소의 원자는 서로서로, 그리고 다른 원소의 원자들과 안정한 조합을 이루려는 독특한 성향이 있다. 탄소는 거의 천만 가지에 달하는 알려진 화합물에 기여한다. 그러므로 탄소의 화학인 '유기화학'은 생명의 화학이다.

우리는 이 원소들, 우리 생명의 재료들을 별에서 빌려왔다. 우리를 구성하고 있는 원자들은 핵융합으로 인해 형성되었다. 별의 경악스러울 만큼 높은 온도에서 가장 간단한 원자인 수소와 헬륨이 융합해 더 무거운 친구들을 생성하고, 나중에 죽어가는 별이 폭발할 때 이 원소들을 우주로 내뿜은 것이다. 우리는 정말로 우리를 구성하는 기초 성분들의 이국적 본성에 더 깜짝 놀라야 한다. 우리는 물리학을 물질의 과학으로 생각하고 생물학을 생명의 과학으로 생각해서, 인간 자신에 대한 설명을 찾기 위해 생물학을 바라보는 경향이 있다. 하지만 물질의 궁극적인 구성요소가 무엇으로 밝혀지든, 당신과 나는 가능한 모든 면에서 그것들과 긴밀한 관계다. 우리는 그런 구성요소들로 만들어져 있는 것이다. 우리는 곧 그 구성요소들이며, 그 이상도 그 이하도 아니다.

원소의 병

우리는 공기라는 원소의 대양 바닥에서 산다.

에반젤리스타 토리첼리Evangelista Torricelli

대기가 희박하고 산소압이 떨어져 통행료를 물리기 시작하는 고도—전형적으로 3천 미터—까지 올라가본 적이 있다면, 당신도 앨리슨이 겪은 것 같은 증상들을 체험해보았을 것이다. 점점 더 힘이 들고 숨이 차다가, 메스껍고, 어지럽고, 잠이 달아나고, 지끈지끈 골이 쑤시면서, 본격적인 고산증이 뒤따를 것이다. 항공기가 9천 미터 상공으로 올라가 갑자기 압력이 떨어지면, 더 극적인 산소 결핍이 일어난다. 공급이 재빨리 회복되지 않으면, 뇌가 장애를 일으키기까지 '유효 의식 시간'은 겨우 1분이다.

신경과 진단에서 단일 원소에 초점을 맞추는 것은 유별난 일이지만, 중요한 예외들이 몇 가지 있다. 염화나트륨(소금)에 들어 있는 금속 원소인 나트륨과 탄산칼슘(분필)으로 익숙한 칼슘은 신경에서 전기적으로 신호를 전달하는 데 필수적인 물질들로, 둘 다 우리 체액에 풍부하게 존재한다. 혈액에서 칼슘 수준이 떨어지면—칼슘 수준을 유지 관리하는 호르몬인 부갑상선 호르몬의 생산이 부족하면 그렇게 된다—신경이 과도하게 흥분하면서, '테타니(근육 강직성 경련)' 상태로 들어간다. 다시 말해 저림, 근육 경련과 더불어 흔히 손발에 마비가 오면서, 심지어 경기가 뒤따르기도 한다. 공황발작 과정에서 일어나는 과다호흡은 부갑상선 호르몬 결핍보다 훨씬 더 흔히 일어나며, 역시 이와 유사한 증상을 일으킨다. 과다호흡의 결과로 혈류에서 이산화탄소 수준이 떨어지면 혈액이 평소보다 더 알칼리성이 되고, 그 다음 순서로 전기적으로 활성화된 칼슘의 양이 줄어든다. 반대로, 만일 부갑상선 호르몬이 과도하게 생산되어 칼슘 수준이 올라가면 근육이 둔해지고, 활동이 힘들어지고, 정신이 없어진다. 혈액 속의 나트륨 수준이 높든 낮든 정상 수준에서 벗어나면, 뇌의 작업을 교란시켜 혼란과 발작을 유발하고, 마침내 혼수상태를 일으킨다. 이 증상들은 일단 원인이 발견되면 되돌릴 수 있지만, 떨어진 나트륨 수준을 과도하게 빨리 조정하면 돌이킬 수 없는 뇌 손상을 일으킬 수 있다.

더 무거운 원소들은 때때로 원자병을 일으킨다. 원자병은 우리가 그 원소에 중독되었을 때 가장 흔하게 발생한다. 기원전 370년 전, 히포크라테스는 한 환자의 복통이 광석에서 금속 납을 추출하는 그의 직업 때문이 아닐까 의심했다. 이것이 역사상 '납중독Saturnism(연금술에서 납을 지칭하는 용어인'토성Saturn'을 따라 명명되었다)'이 최초로 기록된 사례다. 18세기에 대니얼 디포Daniel Defoe는 더비셔 납 광산 광부와의 만남을 묘사했다. "어둠의 영역" 자체에서 솟아난 것 같은 그는 "시체처럼 창백하고, 머리카락과 수염은 칠흑 같고, 살은 쪽 빠진 것이, 납 빛깔 그 자체인 인물이라고 우리는 생각했다". 납은 신경계로 침투하여 우리의 신경과 뇌혈관에 해를 주지만, 납중독은 납으로 파이프와 도료를 만들던 시절에나 흔했지 오늘날에는 드물다.

납은 결코 우리 세포 안에서 같이 살도록 되어 있지 않지만, 일부 중원소들은 엄격하게 조절되는 특정한 목적을 위해 미량이 사용된다. 철이 그러한 한 원소로, 철은 우리 혈액 세포들 속에서 산소를 전달하고 다른 곳에 결합시키는 일을 돕고 있다. 구리도 특정한 역할을 하는 원소의 하나다. 이 손님들은 주인이 조심스럽게 다룰 필요가 있다. 이 원소들이 잘못된 장소에 쌓이거나 필요한 곳에 가지 못하게 되면 무서운 결과가 일어날 수 있다. 몸이 구리를 정상적으로 다루지 못하는 것은 두 중대한 유전병의 핵심적인 증상이다. 두 질환 모두 구리를 필요한 자리에 '전달하는 단백질의 이상이 유전되어 생기는 결과라고 여겨진다. 윌슨병Wilson's disease은 구리가 눈과 뇌에(간에도) 쌓여서 운동, 기분, 마음의 장애를 일으키므로, 때때로 증세 자체가 완전히 드러나기 전에는 주로 정신병의 징후들로 오해된다. 대개 십대나 성인기 초기에 증상이 나타나며, 과량의 구리를 몸에서 걸러내는 화학 요법으로 수월하게 치료할 수 있다. 연관이 있지만 더 심각한 멘케병Menke's disease은 유아에게서 성장 부진, 피부 이완, 모발 꼬임, 신경 쇠약을 일으킨다. 이 병에 걸리면 구리가 결정적인 역할을 하는 몸 안의 작은 효소(세포 안에서 화학 반응을 촉진하는 단백질) 집단에 구리가 결합하지 못한다. 이 집단에 속하는 시토크롬 산화효소cytochrome oxydase는 우리를 이 장의 주인공 원자에게로 돌려보낸다. 시토크롬 산화효소는 산소가 존재할 때 세포에서 이루어지는 에너지 생성 과정을 완성하는 효소이기 때문이다. 구리가 몸이 정상적으로 기능하는 데 중요하다면, 구리가 결핍 상태일 때의 증상도 있으리라 예상할 수 있을 것이다. 새로운 종이 확인되듯, 새로운 장애들이 끊임없이 확인되고 있다. 구리 결핍은 2001년에 처음으로 신경병의 원인으로 인정되었다. 이 병에 걸리면 척수에 기능 장애가 일어나, 그 결과 걷기가 힘들어지고 다리의 감각이 교란되는데, 흔히 여러 해 전에 위 수술을 받은 뒤 구리를 제대로 흡수하지 못한 사람들에게서 발생한다.

윌슨병과 같은 증세들도, 그런 증세를 일으키는 중원소들도, 생물학적으로는 드물다. 생명의 주요 원소들인 수소, 탄소, 질소, 산소는 주기율표에서 경량급으로, 원자의 무게를 반영하는 원자번호가 1, 6, 7, 8번이다. 우리 삶에서 이 원소들이 하는 역할의 비결은, 서로 결합하여 생명의 분자인 유전자, 단백질, 당과 지방을 형성하는 풍부한 생성 능력이다. 이 원소들은 우리 몸을 이루는 모든 신체 기관의 구성요소이며, 뇌 또한 마찬가지다. 우리는 인간 생명의 무수한 가능성들이 궁극적으로는 우리를 구성하는 변변찮지만 신비한 이 원자들로부터 흘러나온다는 사실을 쉽게 잊는다.

삶의 용서를 받아

삶의 용서를 받아 더 겸손하게,

미래에 친구로서 다가갈 수 있었던 ……

W. H. 오든W. H. Auden, '지그문트 프로이트를 기념하며'

앨리슨의 이야기는 내가 두려워했던 것보다는 행복하게 끝난다. 삶은 우리 둘 다를 용서했다. 그녀의 근본적인 증세는 정말로 드문 것으로 증명되었다. 얼마나 드문 것이냐면 우리가 그 증상을 지금까지 보고되지 않은 흔치 않은 근육 장애, '다핵 근육병증multicore myopathy'— 현미경 아래 근육섬유 안에서 원통형 핵들이 보이는 데서 이름을 땄다 — 의 결과라고 과학 논문에 보고했을 정도다. 앨리슨의 근육 장애는 특히 횡격막에 영향을 미쳤다. 횡격막은 폐 아래에 있는 두 개의 휘어진 근육으로, 우리가 숨을 들이마시면 평평해지면서 복부를 밀어낸다. 이것이 바로 그 병이 우리의 눈에 뜨이지 않고 빠져나간 이유였다. 일상적인 신경과 진찰에서는 횡격막을 검사하지 않으니.

이 근육은 잠잘 때 특히 중요하다. 우리가 누워 있을 때는, 더 이상 중력이 복부 기관들을 제자리에 유지시켜주지 않기 때문이다. 횡격막이 제대로 작동하지 않으면, 앨리슨이 그랬듯 잠잘 때 숨을 제대로 쉴 수 없을 것이다. 하지만 지난 반세기에 걸쳐 호흡기 내과 의사들이 수면 중에 호흡을 보조하면서 폐 안의 산소압을 유지하는 간단한 기법들을 개선해왔다. 이 기법들 가운데 하나가 앨리슨에게 잘 맞아서, 그녀의 산소 수준을 정상으로 회복시키고, 두통을 싹 없애고, 피로를 크게 완화시켰다. 다른 곳의 근육들은 점점 약해졌고 이것은 우리가 치료할 수 없었지만, 그녀의 생명은 더 이상 위급하지 않았다.

나로 말하자면, 상처에 소금을 문지르는 사람은 아무도 없었음에도 스스로가 바보처럼 느껴졌다. 숨고 싶었다. 하지만 한 번 더 생각해보면, 우리는 우리의 실패와 실수들을 초조해하면서 감추는 대신, 자세히 살피고 심지어 축하하기까지 해야 한다. 우리의 실패와 실수들은 태만의 결과나 수치스러운 일이 아니라, 대체로 인간의 불완전함을 그대로 반영하는 어쩔 수 없는 현실이다. 그 실패와 실수들은 우리 자신에 관해 해줄 말을 너무도 많이 담고 있으므로, 철저하게 살펴볼 가치가 있으며, 우리가 배우고 성장할 최고의 기회를 제공할 것이다. 그 도움으로 우리는 역사의 반복을 피할 수 있다. 그렇지만 이런 훌륭한 생각은 말할 필요도 없이 그날 중환자 병동에서의 내 속내와는 거리가 멀었다. 사실, 휴가를 보내고 왔음에도 나는 갑자기 무척 피곤해졌다.

chapter 2

유전자

꼼지락거리지 좀 마라

꼼지락거림의 분류

당신과 나는 원자로 지어져 있으며, 그 이상도 그 이하도 아니다. 하지만 지구 생애의 첫 10억여 년이 지나자, 원자들은 우리가 살아 있는 것으로 보는 놀랍도록 풍부한 조합들로 나아가기 시작했다. 사실, 누에콩에서 브론토사우루스에 이르기까지 지구상의 모든 생명 형태를 아우르는 유사성들은 눈으로 포착할 수 있는 차이점들보다 더 심대하다. 이 장에서는 이 기본적인 유대에 대한 설명을 찾아 나설 것이다.

근본적인 통일성에도 불구하고, 살아 있는 것들은 단 하나의 주요 특징을 가지고서 크게 두 종류로 나눌 수 있다. 일어나서 갈 수 있는 능력이 있느냐 없느냐가 그 기준이다. 대개 동물들은 그럴 능력이 있고, 식물들은 그럴 능력이 없다. 물론 생물학에서 보통 그렇듯이, 기어다니는 덩굴식물과 게으른 삿갓조개 같은 일부 골치 아픈 경계선의 사례들이 있긴 하지만, 말하자면 치타와 삼목이나 문어와 떡갈나무처럼, 대부분은 이 기준이 간단하게 적용된다. 우리 인간은 물론 그 선상에서 가고 싶은 곳에 갈 수 있는 쪽에 확실히 들어가므로, 우리는 뇌의 많은 부분을 운동을 탐지하고, 평가하고, 구상하고, 준비하고, 집행하는 데 사용한다. 그러므로 신경과의사 생활의 대부분은 잡다한 꼼지락거림을 포함한 운동의 장애를 진단하는 일과 관계가 있다.

이 가운데 많은 장애들은 비록 부모들에게는 종종 걱정거리가 되곤 하지만, 완벽하게 정상적인 운동 과다일 뿐이다. 아마 당신 역시도 몇 가지 장애를 가지고 있을 것이다. 따분한 모임에서 앉아 있는 동안 손가락으로 테이블을 두드리거나, 손톱의 거친 가장자리를 손가락이나 이빨로 뜯어내거나, 헛기침으로 목을 가다듬거나, 발로 바닥을 똑똑 두드리거나, 아니면 그냥 이리저리 돌아다니면서 휘파람으로 어떤 가락을 자꾸 반복할 때가 있지 않은가. 이 무해한 운동 습관들은 반쯤 의식되는 '긴장 에너지'의 표출로서, 우리 몸이 거의—아마도 너무 지나치게—행동하지 않을 때에도 우리 몸은 행동할 준비가 되어 있음을 알려주는 것이다. 이런 버릇들은 몸을 옴짝거리는 것이 영속적인 인간의 기질임을 보여준다. 우리 모두에게는 많든 적든 간에 가만히 있지 않고 움직이려고 하는 특성이 있다. 소파에 앉아 있는 아이에게 소리 내어 책을 읽어줘보라. 몸을 가만히 못 두는 이런 성질 때문에 이 활동은 상당히 위험한데, 아이는 팔꿈치, 엉덩이, 무릎을 마구 움직여 소파 팔걸이에 놓인 애꿎은 컵과 음식 쪼가리들을 떨어뜨리다가, 결국에는 책을 읽어주는 사람에게로 달려들기까지 할 것이다. 좀 더 얌전한 그 애의 친구나 친지들은 조용히 의자의 윤곽을 따라 늘어지다가 잠에 들 터이고 말이다.

우리들 가운데 일부는, 대부분은 아이들인데, 이 평범한 습관들을 난처하고 외면할 수 없는 킁킁거림, 기침, 눈 깜박임, 꼼지락거림으로 발전시킨다. 의학계에서 '틱tic'으로 알려져 있는 이 행동들은 노력하면 억제할 수 있는 버릇이지만, 그 노력이 느슨해지면 다시 튀어나오곤 한다. 가만히 있지 못하는 증상의 스펙트럼 한쪽 극단에 있는 투렛 증후군Tourette's syndrome 환자들은 다양한 틱들을 한꺼번에 발산하려는 참을 수 없는 충동을 갑작스럽게 느낀다. 그런 틱에는 으르렁거림과 음탕한 말들도 포함되어 있어 공공장소에서 지나는 사람들을 깜짝 놀라게 한다. 그들의 반사적 경련과 고함은 의도적인 행위와 마음대로 되지 않는 동작 사이의 경계에 있다. 투렛 증후군 환자는 물론 자신이 원하지 않는 충동의 희생자이지만, 그럼에도 그 충동을 자기 자신의 것으로 경험한다. 다른 과도한 움직임들은 스스로 통제할 가능성이 없으며, 강제적으로 행해진다는 것이 보다 분명하다. 예컨대 당황스러운 전신의 '수면 반사'로 인해 우리는 깜빡 잠이 들려는 찰나 깜짝 놀라기도 하고, 아니면 불안한 만남의 자리에서 받침접시 위에 놓인 컵이 덜거덕거릴 만큼 몸을 떨기도 한다.

하지만 이 이야기에서 초점이 되는 대상은 또 다른 종류의 불수의적 운동이다. 이 운동은 얼굴, 팔다리, 몸통에서 쉴 새 없이 일어난다. 그 운동이 빠르고 반사적이면 춤을 뜻하는 그리스어를 따서 '무도병chorea'이라 불리고, 서서히 몸부림을 일으키면 '무정위운동athetosis'이라 한다. 흔히 두 유형이 섞여서 나타나므로, 통칭 '무도무정위운동choreoathetosis'으로 알려져 있다. 무도무정위운동 환자들은 자신의 끊임없는 운동들에 영향을 받을 수도 있고 받지 않을 수도 있지만, 어느 쪽이든 겨우 몇 초 동안 가만히 있는 것도 그들이 마음대로 할 수 있는 문제가 아니다. 우리가 겪는 경련과 반사의 대부분은 신경계의 여러 장애 때문에 일어나지만, 무도무정위운동은 특정한 일단의 뇌 영역에 문제가 있음을 가리키는 신뢰할 만한 지표다. 그 영역은 쭈글쭈글한 대뇌피질 아래에 깊이 묻혀 있는, 이름도 다소 우아하지 않은 '대뇌기저핵(바닥핵)basal ganglia'이다(용어풀이에 그림이 실려 있다).

최초의 기억

무도병은 찰리의 첫 번째 기억을 틀 지우고 있다. 그와 그의 어머니는 웨일스의 차가운 겨울날 아침에 부엌에 서 있었다. 그는 여섯 살이었다. 모자는 둘 다 지각하기 일보직전이었다. 그는 학교에, 어머니는 직장에. 어머니는 탄갱에서 광부들의 밥을 지었다. 그녀는 아들의 머리를 빗기고, 아니 빗기려 애쓰고 있었다. 그렇지만 아이들이 흔히 그렇듯, 그리고 대부분의 아이들보다 유독 심하게, 찰리는 고개를 홱 숙이고, 펄쩍 뛰고, 껑충껑충 뛰며 강모 솔을 피하면서 빗질을 거부했다. 어느 순간, 어머니의 인내심이 바닥났다. 그녀가 노여움에 가득차서 소리를 지르며 목표를 아들의 머리에서 꼬리로 돌리면서, 찰리는 교복 반바지 아래 드러난 넓적다리로 뾰족한 강모 솔이 파고드는 것을 느꼈다. 귀한 것이었던 머리솔빗이 망가졌다. 그게 다였다. 우리의 첫 기억들이 그렇듯 그 기억도 단편적이었지만, 어떤 이유에선지 갑작스러운 아픔, 어머니의 특이할 것 없는 분노와 망가진 머리솔빗의 기억은 50년 동안이나 그의 마음속에 살아 있었다.

찰리의 선생님들 역시, 다른 면에서는 붙임성 있는 이 아이가 몇 초 이상 책상에 붙어 있지도 줄에 서 있지도 못하고 항상 나무에 대고 무슨 가락을 두들기거나 정신없이 춤을 추는 것에 때때로 격노했다. 학교를 떠날 때가 왔을 때, 찰리가 자신이 계속해서 두 발로 서 있을 직업을 택한 것은 지극히 당연했다. 그는 요리사 교육을 받았다. 일할 때의 그는 눈길을 사로잡는 인물이었다. 큰 키에 가무잡잡하고 다부진 체격이었으며, 약간 꾸물거리는 것 같으면서도 절대 가만히 있는 법이 없었다. 그는 일을 열심히 했고 잘 했음에도 불구하고, 움직임이 돌연하고 서툴렀으므로 이따금씩 엎지르고 데였고, 이것이 거의 어린 시절 받은 벌만큼 통렬하게 그를 찔렀다.

매리언이 그를 만난 것은 그가 20대 후반일 때였다. 그녀는 이 따뜻하고 어설픈 남자에게 즉시 끌렸다. 그동안 다른 여성들을 곤혹스럽게 했던 그의 부인할 수 없는 기행도 그녀의 관심을 키워줄 뿐이었다. 쌍방에서 애정이 자라나 둘은 몇 개월 뒤 결혼했다. 그 후로 여러 해가 가도 찰리에 대한 매리언의 맹목적인 사랑은 흔들리지 않았지만, 시간이 가면서 가만히 있지 못하는 그의 성향은 갈수록 악화되어, 그는 점점 더 기묘하고 다루기 힘든 상대가 되어갔다.

일가친척

모든 살아 있는 것들, 누에콩, 브론토사우루스, 당신, 나 그리고 찰리의 친족관계를 밝혀주는 열쇠는 약 30억 년 전, 지구 나이의 4분의 3이 되던 시점에 빚어졌다. 당시의 비옥한 화학적 조건 아래 가벼운 원소들 몇 가지, 즉 수소, 산소, 질소, 탄소의 원자들이 결합하여 놀라운 새 성질을 지닌 한 분자를 형성했다. 그 분자는 다른 원자들을 받아들여 자신의 복제를 만들어내는 능력이 있었다. 처음엔 자기를 복제하는 서로 다른 많은 분자들이 생존과 성공을 위해 서로 경쟁했겠지만, 현재 지구상에 존재하는 모든 형태의 생명은 단 한 종류의 생화학물질에 의존해 자신의 종을 대대로 영속시킨다. 그 물질은 핵산nucleic acid으로 우리 유전자의 화학물질인 DNA의 구성요소다.

자기 자신을 복제하는 핵산의 능력은 생명의 핵심에 자리 잡고 있다. 하지만 오늘날 고도로 발달한 상태의 생물에서는, 핵산이 매개물을 통해 원격으로 작용한다. 핵산은 우리 존재를 구성하는 수천 가지 단백질 구조를 A, C, G, T라는 네 철자로 하나하나 명시함으로써, 우리의 발달과 나날의 생활을 가능하게 만든다. 이 네 철자는 '뉴클레오티드 염기'인 아데닌, 시토신, 구아닌, 티민을 나타내며, 마치 사다리 가로대에 구슬이 달려 있듯이, DNA 분자를 따라 줄줄이 꿰어져 있다(그림 2 참조).

그러므로 당신과 나의 DNA에는 두 가지 주요 기능이 있다. 첫 번째 기능은 한 세대에서 다음 세대로 내려 보내는 유전적 지식의 도서관 구실을 하는 것이다. 이것이 가능한 이유는 쭉 늘어선 뉴클레오티드 구슬들이 달린 한 가닥의 DNA가 또 하나의 상보적 가닥을 제조하기 위한 주형으로 사용될 수 있기 때문이다. 아데닌은 항상 티민과 짝을 이루며 구아닌은 항상 시토신과 짝을 이루다. DNA 분자의 '이중나선'은 그러한 상보적 가닥 두 개로 구성된다. '복제'할 때가 되면, 그 가닥들이 지퍼가 열리듯이 갈라지고, 각 가닥들이 하나의 상보적 가닥 형성을 지시하는 데 사용될 수 있으므로, 분자 하나마다 동일한 두 자손을 낳는 셈이다.

두 번째 주요 기능은 단백질 형성을 위한 지침을 주는 것이다. 쭉 이어져 있는 염기 세 개, 즉 '염기 삼중자base triplet'는 단백질에 삽입되어야 할 특정한 아미노산—단백질의 구성요소—을 지정한다. 단일한 유전자를 구성하고 있는 연속된 삼중자들은 그 단백질 전체에 들어가

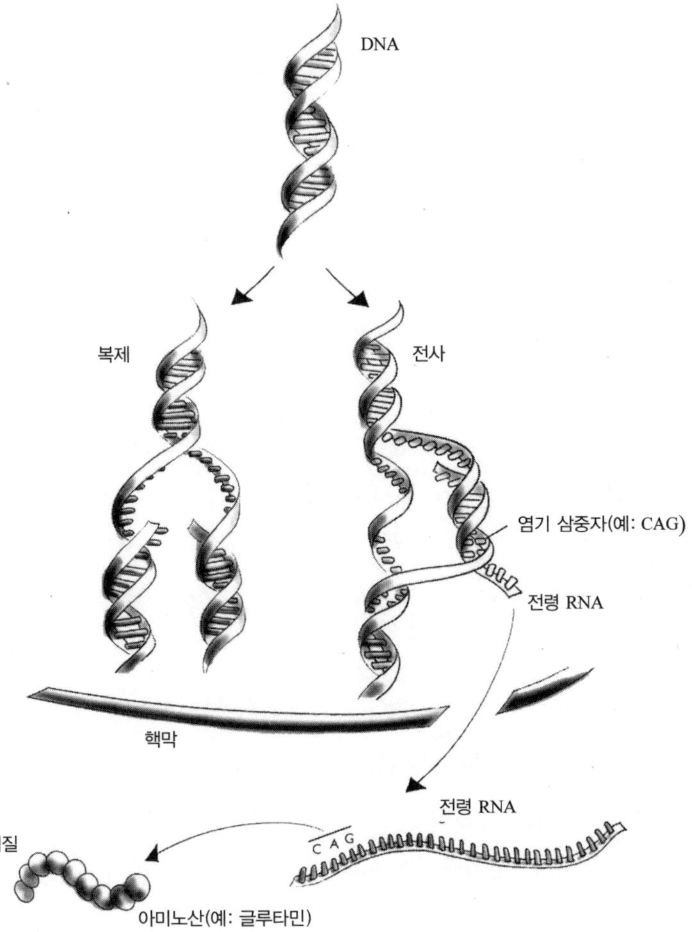

그림 2. DNA

DNA 분자는 두 개의 상보적 가닥이 서로를 칭칭 감고 있는 이중나선이다. 복제할 때는 두 가닥이 분리되어 각각의 가닥이 또 하나의 상보적 가닥을 형성하기 위한 주형으로 쓰이게 된다. DNA는 핵에서 RNA의 상보적 가닥 하나(전령 RNA)를 꺼내 외딴 세포 안으로 보내는 방법으로 단백질의 생산을 통제한다. 전령 RNA에 든 염기 삼중자(예컨대 CAG)가 그 세포 안의 해당 단백질에서 자리를 차지할 특정 아미노산(예컨대 글루타민)을 지정한다.

는 아미노산의 순서를 지정한다. 예를 들어 'CAG'는 글루타민이라는 아미노산을 만들기 위한 부호인데, 한 유전자 안에 CAG 삼중자가 연속해서 반복되는 것은 그 유전자가 지정하는 단백질에 글루타민 분자들이 한 줄로 연결되어 있음을 나타낸다. 이 기능이 중요한 이유는 어떤 단백질 분자 안의 아미노산 순서가 그 단백질의 향후 역할, 즉 단백질의 형태, 화학적 성질, 몸 안에서의 기능을 결정하기 때문이다. 그리고 3장에서 또 보겠지만, 단백질은 몸을 짓는 벽돌일 뿐만 아니라 건설자이기도 하다.

세대를 이어가며 DNA가 자신을 복제하는 정확도는 다양한 생물들이 자기들만의 특징을 유지하도록 보장한다. 이따금씩 DNA는 우연히 '돌연변이'를 일으킨다. 방사선으로 인한 DNA의 손상이나 DNA가 복제되는 과정에서 일어나는 우연한 실수 등 원인은 다양하다. 돌연변이는 유기체의 진화를 가능하게 한다. 이따금씩 어떤 돌연변이가 DNA와 그에 해당하는 단백질을 유익한 방향으로 변화시키기 때문이다. 물론 DNA의 무작위 교란으로 해당 단백질이 불리하게 바뀌는 경우가 훨씬 더 많겠지만, 만일 변화가 더 좋은 쪽이라면 그 돌연변이는 생물이 번식할 기회를 높일 것이고, 바뀐 유전자는 점차 개체군 전체로 퍼질 것이다. 이것은 박테리아처럼 빠르게 번식하는 유기체를 대상으로 실험을 통해 연구할 수 있다. 예컨대 어떤 단백질의 항생제 비활성화 능력을 키워주는 돌연변이는 박테리아 개체군 내에서 곧 널리 퍼지게 될 것인데, 그 돌연변이 유전자가 없는 박테리아들은 항생제에 굴복하기 때문이다.

찰스 다윈이 처음 개략적으로 제안한 이 돌연변이와 자연선택의 과정은 지구상에 존재하는 생명의 깜짝 놀랄 만한 다양성의 토대가 되며, 생명의 통일성을 설명하기도 한다. 살아 있는 모든 존재들은 생명을 부여하는 DNA의 생화학을 공유하기 때문이다. 사실 우리는 단순히 DNA 자체를 공유하는 것에서 더 나아간다. 우리는 유전자들을 공유하고 있다. (매우) 대략적으로, 인간의 DNA는 개화식물의 것과 30퍼센트, 초파리의 것과 40퍼센트, 생쥐의 것과 90퍼센트, 침팬지의 것과 99퍼센트 중복된다.

2002년, '인간 유전체 프로젝트'를 담당했던 과학자들은 우리의 DNA가 채워져 있는 거대 분자인 23개 염색체의 염기 삼중자 서열 전부를 지도화하는 일을 완료했다. 그들의 작업으로, 인간의 형태를 구축하고 유지하는 데 약 30,000개의 유전자가 필요함이 밝혀졌다. 전에 짐작하던 것보다 상당히 적은 숫자였다. 이 지도를 완성한 것은 엄청난 업적이지만, 거기서 나온 도면의 본성은 오해하기 쉽다.

우주에서 외계 세계의 표면 지도를 그리는 경우를 상상해보자. 그 세계의 두드러진 표면 특징들을 2차원으로 묘사하는 것이다. 그 다음 그 표면에 도착해, 지도가 정확하긴 하지만 땅이 완전히 예기치 않은 방식으로 움직이는 것을 발견한다고 생각해보자. 당신 주위에서 땅 자체가 변형되면서, 경이로우며 도저히 예측 불가능할 수 없는 일련의 형태들—나선, 사원, 성채, 대성당—을 창조하고, 이 형태들이 풍경 속에서 출현했다가 다시 돌아가더니, 결국에는 똑같이 놀라운 다른 창조물들로 변형한다. 현대 생물학자들은 이 외계 탐험가들과 유사한 곤경에 처해 있다. 세밀하게 그려진 2차원 지도를 갖추었지만, 어떻게 이 유전자라는 땅에서 거의 무한히 다양한 형태의 생물이 생기는지를 완전히 이해하기까지는 수십 년 이상이 더 필요할 것이다. 예컨대 최근에 발견된 '언어 유전자' FOXP2의 사례를 보자. 이 유전자에 돌연변이가 생긴 가계에서는 심각한 말하기 장애가 발생했다. FOXP2는 '포크헤드forkhead 유전자족에 속하는 것으로 밝혀졌는데, 이 유전자족이 부호화하는 단백질들은 '날개 달린 나선winged helix'이라는 인상 깊은 이름의 구조를 사용해서 다른 다양한 유전자들의 활동을 조절한다. FOXP2에 입은 손상과 언어장애 사이에 생물학적인 연결고리가 존재하는 것은 의심의 여지가 없지만, 그 사이의 과정에는 아직 해명해야 할 것이 엄청나게 많이 남아 있는 것이다.

좀도둑

'아버지는 날 아우톨뤼코스*라고 이름 지으셨으니,
그분 역시 헤르메스의 자손이어서 나처럼 좀도둑 노릇 하셨지.'

셰익스피어, 『겨울이야기』 4막, 3장.

찰리는 일과 결혼을 20년 동안 꾸려나갔다. 하지만 시간이 흐르면서 그의 불안정함은 팔다리에서 영혼 속으로 퍼져가는 것 같았다. 일이 너무나 갑갑해져서 찰리는 일을 그만두었다. 낮 동안 할 일이 없어진 찰리는 계속 분주히 움직여야 했다. 그는 거리를 돌아다니려는 강한 충동을

* 그리스 신화의 헤르메스 신의 아들로 거짓말과 도둑질에 능했다고 한다.

느꼈으며, 평소라면 가보지 않았을 마을의 곳곳을 끊임없이 어슬렁거렸다. 그는 걸으면서 나무 조각, 헌 병, 빈 깡통, 깨진 유리, 반질반질한 조약돌 등, 종류를 가리지 않고 닥치는 대로 온갖 것을 수집했다. 그것들이 정원 창고를 채우기 시작했고, 정원이 꽉 차자, 집을 채우기 시작했다. 찰리는 그 버려진 파편들이 언젠가 쓸모 있을 때가 올 거라고 우겼다. 물론 어떻게, 또 왜 쓸모가 있을 건지는 손톱만큼도 설명하지 못했다.

매리언의 화가 늘어나고, 그녀의 생활공간이 줄어들고 있는데도, 그는 쓰레기들과 헤어지기를 거부했다. 그녀는 이 수집욕의 어린애 같은 성격에, 역설적으로 목적 없는 그 고집스러움에 괴로워하고 있었다. 그녀는 찰리가 우연히 시작한 이 수집이 자신의 삶이 임박한 혼돈에 빠져드는 것을 떠받치려는 시도가 아닐까 생각했다. 그녀는 그 어린애 같은 성격이 자신과의 관계에도 기어들었음을 알고 있었다. 마치 세 살짜리처럼, 그는 그녀를 가만히 두지 않았다. 찰리와 그의 종잡을 수 없는 말들이 정원이건 화장실이건 그녀를 계속 따라다녔다. 더 이상 아무 데도 숨을 곳이 없었다.

나를 만나기 바로 전에, 그녀는 창문을 통해 찰리가 자신만의 탐험을 떠나려는 광경을 흘긋 보고 소스라치게 놀랐다. 큰 덩치에 텁수룩한 수염을 한 그는 쿵쾅거리며 자신과의 대화에 빠져들어 있었다. 그녀는 다른 사람도 그 꼴을 봐야 한다고 잠깐 생각하면서 그 모습에 충격을 받았다. 얼마 전이었다면, 그 장면을 남편과 공유하려 했을 것이었다. 찰리도 과거엔 자기 자신의 기이한 행위들을 익살스럽게 받아들일 수 있었다. 이제는 그녀가 그런 것을 지적하면 그는 짜증을 내거나 그냥 무관심했다. 그리고 그녀는 기행들이 더 정도를 넘어서고 있음을 인정해야 했다. 그녀의 만류에도 불구하고, 그는 홀딱 벗고 당당히 정원을 통과해서 창고의 폐물들에게 행진했다. 그녀는 찰리가 무서워질 거라고 생각해본 적이 한 번도 없었지만, 어쩌면 그래야 할 때가 오고 있는 것 같았다.

매리언이 그들의 결혼에서 약간 물러나기 시작했을 때는 찰리가 서너 명의 의사들을 만나본 상태였다. 신경과의사에게로 발길을 돌리기 전까지 일반의 한두 사람과 정신과의사 한 사람을 만나봤다. 의사들이 그가 겪는 고충들의 목록을 열거하기는 무척 쉬웠다. 정상적인 사회적 억제의 상실, 아무 소유물이나 쌓아두려는 강박증, 운동 장애, 때때로 안절부절, 때때로 몸부림치거나 비틀거림, 일종의 무도무정위운동. 하지만 안팎의 정신적 · 육체적 불안정함이 평생에 걸쳐 서서히 악화되고 있는 이 증세에 대한 훌륭한 설명을 해내긴 훨씬 더 어려웠다.

가시세포

아칸사acantha: 그리스어, 가시

찰리가 내 진료실에 오는 날은 마치 마음씨 착한 회오리바람이 방문한 것 같았다. 보통 네다섯 사람을 문제없이 수용할 수 있는 상담실은 찰리 혼자 온통 차지하기에도 너무 작아 보였다. 그는 상담실 안을 1~2분 동안 돌아다니고 나서야 의자 위에 잠깐 머무르곤 했다. 엄밀히 말해서 그는 잠시도 가만히 앉아 있지 않았으며, 나는 결코 상황을 완전히 통제하고 있다고 느끼지 못했다. 찰리가 나에 대한 친절함으로 진료소에 오는 거라는 느낌이 들었다. 그는 자신의 충동을 참을 수 있는 한에서 질문들에 열심히 대답했으며, 그러고 나서는 가버렸다. 내가 머리가 빨리 돌아가는 사람이었다면, 찰리가 혈액 샘플을 뽑느라 바늘 아래에 꼼짝없이 붙잡혀 있는 동안 어떻게든 두세 가지 질문을 추가로 슬쩍 해 볼 수도 있었을 터이다. 물론 어떤 의미에서는, 찰리가 옳았다. 무엇이 잘못되었는지 내가 발견하는 것은 단지 운에 달린 문제였고, 그는 이를 별로 신경 쓰지 않았다. 내가 사실상 그를 치료할 수 없다는 것, 그에게는 이것이 더 중요했다.

신경과에서 진단에 접근하는 표준적인 절차는 우선 신경계의 어떤 부분에 문제가 있는지, 즉 어디에 그 문제가 있는지 확정한 다음 왜 그런지를 묻는 것이다. 어떤 종류의 병리학적 과정이 작용하고 있을까? 찰리의 경우 첫 번째 질문은 비교적 쉬웠다. 내가 언급했듯이 무도병은 대뇌기저핵, 즉 뇌 깊숙한 곳에서 여러 운동의 조직을 돕는 세포 집단에 문제가 있다는 믿을 만한 지표인 것이다. 예컨대 파킨슨병의 뻣뻣하고, 느리고, 떠는 증상은 뇌의 이 부분에 특정한 신경화학물질인 도파민이 부족해서 생긴다. 무도병은 그 부분이 하는 활동의 반대편 극단을 나타낸다. 찰리의 기록에 있는 뇌 스캔 보고서는 그 부분이 정상이라고 나와 있었다. 하지만 잘 훈련된 눈이라 해도 특별히 관심 지점에 주의를 기울이지 않으면, 특히 그 변화가 대칭이면, 겉보기의 미묘한 변화들을 놓칠 수 있다. 동료 방사선과의사와 함께 면밀히 살피고 나서, 우리는 찰리의 대뇌기저핵에서 사실은 많은 물질이 없어졌음을 확인했다. 미상핵(꼬리핵)caudate nuclei의 머리는 대뇌기저핵의 주요 부분이다. 그것은 보통 뇌실ventricle, 즉 뇌 중심에 액이 채워져 있는 공간 가장자리로 통통하게 튀어나와 있는데, 찰리의 것은 거의 구분할 수 없는 정도의 줄무늬로 쪼그라들어 있었다.

하지만 찰리의 무도병은 이야기의 일부일 뿐이었다. 행동과 성격의 기묘함은 어찌된 걸까? 이것들 역시 대뇌기저핵에 일어난 변화와 연관될 수 있을까? 그럴 수도 있을 것이다. 우리는 일반적으로 생각하기에 운동과 사고와 행동을 뚜렷하게 구분 짓는 경향이 있지만, 뇌가 이 구분을 항상 존중하는 것은 아니다. 대뇌기저핵은 세 가지 모두에서 역할을 한다. 파킨슨병으로 수술을 받은 환자들에게서 얻은 최근의 흥미로운 증거는 대뇌기저핵을 전기로 직접 자극하면 기분에서 극적인 변화를 켰다 껐다 할 수 있음을 보여준다. 우울증을 조증으로 바꾸고, 행동에서도 해당되는 변화들을 일으킬 수 있는 것이다. 이는 훨씬 더 점진적으로 찰리를 덮쳐온 변화들과 다르지 않다. 지금까지 우리가 대뇌기저핵의 역할에 대해 알아낸 것을 놓고 보면, 대뇌기저핵에서의 기능 변화가 동시에 무도병의 꼼지락거림, 사회적 억제의 상실, 강박적이고 의례적인 행동을 일으킬 수 있으며, 이는 모두 찰리의 병에서 나타나는 주요 특징들이다.

평생에 걸쳐 아직도 진행되고 있는 그의 병이 뇌 안 깊은 곳의 이 영역들에서 일어나는 문제 때문이라고 원인을 찾아냈다면, 그 병이 어째서 덮쳤으며 정체는 과연 무엇일까? 무도병이 있으면서 성격이 변하는 환자를 본 신경과의사는 누구라도 19세기 말에 뉴잉글랜드의 내과의사 조지 헌팅턴George Huntington이 처음으로 묘사한 증세를 떠올릴 것이다. 헌팅턴 무도병은 유전되는 신경병 가운데 가장 흔하고 위중한 병이다. 일반적으로 성인기에, 흔히 병자가 자기 자식들을 낳아 병을 또 다른 세대로 전달하고도 이삼 년쯤 지났을 무렵에 증세가 시작된다. 대개 대뇌기저핵의 여러 부분이 점차 위축되면서 무도병이 발병하고, 점차 생각이 종잡을 수 없어지고, 기분이 변한다. 수명을 단축시키지만, 육체적 쇠퇴와 지적 쇠퇴는 매우 느리게, 때때로 고통스러울 만큼 느리게, 10년에서 20년에 걸쳐 일어난다. 이 병에는 세대를 내려가면서 더 일찍, 더 심하게 발병하는 '표현촉진현상anticipation'이라는 기묘한 특징이 있다. 이는 병의 유전적 토대에서 오는 결과다. 헌팅턴병을 일으키는 유전자에는 내가 앞서 설명한 '반복되는 염기 삼중자'가 들어 있다. 즉 염기 CAG가 줄지어 반복되어 있는 유전자가 '헌팅틴'이라 불리는 단백질을 부호화하고 있다. 이것은 헌팅턴 단백질에—우리 모두의 뇌에 존재하는 단백질이므로, 당신과 나의 뇌에도 이 단백질이 있다—보통 줄줄이 이어진 글루타민 구성요소들이 들어 있다는 뜻인데, 그 유전자 안에서 염기 CAG가 반복되는 횟수가 임계 문턱인 약 30번을 넘어가면 문제가 시작된다. 그때부터 삼중자 반복이 불안정해지고, 세대가 지날 때마다 길이가 길어지면서, 점점 더 공격적인 병을 일으킨다. 변경된 단백질은 손상을 입은 뇌 부위의 세포들 안에 쌓이는데, 그 축적이 헌팅턴병에서 일어나는 뇌세포의 죽음과 어떤 관계인지는 아직 분명치 않다.

하지만 헌팅턴병은 결코 찰리의 평생에 걸친 장애를 그럴듯하게 설명해주지 않았다. 그가 겪는 문제의 뿌리가 헌팅턴병이었다면, 사태가 더 빠르게 진행되었을 것이다. 그의 혈액 샘플에서 추출한 DNA를 실험실에 보내 길어진 관련 부분을 찾아달라고 부탁해서 헌팅턴병이 없음을 확인했으며, 나는 분명 더 드물고 더 색다른 무도병의 원인을 추적할 필요가 있었다. 찰리의 기록과 이전 검사 결과들을 뒤적거리다 '무딘톱날적혈구burr cell'에 대한 자료가 눈에 뜨였다. 이것은 혈액 속에 들어 있는 특이한 세포로, 현미경 아래에서 보면 삐죽삐죽한 것이 마치 숲속을 걸을 때 스웨터에 붙곤 하는 까끌까끌한 씨앗들처럼 생겼다. 이 문제의 혈액 세포는 폐에서 몸 전체로 산소를 나르는 적혈구의 일종이다. 적혈구는 대개 매끄럽고 둥근 세포들로서, 어떻게든 가운데 구멍을 뚫으려고 애는 썼지만 성공하지 못한 펑퍼짐한 도넛들처럼 생겼고, 삐죽한 곳은 전혀 없어야 한다. 내가 알기로 무딘톱날적혈구와 무도병은 관계가 없었다. 하지만 나는 또 다른 기형 적혈구가 '무딘톱날적혈구로 혼동된 것은 아닐까 생각했다. 혹시 내가 신경과의사로서 잠깐 마주친 적이 있는 가시적혈구acanthocyte가 아닐까? 이것은 더 아프게 박히는 숲의 위험요소인 가시thorn에서 이름을 얻었다. 상식적으로도, 가시 돋친 가시적혈구는 삐죽삐죽한 무딘톱날적혈구와 헷갈릴 수 있을 것 같았다. 새로 뽑은 혈액 샘플, 도와준 혈액학자와의 대화, 찰리의 이상한 증상들이 전부 맞아떨어지기 시작했다.

유전자와 나선들 가운데

우리 세포들 각각에 들어 있는 3만여 개의 유전자들 중에서 다른 어떤 기관보다도 많은 유전자의 스위치가 켜지는 곳이 뇌 안이다. 이것은 예상할 수 있는 일이다. 뇌는 우리가 우주에서 여태껏 마주친 그 어떤 것보다도 압도적으로 복잡한 존재이니 말이다. 당신의 유전자들 각각은 두 개의 복사본 안에 존재하는데, 복사본의 하나는 어머니에게서 온 것이고 하나는 아버지에게서 온 것이다. 갈색 눈처럼 특정한 특징을 결정하는 유전자는 '우성'일 수 있다. 다시 말해 상대에 상관없이 효과를 발휘한다. 그렇지 않고 '열성' 유전자인 경우에는 어머니와 아버지에게서 받는 두 유전자가 모두 동일한 지시, 예컨대 두 유전자 모두가 '빨강 머리를 길러라' 같은 지시를 전달하지 않는 한 효과가 나타나지 않는다. 열성 유전자의 존재는 유전병을 포함한 유전되는 특징들이 어떻게 이전에 유사한 사건의 가족력도 없이 느닷없이 나타나는지를 설명하는데 도움이 된다.

갈색 눈과 빨강 머리라는 이 유전적 결정의 예들은 단순하게 들리지만, 공중에서 그린 지도의 은유를 기억하라. 우리를 포함한 어떤 유기체에서든 한 유전자가 발현되기까지의 경로, 즉 '유전형에서 '표현형'으로 가는 경로는 대체로 복잡하고, 완전히 이해하지도 못하고 있으며, 불확정적이다. 복잡한 이유는 유전자로부터 눈에 보이는 특징까지 가는 동안 수많은 복잡한 단계들이 관련되기 때문이고, 완전히 이해하지 못하고 있는 이유는 앞으로 알아내야 할 것이 훨씬 더 많기 때문이며, 불확정적인 이유는 다른 유전자들과 환경의 특징 둘 다를 포함한 엄청나게 많은 영향들이 유전자의 발현 경로를 뒤흔들 수 있기 때문이다.

찰리의 가시세포를 예로 들어보자. 이 세포, 즉 가시적혈구는 어느 작은 희귀병 집단을 가리키는 표지다. 이 병들은 현미경 아래 보이는 혈액의 모습을 바꾸며, 동시에 뇌 안에서, 그리고 척수로부터 근육으로

나가는 뇌 밖의 신경 안에서도 일정한 신경세포들을 없애버린다. 이 작은 집단에 속하는 한 장애인 맥레오 증후군McLeod's syndrome이 찰리의 유별난 이야기를 설명하는 것으로 밝혀졌다. 그 병은 불안정함—무도병—을 서서히 악화시키면서 더불어 점차 인격을 갉아먹고 지능을 떨어뜨릴 수 있다.

가시적혈구가 무도병이나 뇌와 무슨 상관이 있는 것일까? 그 고리는 간접적이다. 유전학 실험실에 있는 전문가 동료들이 도와준 덕분에, 우리는 찰리가 걸린 병의 분자적 원인을 집어낼 수 있었다. 평상시 적혈구에서는 다른 단백질들이 적혈구 세포벽에 부착되게 해주는 단백질이 생산되는데, 찰리의 병은 이 단백질의 생산을 지시하는 유전자에서 단 한 분자, 단 하나의 뉴클레오티드 '염기'가 제거되어 생긴 결과였다. 그 유전자에서 하나의 염기가 빠지자 유전적 메시지가 의미를 상실해 단백질의 생산이 엉망이 되었고, 이 닻이 없어지자 적혈구 세포벽이 불안정해지면서 결국 찰리의 혈액막에서 가시 모양의 기형이 일어났던 것이다. 똑같은 유전자가 뇌 안에서도 활성화되는 것으로 보인다. 우리가 아직 모르는 어떤 이유 때문에, 뇌 안에서의 해당 단백질 결핍이 움직임과 정신을 제 상태로 유지하는 데 필요한 대뇌기저핵 세포들의 수명까지 단축시키는 것이다.

찰리와 같은 환자를 만나면, 오늘날에는 간단히 인간의 유전자 지도로 방향을 돌려 관련 유전자를 찾아보면 되지 않을까? 그게 그렇지가 않다. 그 지도는 우리의 DNA를 돌아다니는 데는 대단히 도움이 되지만, 유전자의 기능을 표시하고 있지도 않으며, 장애가 생긴 유전자와 인간의 병 사이에 있는 여러 겹의 원인과 결과들을 드러내지도 않는다. 그렇지만, 운동 장애—나머지 인간 질병의 대부분과 마찬가지로—에 관한 유전적 연구는 호황을 누리고 있다. 1983년에 헌팅턴병의 원인 유전자를 확인한 것이 하나의 이정표였다. 가시적혈구증가증acanthocytosis의 원인이 되는 유전자들은 지난 10년 동안 대부분 포착되었다. 유전되는 형태의 협동운동장애와 불안정함을 일으키는 60여 가지 유전자와 유전성 파킨슨병을 일으키는 십여 가지 유전자가 급속하게, 점점 더 빠른 속도로 설명되었다. 투렛 증후군의 고함과 경련 뒤에 있는 유전적 변화들도 곧 발견될 것이 틀림없다.

유전적 기초에 대한 새로운 지식을 바탕으로, 이 장애들을 고치는 효과적인 치료법을 발견하는 것은 아직까지는 실현되지 않은 야망이다. 찰리의 경우, 고충의 원인을 발견한 것이 아무런 도움도 되지 않는 위안만을 주었을 뿐이다. 나는 그를 그의 운명에서 구해낼 수 없었다. 그는 마지막 몇 년을 정신병원에 수용되어 보냈다. 찰리 스스로는 결코 인정하지 않았지만, 그가 자신과 타인들에게 심각한 위험이 되어버렸다는 증거가 너무나도 많았다. 그는 자신의 병에 따르는 합병증의 하나인 심부전으로 사망했고, 뇌를 연구용으로 기증했다.

우리의 유전자, 몸, 행동 사이의 길은 지극히 배배 꼬여 있지만, 그 길이 존재하는 것은 의심할 여지가 없고, 그 길의 지도를 만드는 사람들은 열심히 연구하고 있다. 지난 100년에 걸쳐 유전학자들이 발견한 것들은 물질이 어떻게 생명을 불러일으킬 수 있는지를 완전히 설명해냈고, DNA의 풍부하고 다채로운 생산력에 담긴 생명의 근원적인 통일성을 드러냈다. 이 발견들은 찰리의 것과 같은 장애들이 어떻게 우리 유전자 안의 분자적 변화로부터 생겨나는지를 점차 설명해가고 있다. 그 변화들이 일어난 유전자들은 우리를 짓는 주체이자 재료인 단백질을 제조하는 데 지장을 겪는 것이다. 이러한 발견들이 장래에는 찰리의 희귀한 증후군을 비롯해 그와 같은 다른 병들을 치료하거나 최소한 개선하도록 길을 열어주겠지만, 아직은 아니다. 다음에 당신이 안절부절 못할 때, 또는 아이가 당신 무릎에서 비비적거리며 무릎으로 당신의 살을 파고들 때, 우리의 운동을 형성하는 유전자 집단을 한번쯤 생각해보라.

chapter 3

단백질

여명의 빛

나는 그들의 냄새를 맡았다, 죽음의 사자들,

…… 그러자 나의 창자들이 여명의 빛으로 녹아든다.

엘리엇, 〈대성당에서의 살인〉, 2부, 1장

목가적 도입

우리 DNA 안에 들어 있는 유전자들은 매개물인 단백질protein—문자 그대로 하면 '첫 번째 것들'—을 통해 일을 한다. 단백질은 우리 유전자의 지시에 따라 우리 세포 안의 분자 기계에 의해 제조된다. 이 장에서는 반역자로 변한 단백질의 이야기를 할 것이다. 우여곡절 많고 흥미진진한 그 단백질의 발견 이야기와 그것에 희생된 한 사람의 쓰라린 경험담을 통해.

피트는 20대 후반의 미혼인 보험 판매원이었다. 1998년 2월이 시작될 무렵, 언덕 위에 눈이 덮이고, 북풍이 살을 에고, 해는 짧을 때, 그는 두려움을 느끼기 시작했다. 어째서인지는 몰랐다. 전에는 한번도 그렇듯 묘하게 마음을 좀먹는 불안감을 경험해본 적이 없었다. 때때로 마치 어떤 몹쓸 것이 내장을 갉아먹고 있는 것처럼, 안에서부터 밖으로 구멍이 뚫리고 있는 느낌이 들었다. 어떤 때는 마치 칼날 위를 걷고 있거나 절벽 끝에서 비틀거리고 있는 것 같기도 했다. 그는 자신의 두려움을 일기에 적었으며, 한두 친구에게도 털어놓았다. 친구들은 바보같이 굴지 말라고 했다. 그는 친구들의 충고를 따르려고 했지만 그 느낌은 사라지지 않았다.

피트가 걱정을 시작하기 2세기도 더 전에, 유럽 일대의 농부들은 기르는 양들 사이에 퍼진 치명적인 병으로 비상이 걸렸었다. 1759년에 기록된 묘사에 따르면, 병에 걸린 동물들은 "드러눕고, 자기 발과 다리를 물어뜯고, 기둥에 등을 문대고…… 마침내 절룩거리게 된다. 몸을 질질 끌고 다니며, 점점 쇠약해지다가 죽는다". 그 병은 잠재적으로 양 주인들에게 파멸적인 것이었다. 양은 당시 유럽 경제의 중심이었다. "천만 명 영국 인구에 맞먹는 양이 영국에 있었으며, 영국인의 거의 4분의 1이 어떻게든 양모무역과 관련을 맺고 있었다.

양떼들을 마비시키는 그 병은 1775년 영국 하원에서 논의가 되었다. 그 병이 양떼 사이에서 퍼져나갈 것은 명백했다. "양치는 사람은 자기 양들 가운데 한 마리가 병에 걸린 것을 알아차리면…… 재빨리 그 양을 영지로부터 멀리 떨어진 곳에서 도살하여 귀족의 하인들이 먹어 없애게 해야 한다." 그 병은 엄청나게 다양한 이름으로 불렸는데, 농부들이 그 병의 이상 증세를 묘사하는 온갖 이름들을 지어냈다. 퉁방울눈, 곱삿병, 선회병, 떨기, 문대는 놈, 긁는 놈, 되새김질하는 놈의 종종걸음 등등. 하지만 끝까지 남은 이름은 스크래피scrapie였다. 병에 걸린 양들이 기둥과 울타리에 자기 몸을 벗겨질 정도로 끊임없이 문질러댔기(scrape) 때문에 선택된 이름이었다. 이 재난은 19세기 내내 유럽의 양떼들을 희생양으로 삼았다.

그 병이 정말로 전염성이 있다는 증거는 1936년에 나왔다. 프랑스의 수의사인 퀴유J. Cuillé와 셸P. L. Chelle 두 사람이 스크래피에 걸린 양의 뇌에서 얻은 물질을 건강한 양의 뇌에 주입하면 1년 내지 2년 뒤에 건강한 양에게서도 병이 발병함을 보여주는 실험 결과를 발표했다. 자연적으로 걸렸든 인공적으로 감염되었든, 병에 걸린 동물들의 뇌는 희한한 '해면상spongiform' 변화를 겪으면서, 현미경으로 관찰할 수 있는 작은 구멍들이 광범위하게 생겨났다. 얼마 지나지 않아, 의도하지 않은

한 실험으로 반드시 뇌에 직접 주입해야만 전염되는 것은 아니라는 사실이 밝혀졌다. 다른 신경병인 '도약병'의 백신을 맞은 양들이 스크래피로 쓰러졌는데, 그 백신이 스크래피에 감염된 양떼들에게서 나온 물질로 제조된 백신이었던 것이다. 근육의 주사 부위에서 뇌로 감염이 진행된 것이 확실했다. 20세기 전반에도 스크래피는 여전히 농부들의 근심거리였고, 수의학자들의 수수께끼였다. 감염 인자가 극히 모호했던 것이다. 하지만 인간이 때때로 스크래피에 감염된 고기를 먹어온 것이 틀림없는데도 1세기가 넘도록 아무 문제가 없어 보였기에, 인간에게 위협이 될 것 같지는 않았다.

하지만 그럴 것 같지 않은 일들도 일어날 수 있는 법이다. '스크래피 인자'가 인간의 건강에 가하는 위험은 지난 50년에 걸쳐 점진적으로 밝혀졌다. 부분적으로는 일련의 비극적인 사고들을 통해서였고, 부분적으로는 감염과 유전을 우리 생명에서 단백질이 하는 기본 역할과 연결시킨 독창적인 연구 결과 덕분이었다.

유령의 바람

6월이 되자 피트는 거의 한계에 다다랐다. 그는 여전히 지독하게 불안을 느꼈고, 이제는 오른발까지 얼얼하기 시작했다. 마치 끊임없이 국부마취가 풀리고 있는 것 같은 묘한 감각이었다. 그는 마침내 의사를 찾아가서 암이나 에이즈가 아닐까 걱정된다고 고백했고, 의사는 어느 쪽도 걱정할 이유가 없다고 그를 안심시켰다. 피트가 며칠 뒤 거의 똑같은 고충을 가지고 돌아오자, 의사는 정신과의사를 만나볼 것을 권했다. 의사는 이 제안이 그를 기분이 상하게 할지도 모른다고 생각했지만, 피트는 자신의 상태를 정상으로만 돌려준다면, 누가 진료를 보든 신경 쓰지 않았다.

1950년대, 유럽에서 멀리 떨어진 한 세계에서 포어 인디언Fore Indian—파푸아뉴기니의 이스턴하일랜드에 사는 석기시대 부족—에게 이상한 재난이 닥쳤다. 그 지역을 담당한 오스트레일리아의 행정 관리 맥아더 J. R. MacArthur는 원주민들에게 다가갔을 때 자신이 본 것을 이렇게 묘사했다. "여자아이 하나가 불 가에 앉아 있는 것을 자세히 보았다. 아이는 격하게 떨면서 고개를 이쪽저쪽으로 홱홱 꺾고 있었다. 그 사람들 말로, 아이는 마법에 걸려 이렇게 계속 몸을 떨면서 먹지도 못하다가, 결국엔 죽음이 데려갈 거라고 했다." 그 소녀의 증세를 부족 사람들은 추위나 공포로 인한 '떨림'을 의미하는 '쿠루kuru'라고 불렀다. 그들은 그 떨림을 '조나zona' 즉 때때로 그 땅을 쓸고 가는 '유령의 바람'과 연관시켰다. 하지만 이 떨림은 바람이 잠잠해진 다음에도 계속되어, 1년이나 2년에 걸쳐 진행되다가 불안정함, 마비, 죽음에 이르렀다. 맥아더가 우연히 마주친 그 소녀는 유사한 병에 걸린 많은 사람들 가운데 하나였다. 그런데 이 증상은 부족 전체에 점점 퍼지고 있었지만, 기이하게도 선택적이어서 여자와 아이들만 집어내고 남자들은 다소 내버려두는 양상을 보였다.

1956년, 젊고 정력적이고 고집 센 한 의사가 낯선 문화에 대한 흥미와 과학적 난제에 끌리는 취향에서, 오스트레일리아에 머물고 있다가

파푸아뉴기니를 방문했다. 그 섬 전체에 이상한 뇌 질환이 퍼지고 있다는 소문에 이끌린 것이다. '교육받기로는 소아과의사, 경험상으로는 바이러스 학자, 타고나기로는 천재'인 칼튼 가이듀섹Carleton Gajdusek의 천재성은 쿠루의 놀라운 모습에 못 박히듯 사로잡혔다. 본부—멜버른에 있는 월터 앤 엘리자 홀 의학 연구소—로 돌아오라는 지시를 무시한 채 가이듀섹은 힘겨운 쿠루 연구에 착수해서, 마침내 상사인 면역학자 프랭크 맥팔레인 버넷Frank Macfarlane Burnet 경의 지원을 얻어냈다. 가이듀섹이 일을 시작할 무렵, 쿠루는 포어 인디언들 사이에 일어나는 사망 절반의 원인이 되어 있었다. 가이듀섹은 그 병이 일종의 뇌염—대개 감염으로 생기는 뇌 물질의 염증—으로 밝혀질 것이라 예상했지만, 검시하는 동안 아무런 염증의 징후도 발견하지 못했다. 당황한 그는 '쿠루 사파리'에 착수해, 걸어서 장거리 여행을 하며 그 병의 역사와 분포를 기록했다. 그는 그 병이 포어 영토에만 국한되며 현재 생존해 있는 부족 사람들이 기억하고 있는 선에서 병이 출현했음을 확인했다. 그는 중독이나 식습관, 유전을 원인으로 고려하다가, 결국에는 후자가 원인일 것이라고 생각했다. 유전적 형질이라고 하기에는 쿠루가 여성과 아이들을 선호하거나 때때로 그 부족으로 시집온 처녀를 덮친다는 사실을 설명하기 힘들었지만 말이다. 그는 현미경 아래서, 쿠루에 감염된 뇌들이 특이한 해면상 변화를 보임을 발견했다. 수수께끼 같은 쿠루병 문제는 여기서 잠시 멈춰 있었다.

3년 뒤인 1959년, 우연히 쿠루의 병상病狀에 대한 가이듀섹의 기술을 본 미국의 수의사 해들로W. J. Hadlow는 그 묘사가 스크래피를 앓는 양의 뇌를 현미경으로 본 모습과 유사함을 지적했다. 이 무렵 스크래피는 전염성이 있으며 다른 동물들로 옮겨질 수도 있다는 사실이 알려져 있었다. 그래서 가이듀섹은 1962년 뉴기니로 돌아가 결정적인 실험을 위한 재료를 모았다. 쿠루를 동물들의 뇌에 주입하면 전염성이 증명될까? 쿠루 환자들의 뇌에서 채취한 성분을 주입받은 침팬지들은 약 2년의 잠복기가 지나서 1965년에 유사한 병으로 쓰러졌다. 그 침팬지들은 쿠루 환자 뇌의 성분을 뇌에 직접 주입받았지만, 스크래피와 마찬가지로, 꼭 그래야 전염되는 것은 아닌 것으로 드러났다. 그 병은 감염된 성분을 침팬지에게 먹이기만 해도 전달될 수 있었다.

놀랍게도 쿠루병의 원인 역시도 감염된 뇌를 먹는 것임이 드러났다. 포어족 사이에서 그 병이 시작된 것은 그들이 매우 특이한 관습을 채택한 이후부터였다. 그들은 장례 의식의 일부로서, 최근에 죽은 일가친척의 인육을 먹었던 것이다. 남자들은 근육을 먹은 반면에 뇌는 진미로 여겨지지 않아서 여자와 아이들에게 남겨졌기 때문에, 부족의 여자와 아이들에게 감염률이 훨씬 높았던 것이다. 포어족 사람들이 식인 관습을 버린 이후로, 새로이 쿠루에 걸리는 사례는 생기지 않았다.

가이듀섹은 이 발견으로 1976년 노벨 의학상을 수상했다. 관심의 초점을 쿠루에 두긴 했었지만, 그는 그 증세가 단지 '원시 부족 사람들에 국한된 소수의 문제 이상이며, 해결되기만 한다면 분명 의학에 중요한 새 실마리를 줄 것이라고 확신했다.

CJD

정신과의사 줄리아는 피트의 사례가 혼란스러웠다. 건강염려증은 흔하디흔한 증세이다. 그녀는 걸리지 않은 것이 확인된 병을 걱정하며 자신을 찾아온 사람들을 계속해서 보아왔지만, 피트는 그런 사람들과 달랐다. 그는 천성적으로 걱정하는 사람이 아니었고, 직장에 특별한 스트레스 요인이 있는 것 같지도 않았지만, 지금 그런 환자들 사이에 끼게 된 것이다. 그는 기억에도 문제가 있다고 언급했는데, 줄리아가 듣기에도 걱정스러웠다. 그녀는 피트를 자기에게 보낸 일반의에게, 자신은 최선을 다하겠지만, 그의 문제가 무엇인지 섣불리 단정 짓지 않는 것이 좋겠다고 말했다.

그러는 동안에도 피트는 나빠지고 있었다. 10월, 불안이 시작된 지 약 8개월 뒤 그는 어느 날 직장에 도착한 지 겨우 몇 분 만에 집으로 돌아갔다. 자기 컴퓨터의 비밀번호를 잊어버렸는데 누군가에게 도움을 청하기에는 너무 수치스러웠던 것이다. 그날 아침 직장에서 일찍 나온 데는 다른 이유도 있었다. 동료들이 자신을 해치려 한다는 의심이 들기 시작한 것이다. 맞은편에서 일하는 아가씨가 지나갈 때 쳐다보고 미소를 짓는데, 그녀가 자신과 연관된 무언가를 숨기고 있다는 느낌이 들었다. 그는 일기에 썼다. "나는 제정신이 아니다. 왜 그런지 모르겠다. 아무것도 기억할 수가 없다."

가이듀섹은 쿠루에 감염된 뇌에서 추출한 성분 외에도, 다양한 '대조' 증세로 죽은 사람들에게서 추출한 성분들을 침팬지에게 주입했다. 대부분은 아무 증상도 없었지만, 역시 뇌 안의 해면상 변화와 관련이 있는 한 가지 다른 병이 쿠루처럼 전이되는 것으로 드러났다. 크로이츠펠트–야콥병Creutzfeldt-Jakob disease(CJD)은 1920년대에 독일의 두 내과 의사가 처음 기술했다. 후속 연구는 CJD가 연구 대상 지역이 어디든 해마다 백만 명에 한 명꼴로 꾸준히 일어남을 보여주었다. CJD가 뇌 안에서 일으키는 변화들이 쿠루에서 나타나는 것과 어느 정도 닮은 건 사실이지만, 병자에게 미치는 효과는 다소 다르다. 그토록 빠르고 효과적으로 운동, 기억, 사고 능력들을 해체하는 다른 병은 거의 없다. 보통 중년 후반에 덮쳐서 이삼 주에 걸쳐 너무도 빠르게 진행되므로, CJD가 의심되어 환자가 신경과의사를 볼 시점이 되면 대개 의사소통이 불가능하다. 이 단계에는 대개 숨길 수 없는 징후가 존재한다. '간대성근경련증myoclonus'이라는 몸의 율동적 경련으로, 손상된 뇌 깊은 곳에서 되풀이되는 방전이 이를 명령한다.

CJD가 전이될 수 있다는, 그래서 어떤 의미에서는 전염성이 있다는 발견은 그것이 답한 것보다 더 많은 질문을 제기했다. 평범한 사례에서 감염원을 추적하려고 기울인 노력은 성공을 거두지 못했다. 가능성 있는 실마리들은 좀 있었다. 살짝 익힌 양의 뇌와 눈을 즐겨 먹는 어느 리비아 유대인 집단의 사례들에서, CJD의 원인이 스크래피 감염일지 모른다는 가능성이 제기된 것이다. 충분히 논리적인 추론이었다. 하지만 이 연구들은 결과적으로는 허탕을 쳤다. CJD의 일반적 원인이 감염이라는 설득력 있는 증거가 없었던 것이다. 하지만 분명 아주 드물게, CJD가 감염에 이어진 결과로 발생한 사례도 있었다. 감염된 재료를 병원에서 부주의하게 사용한 결과로 CJD가 전염된 비극적이고 악명 높은 사례들이 있었던 것이다. 이식한 각막, 시체에서 회수해 신경외과적 복원에 사용한 뇌 내벽, 오염된 의료기구, 그리고 가장 가슴 아픈 예로, 시체 공시소에서 거둬들인 뇌하수체에서 회수해 성장호르몬이 부족한 아이들을 치료하기 위해 사용한 성장호르몬, 이 모두가 세계 곳곳에서 일어난 일련의 의학적 불운들 속에서 그 증세를 옮겼다.

또 다른 관찰도 수수께끼에다 불가사의함을 더 입혔을 뿐이었다. 때때로 감염으로 CJD가 생길 수도 있었지만, 분명 항상 그런 것은 아니었다. 어떤 경우, 대략 열에 하나 정도는 확실히 유전되었다. 마치 눈 색깔이나 헌팅턴병처럼, 부모에게서 아이에게로 CJD가 대물림된 가족들이 알려졌다. 유전되는 다른 두 증세들 또한 '해면상' 질환인 것으로 드러났다. 첫 번째인 게르스트만-슈트로이슬러-샤인커병Gerstmann-Straussler-Scheinker disease(GSS)은 사실 여러 증상들의 작은 모임으로, 지적 감퇴, 불안정, 파킨슨병과 유사한 증상들을 다양하게 혼합해서 일으킨다. 두 번째 '기묘한 치명적 수면병'인 치명적 가족성 불면증Fatal Famillial Insomnia(FFI)은 아마 인간의 모든 해면상 질환 가운데 가장 특이하다 할 수 있을 것이다.

FFI는 규모가 큰—그리고 출중한—이탈리아 혈통에서 1986년에 기록되었다. 첫 번째 증상은 보통 불면증이 악화되면서 점진적으로 잠이 방해를 받는 것이다. 남아 있는 잠도 꿈을 실제로 실행하느라 여러 차례 중단된다. 처음으로 보고된 53세 환자의 잠은 겨우 한 시간밖에 지속되지 않았고, "빈번하게 생생한 꿈으로 방해를 받았다. 꿈을 꾸는 동안 그는 침대에서 일어나 차려 자세로 군대식 경례를 하곤 했다. 집 안 식구가 그를 깨우면, 그는 대관식에 참석하는 꿈을 꾸었다고 말하곤

했다". 몇 달이 지나자 체온과 혈압 같은, 보통은 뇌가 어떤 의식적 노력도 없이 처리하는 '자율' 기능들에 교란이 일어나고 가차 없이 악화되면서, 그는 끊임없이 혼란을 겪게 되었다. 그는 증상이 시작된 지 아홉 달 만에 죽었다. 뇌를 조사해보자 손상이 시상thalamus 영역에 집중되어 있음이 드러났다. 시상은 뇌의 중심 가까이에 있는 대략 커다란 밤톨 크기만 한 영역으로서, 짐작했겠지만 수면, 각성, 기억 등 자율 기능의 조절에서 주요한 역할을 한다. FFI는 의심할 여지없이 그 병이 유린하는 한 움큼의 가족들 사이에서 유전되기도 하지만, GSS나 CJD처럼 인간에게서 동물의 뇌로 전파되기도 한다.

CJD의 사례 대다수처럼, 대개는 느닷없이 발생하지만, 오염된 기구와 약물로부터 걸릴 수도 있고, 그럼에도 때로는 유전되기도 하는 병을 이해하려면, 어떤 혁명적인 사고가 필요하다.

증거의 부재

증거의 부재가 부재의 증거는 아니다.

작자 불명

처음 피트를 만나 이야기를 나누고 진찰하면서, 나는 드물지만 잊지 못할 경험을 했다. 의사들은 대부분 그게 어떤 경험인지 알 것이다. 피트가 아프다는 건 확실하고, 그의 병이 특이하다는 것도 확실한데, 지금 당장은 그게 뭐라 말해줄 수 없는 느낌. 그는 조명이 너무 밝다고 불평

하며, 반쯤 감은 눈으로 나를 응시했다. 그는 나와 대화를 나눌 수 있었다. 그는 내가 묻는 대부분의 질문에 조리 있고 짧게 답했다. 하지만 무언가에 정신이 팔려 있거나 주의가 산만한 것 같았다. 나는 피트가 다른 데 정신이 사로잡혀 있다는 느낌이 들었지만, 우리 둘 다 그를 사로잡고 있는 것이 무엇인지 말할 수 없었다. 기초 정신기능 검사에서 피트는 약간, 하지만 명백히, 기대보다 낮은 점수를 받았다. 표준 신경과 검진—안구 운동, 근육 긴장, 반사 등등—은 의심할 여지없이, 광범위하지만 현재까지는 가벼운 뇌의 기능 장애를 암시했다. 나는 어떻게 진단을 내릴지 좀 생각해보기 위해, 잠시 피트에게 병동을 구경하도록 시간을 줬다.

1986년, 의학 문헌에서 FFI가 처음으로 기술된 해, 잉글랜드 남부의 수의사들은 소에 걸리는 이상한 병을 보고하기 시작했다. 병든 소들은 때로 광포해질 정도로 불안에 사로잡혔고, 접촉과 소리에 과도하게 민감해졌다. 마치 목에 얹기에는 너무 무겁다는 듯이 머리를 낮게 떨어뜨리고, 몸을 떨고, 비틀거리고, 넘어졌다. 가이듀섹의 선구적인 쿠루 연구가 있은 지 30년 뒤, 마음의 준비가 된 영국 과학자들은 신속하게 작업할 태세를 갖추고 있었다. 웨이브리지에 있는 중앙수의학연구소에 제공된 소의 뇌 두 개는 해면상 변화를 보여주었다. 그런 변화가 소에게서 일어난다는 것은 알려진 바가 없었지만, 수의사들은 그 모습에서 스크래피에 걸린 양의 뇌에서 익히 보아온 것을 또렷이 떠올릴 수 있었다. 다음 몇 개월에 걸쳐 사례들의 수가 늘어나면서, 영국에서 소의 새로운 질병이 유행병으로 퍼지고 있음은 의심할 수 없는 사실이 되었다. 이 뇌의 해면상 질병에 전문가들은 '소해면상뇌증bovine spongiform encephalopathy(BSE)'이라는, 언론은 '광우병'이라는 이름을 붙였다.

1988년에는 자신의 소떼에게 그 병이 발생했을 때 보고하는 것이 농부들의 의무가 됐다. 1996년까지, 영국에서 161,000건의 사례가 확인되었다. 이 새로운 질병의 원인 탐색 과정에서 알려진 동물 사육에 관한 여러 사실들은 우리들 대부분을 경악하게 만들었다. 1988년에 그 관행이 금지되기 전까지, 영국의 가축 사료에는 어김없이 가축의 사체에서 '정제한' 물질이 보강되었음이 드러난 것이다. 직설적으로 말하자면, 우리가 풀만 먹는 채식주의자라고 생각했던 소들이 사실은 서로를 먹고 있었던 것이다. 감염된 동물이 다른 소들에게 식사로 대접되면서, BSE가 유행병으로 퍼지게 된 것이다. 애초에 감염된 동물이 어떻게 먹이사슬로 들어왔던 것일까? 그 출처가 무엇인지는 결코 확실히 밝혀지지 않을 것이다. 가장 가능성 있는 시나리오는 절차에 생긴 문제로 양의 사체가 소 사료로 처리되어 들어가, 소가 스크래피에 감염된 고기를 종의 장벽을 넘어 감염되기에 충분한 양만큼 섭취했다는 것이다('종의 장벽'은 상대적이다. 수많은 종들을 연구한 결과는 한 종의 한 구성원이 다른 종의 한 구성원에 의해 감염될 가능성은 낮음을 보여주었지만, 그럼에도 여전히 감염이 일어날 수 있다는 것은 확실하다). 아니면, BSE가 어떤 암소나 황소에게서 자생적으로 일어나 그 소의 뇌가 나중에 먹을거리로 재활용되었을 수도 있다.

BSE는 영국 농부들에게 재난이었으며, 유감스럽게도 우리는 오염된 사료 속에 우리의 불운을 담아 전 세계에 수출했다. 소가 유일한 희생자인 것도 아니었다. 집에서 기르는 고양이와 동물원에 갇혀 있는 몇 몇 종들—에든버러 동물원의 사자를 포함해서—도 그 역병으로 쓰러졌다. BSE에 감염된 물질을 먹는 것은 분명 동물들 사이에서 효과적인 전파 경로다. 게다가 그 감염원은 얼마든지 종에서 종으로 건너뛸 능력이 있었다. 이 걱정스러운 증거들에도 불구하고, 1980년대 말과 1990년대 초까지 최고의 과학적 조언은 기껏해야 인간에게 전파될 위험은 요원하다는 것이었다. 당시 영국 정부는 쇠고기 산업의 이권을 보호하는 데 안달이 나서, 이 조언을 극히 단순화하여 시끄럽게 광고했다. 당시 영국의 농림부 장관 존 거머John Gummer는 텔레비전에 나와 자신의 어린 딸에게 햄버거를 먹인 것으로 유명하다. 반대로, 이 질병 부류에 관한 미국의 선도적인 전문가 스탠리 프루시너Stanley Prusiner는 1993년 런던왕립의과대학 강연에서, 'BSE가 인간에게 위험을 제기하는지 어떤지는 알려져 있지 않다'며 문제를 단정 짓지 않고 신중하게 처신했다. 그렇지만 과학자와 정치가들이 1990년대에 무슨 말을 했든, 피트를 그의 운명에서 구하기에는 너무 늦었을 것임은 거의 틀림없다.

1986년, 나는 '병원 입주 의사house physician*'—'입주 개'나 '입주 노예'라는 애칭으로도 알려져 있는 역할—로 몇 개월을 일했다. 나의 주인은 과묵하지만 널리 존경받고 많이 사랑받는 신경학 교수, 브라이언 매튜스Bryan Matthews였다. 그는 CJD에 오래전부터 관심을 갖고 있었다. 사실 칼튼 가이듀섹이 CJD가 다른 동물들에게 전이됨을 증명하는 데 사용한 표본들 가운데 하나는 매튜스가 제공해준 것이었다. 매튜스는 CJD의 원인을 알아내는 데 뛰어들기로 작정하고, 그 병의 '환자 대조군'

* 인턴을 마친 전문의 수련자, 즉 레지던트를 말함.

연구에서 한 무리의 젊은 신경학자들을 감독했다. 연구는 병의 희생자들에게 특별한 어떤 것—식습관, 업무, 여가활동에 단서가 될 만한 기묘한 점—이 있는가의 여부를 확정하도록 설계되었다. 이 연구는 CJD가 일반적으로, 출처를 확인할 수 있는 평범한 감염과는 다르게 전염된다는 증거를 보여주었다. 또한 영국의 신경과의사들 사이에서 그 증세에 대한 관심과 전문지식의 중심이 되어주는 역할도 했다.

1990년, 보건부는 BSE가 인간에게 퍼질지 모른다는 그럴 법하지 않은 가능성을 고려하여, 사람에게 해면상 질병이 발생하는 빈도를 주시하는 소규모 감시단을 편성했다. 기대한 것은, 감시 계획이 아무 결과도 얻지 못하는 것이었다. 책임자는 에든버러의 신경과의사 밥 윌Bob Will로, 그는 브라이언 매튜스의 환자 대조군 연구에도 참여했었다. 영국의 신경과는 여전히 작은 전문분야여서 구성원들이 긴밀한 관계를 유지하는 편이라는 점이 감시단의 작업에 도움이 되었다. 다시 말해, 밥은 특이한 치매 사례라면 분명 감시단에 보고되리라는 것을 자신할 수 있었다. 그리고 정말로 그랬다.

1995년 3월에서 1996년 1월 사이, 독특한 사연을 지닌 열 명의 환자들이 감시단에 알려졌다. 모두들 젊어서, 대부분 10대나 20대였다. 한 사람만 빼고 모든 환자들이 신경과로 주의를 돌리기 전에 정신과의사에게 조언을 구한 적이 있었다. 그들이 정신과의사를 찾은 이유는 우울증, 동요, 공격성, 불안, 편집증 등 다양했다. 어떤 환자들은 팔다리에서 욱신거림을 의식했다. 하지만 모호한 신체적 이상은 불안하거나 우울한 사람에게서는 상당히 흔한 일이다. 심리적 동요나 욱신거림, 팔다리의 쑤심이 6개월쯤 있은 다음에야 그 병은 기억력 감퇴, 불안정함,

넘어짐, 무의식적인 움직임, 요실금 등 착각할 리 없는 문제들로 진정한 본성을 드러냈다. 그런 첫 증상이 있은 지 평균 14개월이 지나면 죽음이 뒤따랐다.

1996년 3월 20일, 윌과 동료들이 발견한 것을 공표하자 그 분야 과학자들 대부분이 진정으로 깜짝 놀랐다. 오늘의 뉴스에 나온 그 내용을 나는 집으로 운전하며 돌아오는 길에 들었는데, 정말 소스라칠 정도였다. 그것은 케네디의 죽음과 9 · 11사태와 더불어 내 '섬광기억'의 하나로 남아 있다. 밥 윌과 동료 병리학자 제임스 아이언사이드James Ironside가 환자들의 뇌에서 확인한 병리학적 변화들은 환자들의 병력만큼이나 매우 특징적이었다. 해면상 변화도 두드러졌지만, 놀랍게도 작고 밀도 높은 침전물에 단백질이 축적되어 있기도 했다. 그 침전물 '플라크plaque'는 두 가지 다른 증세—스크래피와 쿠루—에서 발견되는 것과 비슷했다.

이 병은 아주 새로운 어떤 것이었다. 희생자들은 대부분의 CJD 환자들보다 훨씬 젊었다. 그들의 병은 정신과 증상들로 시작해서, CJD와 다른 더 긴 과정을 거쳤고, 뇌 안의 변화도 CJD와 구별되었다. 이 반갑지 않은 사건이야말로 감시단을 설립해 대비하려던 것이었다. 윌 논문의 저자들은 '발견한 사항들에 대한 가장 그럴듯한 설명'은 그 병이 BSE의 원인에 노출된 결과라는 것이라고 조심스럽게 결론을 내렸다. 두렵고 우울한 발견이었다. 그것은 아픈 교훈을 절실히 깨닫게 했다. 위험의 증거가 없다는 것은 위험이 없다는 증거와 같지 않다는 교훈. 과학적으로는 매우 눈부신 발견이기도 했다. 감시단의 팀원들은 인구 5천 5백만의 국가에서 열 명의 환자에게 일어나는 새로운 질병을 기어코 탐지해낸 것이다. 하지만 도대체 무엇이 스크래피, 쿠루, CJD, BSE, 그리고 새로 확인된 전혀 반갑지 않은 영국 사촌, 지금은 'v(변종variant)' CJD로 알려져 있는 이 병의 원인이었을까?

첫 번째 것들

단백질protein, '제1속성'의를 뜻하는 그리스어 '*proteios*'에서 유래

피트와 처음 만나고 이틀 뒤, 병동에서 나는 내 평가를 다시 확인했다. 다시 한 번, 나는 그의 이상하게 몰두하는 분위기, 그 자신도 설명할 수 없는 아무것도 아닌 것에 대한 몰두에 맞닥뜨렸다. 다시 한 번, 나는 운동을 통제하는 주요 뇌 체계들 전체에서 심하진 않지만 시종일관된 교란의 징후들을 발견했다. 뇌의 장애는 뇌 체계들을 하나씩만 교란시키는 경우가 훨씬 더 흔했다. 그때에는 피트의 뇌 스캔 결과가 나와서 시상이 미묘하게 대칭적으로 밝아지고 있음을 확인할 수 있었다. 뇌 깊숙이 자리한 밤톨 크기의 이 영역은 치명성 가계 불면증에서 선택적으로 영향을 받으며, 밥 윌의 팀이 발견했듯이 변종 CJD의 초기 상태에서도 영향을 받는다. 이 새롭고 끔찍한 병이 피트의 고충을 가장 그럴듯하게 설명한다는 데는 거의 의심의 여지가 없었다. 나는 피트의 가족을 만났다. 그들도 BSE에 관해 들은 적이 있었다. 그 병이 감염된 고기를 먹은 사람들에게 걸릴 수 있다는 사실을 알고 있었다. 그들은 충격을 받고 겁에 질렸다. 무엇이 이 병을 일으켰는지를 더 알고 싶어 했다. 우리는

피트에게 뭐라 말하는 게 최선일지를 고심했다.

쿠루, 스크래피와 인간에게 걸리는 그 비슷한 사촌들로부터 나오는 압도적인 증거들은 이 병들이 인간에게서 인간으로, 인간에게서 동물로, 동물에게서 동물로, 동물에게서 인간으로 전이될 수 있다는 것을 보여주고 있다. 이는 병들에 어떤 감염 인자가 관여함을 의미한다. 몇 년 전, 스크래피의 인자를 대상으로 한 연구로 봤을 때 그 인자는 매우 작은 것이 분명했다. 박테리아가 제거될 만큼 여과를 해도 감염성이 여전히 멀쩡하게 남아 있었던 것이다. 여기서 처음에는 바이러스가 인자라는 제안이 나왔다. 바이러스는 본질적으로 자신을 더 만들기 위한 지시들을 부호화하는 유전자들의 묶음이다. 바이러스는 생물과 무생물의 경계에 존재한다. 자기가 감염시킨 세포들의 조직에 의존해 자신을 복제하면서, 잠시 동안의 '빌린 삶'을 누리는 것이다. 감염 입자의 크기가 작고 감염과 병의 시작 사이 기간이 긴 것을 놓고 볼 때, 한동안은 일종의 '슬로 바이러스slow virus(체내에 장시간 존재하는 만성병 바이러스)'가 스크래피와 친척들의 원인으로 합당한 후보인 것처럼 보였다. 에이즈의 감염인자인 HIV가 가장 잘 알려진 슬로 바이러스다. 하지만 이 생각에는 심각한 문제가 있었다. 여러 차례의 실험들에서 방사선 조사나 극도의 가열이나 포름알데히드 처리처럼 바이러스를 포함한 유전 물질을 확실하게 파괴하는 처리법도 스크래피 인자를 파괴하지 못한다는 사실이 거듭 확인되었던 것이다.

하지만 그 인자가 박테리아도 아니고 바이러스도 아니라면, 도대체 무엇이 이런 병을 일으킬 수 있단 말인가? 그럴듯한 선택지가 없는 듯 보였다. 사실, 유전물질을 파괴하는 처리를 견디고도 살아남는 감염성을 관찰한 것 자체가 이단적이었다. 현대 생물학의 제1법칙은 세균은 물론 모든 유기체의 번식은 DNA와 같은 핵산의 복제에 의존한다는 것이다. DNA가 없으면 유기체도 존재할 수 없다. 유기체가 없고, 세균이 없으면, 감염도 존재할 수 없다. 그럼에도 스크래피, 쿠루, CJD는 명백히 감염될 수 있었다. 이 동그라미를 네모로 만드는 것 같은 불가능한 일—이 질병들에서 관찰되는 감염, 유전, 자연적 발생의 이상한 조합에 대한 설명을 찾는 것 같은 일—을 하려면 무언가 매우 독창적인 생각이 필요했다. 아인슈타인은 '이론이란 더 이상 단순할 수 없을 때까지 가능한 한 단순해야 한다'고 지적했다. 그때까지도 단순한 이론들은 정답을 끌어내는 데 실패했다. 하지만 답은 이미 내놓을 수 있었다. 그 답을 신뢰할 용기와 상상력이 있는 과학자라면, 실험적 증거 안에서 답을 구할 수 있었다. 감염된 뇌에서 얻은 스크래피 인자를 정제해보면 한 가지 구성성분밖에 나오지 않았다. 바로 단백질이었다. 스크래피 인자는 단백질이어야만 했다.

우리가 지난 장에서 만난 단백질은 커다란 분자 구조물로, 아미노산이라 불리는 더 작은 분자들로 구성되어 있다. 우리의 유전자들은—30,000개 모두—단백질 구조를 하나하나 알려준다. 우리가 앞에서 보았듯이, 단백질로 번역되는 우리 DNA의 결정적인 부분들 안에 있는 각각의 염기 '삼중자'는 대응하는 아미노산을 지정한다. 유전자 안에 든 삼중자들의 연속은 단백질에서 그 단백질의 '1차 구조'로 알려진 아미노산들의 연속을 지정한다. 단백질 안의 아미노산 끈들은 보통 저절로 나선이나 판을 닮은 모양으로 조직된다. 이것이 단백질의 '2차 구조다. 마지막으로, 엄청난 수의 근거리 인력과 반발력의 예측 불가능한 작용 아래, 분자는 최종 형태, 즉 '3차 구조'로 접혀 들어간다. 이 구조가 단백질의 기능에 결정적인 영향을 미친다.

단백질은 우리 생명 활동의 기본이다. 우리 몸속에서 다양한 크기와 모양으로 존재하면서 셀 수 없이 많은 역할을 한다. 단백질의 크기와 종류를 대략적으로 아는 것이 도움이 될 것이다. 좀 작은 단백질 분자에는 150개의 아미노산을 이루는 2천여 개의 원자들이 들어 있을 것이고, 큰 단백질 분자에는 그 네 배의 원자가 들어 있을 것이다. 단백질 한 분자의 보통 길이는 수소 원자 크기의 1백 배쯤 될 것이다. 콜라겐과 같은 일부 단백질들은 '구조' 단백질이다. 구조 단백질은 우리 뼈의 골격, 인대의 조직, 세포의 섬세한 내부 구조를 만드는 데 사용된다. 또 다른 단백질인 '효소'들은 세포들 각각의 생명이 달려 있는 많은 화학 반응들을 조절한다. 어떤 단백질들은 호르몬이나 신경전달물질로서 이웃 세포로 신호를 전달하기 위해 세포 밖으로 나가는 반면, 다른 어떤 단백질들은 이 신호의 존재를 감지하기 위해 수용체로서 세포벽 안쪽에 삽입된다. 우리 30,000개 유전자들이 생산을 지시한 단백질들이 미묘하게 개조됨으로써 우리 몸에는 약 100,000가지 구별되는 단백질들이 있게 된다. 우리 몸의 모든 구성성분들이 그렇듯이, 단백질도 끊임없이 '순환'되고 있다. 제조되고, 이용되고, 회수되고, 파괴되는 것이다.

하지만 우리 생명 활동에서 가장 중요하고, 다양하고, 역동적임에도 불구하고, 단백질은 감염의 씨앗이 될 수 없다. 그냥 적당한 물질이 아닌 것이다. 단백질은 분열할 수도 증식할 수도 없다. 단백질은 하인이지 지도자가 아니며, 도구이지 기술자가 아니다. 혹은 그렇다고 우리는 생각했다.

피트를 위한 진혼곡: 얼마나 많을까?

우리가 애도해야 할 것이 너무도 많을 때……

오든, '지그문트 프로이트를 추억하며'

피트는 마지막으로 일기를 쓴 10개월 뒤, 29세의 나이로 생을 마감했다. 마지막에는 서 있지도, 앉지도, 스스로 먹지도, 말하지도 못했고, 거의 확실히 자신이 어떻게 되어버렸는지도 알지 못했다. 최소한 이것이 그가 망각 속으로 몰락해가는 몇 달 내내 그의 곁에서 살았던 가족에게는 위안이었다. 마침내 죽음이 그를 해방시키자 모두들 기뻐했다.

피트는 평범한 사내였다. 가족에게서 사랑받았고, 동료들에게 인기 있었고, 술과 담배를 좋아했고, 여자를 보는 눈이 있었고, 대개 여자들도 안목이 있어 그를 알아보았다. 주말이면 그는 집 근처 개울에서 낚시를 했다. 그는 주위의 공기를 느끼며 자신이 좋아하는 어장의 물처럼 고요하게 마음을 가라앉히길 좋아했다. 고기를 넉넉히 잡으면, 직접 물고기를 손질해 가족이나 여자친구를 위해 요리하길 즐겼다. 그 외에 먹는 것에 관해 지나치게 까다로웠던 적은 한번도 없었다. 하지만 1980년대 말을 향해 가던 어느 날, 피트의 운이 다한 것이 틀림없다. 햄버거나 고기 파이나 소시지나 소스가 보이지도 않을 만큼이지만 치명적인 양의 알 수 없는 감염원을 배달했고, 결국 감염원이 그의 뇌에 가라앉아 느린 파괴 작업을 시작했던 것이다.

그의 사례는 vCJD의 전형이었다. 2002년에 첫 1백 명의 사례에서 임상적 특징들을 개관하여 발표한 보고서는 대체로 처음 열 명에게서 받았던 인상들을 다시 확인해주었다. 다시 말해 정신과 증상들이 신경과 증상들에 앞섰고, 따라서 가장 많이 관련되는 최초의 전문가는 정신과의사들이었다. 저조한 기분, 사회적 접촉을 피함, 불안, 과민함, 불면증, 평소 활동에 대한 흥미 상실이 초기에 흔한 증상들이었다. 소수는 사지나 몸통, 얼굴에서 통증을 감지했다. 6개월이 되면 대개 근본적인 원인인 뇌 장애가 불안정한 걸음걸이와 불분명한 말로 더 명백하게 느껴지기 시작했다. 6개월이 넘어가면 내가 피트에게서 감지한 뇌 체계의 광범위한 장애가 일반적이 되고, 증상이 시작된 지 약 13개월 뒤 죽음에 이른다.

물론 요절은 어떤 경우든 비극적이다. 하지만 피트의 경우는 특히 비참했다. 초기의 근거 없는 불안은 금세 편집증을 키웠다. 기억과 사고의 점진적인 부식은 너무 점진적이어서 피트가 병의 진상을 발견하지 못하도록 했다. 진단이 내려지고 나자 치료할 곳도 없었다. 무엇보다도 안타까운 것은 이 병은 피할 수도 있었던 병이라는 사실이다. 우리는 피트가 중독된 것이라는 사실을 알고 있다. 이 병도 쿠루와 마찬가지로 기이한 기원을 가지고 있다. 역시 동족끼리 잡아먹는 풍습의 산물인 것이다. 비록 이 경우는 그 풍습이 우리 농장에서 소가 소를 먹는 형태로 일어났지만.

스크래피 인자가 '인간 BSE'의 희생자들에게 어떻게 도달했는지를 확실히 아는 사람은 아무도 없다. 가장 유력한 용의자는 'MRM', 즉 기계적 회수육mechanically recovered meat이다. 이것은 도살장에서 일단 통상적으로 베어내는 모든 부위를 베어낸 도체를 분쇄한 것이다. MRM에는 전형적으로 상당량의 신경조직이 포함되는데, 이 조직은 BSE가 잠복하고 있는 동물에게서 매우 감염도가 높은 곳이다. MRM은 값싸게 처리된 축산물에 채워 넣는 충전물로 널리 사용되었으며, 역시 믿기지 않는 일이지만 병에 담긴 이유식과 같은 품목에 들어가기도 했다. BSE 유행병과 그 병의 인간 버전이 주는 단순한 교훈 하나는 먹을거리의 출처에 면밀히 주의를 기울일 필요가 있다는 것이다.

BSE에 뒤이어 우리가 앞으로 얼마나 많은 인간의 죽음을 애도해야 할까? 변종 CJD의 초기에는, 포어 사람들 사이에서 쿠루가 절정이던 때만큼 파괴적인 역병으로 수백만의 사람들이 급살을 당할 수도 있을 것만 같았다. 하지만 첫 사례 이후 10년이 지난 지금까지 사망자는 200명이 채 안 되며, 새로운 사례의 숫자도 급격하게 줄어들었다. 여전히 더 큰 유행병의 시작 단계일 수도 있지만, 우리는—우리들 대부분은—운이 좋았던 것처럼 보이기 시작하고 있다. 하지만 정확히 우리가 무엇을 피한 것일까?

프리온

살코기도 아니고, 닭도 아니고, 훈제 연어도 아닌.*

작자 불명

'스크래피 인자', 해면상 질환의 희생자들의 뇌에 축적되고 다른 동물들

* Neither flesh, nor fowl, nor good red herring. '정체불명의 것을 가리키는 관용어구.

에게 감염을 전파할 수 있는 그 물질은 정말로 단백질인 것 같다. 1997년 노벨 의학상을 수상한 미국의 신경학자이자 생화학자인 스탠리 프루시너는 이 규칙을 깨뜨리는 이단적인 물질에다가 프리온 단백질prion protein이라는 세례명을 주었다('프리온'이라는 용어는 '감염성 단백질'의 대략적인 줄임말이다). 감염을 옮기는 프리온의 능력에 대한 그의 설명은 대충 다음과 같다.

미량이라면 프리온 단백질은 뇌 안의 세포 하나하나를 에워싸는 지방질 막 안에 사는 정상적인 거주자다. 지금 이 순간에도 당신과 나의 뇌 안에 존재한다. 다른 모든 단백질과 마찬가지로 프리온의 제조도 유전자가, 즉 '프리온 유전자'가 통제한다. 다른 모든 단백질과 마찬가지로 프리온 단백질도 나이 들면 제거되고 교체된다. 프리온 단백질의 기능은 불확실하다. 프리온 단백질 분자는 간혹 가다 약간 불안정해질 수 있는데, 아주 드물게 분자의 3차원 형태가 세포가 분자를 폐기해야 할 때가 와도 소화되지 않는 형태로 변하는 것이다. 그 변화는 '부드럽고 주름진 시폰 커튼을 딱딱하고 판판한 베네치아 블라인드로 바꾸는' 것으로 비유되곤 한다. 소화되지 않는 그 분자에는 결정적이고 치명적인 속성이 한 가지 더 있다. 소화되는 형태의 동료들을 마주치면, 그 동료들까지 소화되지 않는 형태로 바꾸는 것이다. 바로 여기서, 소화되지 않는 단백질이 소화되지 않는 단백질을 낳는 연쇄 반응이 일어난다. 새로운 분자들이 합성되자마자 변형되면서 마구 쌓여 결국 뇌 안을 엉망으로 만든다.

건강한 친척들을 소화되지 않는 상태로 바꿔버리는 이 깡패 단백질의 능력은 어떻게 그 증세가 한 뇌에서 다른 뇌로 전파될 수 있는지

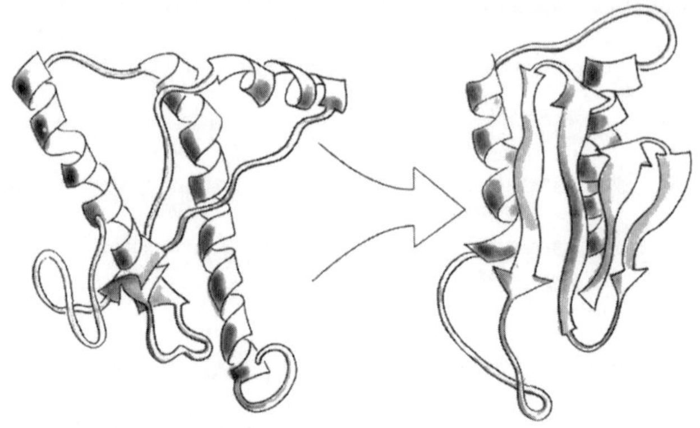

정상 프리온 단백질의 분자 형태　　　　　　이상—비정상—프리온 단백질의 분자 형태

그림 3. 프리온 단백질

우리 세포의 정상 거주자인 프리온 단백질은 우리의 모든 단백질과 마찬가지로, 아미노산들로 이루어진 하나의 끈이다. 어떤 곳에서는 끈이 나선(꼬불꼬불한 부분)으로 말리고, 어떤 곳에서는 판(화살표로 표시된 부분) 모양이 된다. 정상 프리온 단백질은 우리 세포 안에서 단백질을 정상적으로 순환시키는 과정에서 소화되지 않는 이상 형태로 변형될 수 있다. 이상 형태는 정상 형태보다 판이 더 많고 나선은 더 적다. 이 이상 형태가 정상 분자들을 이상 형태로 바꾸면서 연쇄 반응을 낳아 소화되지 않는 단백질을 점차 누적시킨다.

를 설명해준다. 다시 말해 어떻게 프리온이 전염성이 되어 병을 전파할 수 있는지를 설명해주는 것이다. 유전되는 형태의 프리온 장애는, 특정한 유전적 소인이 있으면 소화되지 않는 형태로 뒤집히는 경향이 강한 불안정한 단백질을 생산할 위험성이 높은 것으로 설명할 수 있다. CJD의 '자생적' 사례는 매우 드물게, 자발적으로, 정상 분자가 소화되지 않는—그리고 전염되는—형태로 변형된 결과일 것이다.

프루시너의 노벨상은 그가 '감염의 새로운 생물학적 원리'를 발견한 것을 기려 수여되었다. 현대 생물학의 익숙한 정설에 가르침을 받은 모든 이들에게 '프리온'이라는 발상은 진정 혁명적인 것으로서, 관찰의 산물일 뿐만 아니라 상상력의 도약이기도 하다(역사적 각주를 달자면, 1940년대에 생리학자 찰스 셰링턴Charles Sherrington이 유전자를 '자기 발효되는 단백질'로 글에서 묘사했었다. 유전자는 그와는 다른 것으로 증명되었지만, 우리는 프리온에서 정확히 셰링턴이 상상한 것을 재발견한 셈이다. 다른 곳에서도 그렇지만, 과학에서도 기억은 오래가지 않는다).

물론 노벨상이 곧 그 이론이 빈틈없다는 보증서는 아니다. 스크래피와 그 사촌들을 연구하는 과학자들 소수는 이론에 여전히 회의적이지만, 대부분은 프루시너의 주장을 받아들여왔다. CJD보다 훨씬 더 흔한 다른 많은 신경장애들도 유사하게 뇌 안에 단백질이 어떤 이유에서인지 통상적인 경로로 재순환되지 못하고 축적된 결과인 것으로 밝혀졌다. 예컨대 알츠하이머병과 파킨슨병도 둘 다 특징적인 단백질 퇴적물과 연관이 있다. 그러나 어떤 경우에도, 쌓이는 단백질이 전염성인 경우는 없다. 지금까지는 프리온 질병들만이 전염성 단백질이 원인이라고 여겨지는 유일한 질병이다.

우리는 그동안 프리온에 대처하면서, 성공과 실패를 반반씩 겪었다. 우리는 이 장애들이 전염성이고 전이될 수 있다는 교훈을 여러 번 되풀이해서 배워야 했다. 스크래피의 사례에서, 쿠루에서, 그리고 이제 BSE와 변종 CJD에서. BSE에 대한 최고의 조언도 틀린 것이었다. 그렇지만 밥 윌의 팀은 영국에서 아직 어렴풋한 문제를 재빨리 포착해냈고, 프루시너의 상상력 넘치는 과학은 두 개의 난해한 수수께끼를 이해했다. 어떤 장애가 어떻게 때로는 유전되고, 때로는 전염되고, 때로는 자생적으로 일어날 수 있는지, 그리고 단백질이 어떻게 병을 옮길 수 있는지를.

chapter 4

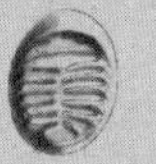

세포소기관

변신

• • • • • • • • • • • • • •

만물은 질서 있게 움직이며 모두 다 흐르는 상태다.

헤라클레이토스

…… 나무껍질이 부드러운 살갗을 두텁게 덮기 시작했다.
그것은 그들을 붙잡고 무릎 위로 슬금슬금 기어올랐다.
그들은 폭풍이 휩쓸고 간 나무들 속에서 폭풍처럼 몸부림쳤다.
그러자 손가락마다 가지가 뻗고 발가락마다 땅을 파고들면서,
팔도 떡갈나무 가지로, 허벅지도 떡갈나무로 변했고,
떡갈나무 잎들이 가슴을 덮어 그들의 움직임을 감추었다 ……

셰이머스 히니Seamus Heaney, 『오비디우스 이후: 새로운 변신*After Ovid: New Metamorphoses*』 중에서 '오르페우스의 죽음'

모든 것은 변한다

우리가 지난 장에서 마주친 단백질들은 주로 우리 몸의 대부분을 구성하는 세포들 안에서 발견된다. 혈액 속을 빠르게 흐르는 호르몬이나 뼈를 떠받치는 콜라겐 같은 소수의 단백질은 세포 바깥에 있지만 말이다. 다음 장에서는 세포를 통째로 소개할 것이다. 하지만 한 발 물러나 감상하며 탄복하기 전에, 세포에서 가장 덩어리진 성분인 '세포소기관 organelle'을 살펴볼 필요가 있다. 세포소기관은 대체로 우리 세포 속에 거주하는 단백질들로 만들어진 생화학적 로봇이다.

알고 보면, 세포소기관의 역사는 놀라운 변화의 역사다. 헤라클레이토스가 지적했듯이 변화는 모든 곳에서 쉼없이 일어나지만, 어떤 변화들은 그 정도를 제대로 보여주려면, 'metamorphosis(변신)'라는 묵직한 다섯 음절짜리 단어가 필요한 듯하다. 시인과 화가들은 늘 변신에 매혹되어왔으므로, 나는 당신을 데리고 잠시 박물관을 구경하면서, 이 모습이 변하는 주제에 우회적으로 다가가겠다.

에든버러의 쌍둥이 현대미술관은 서로 반대편에 서 있는 멋진 외형의 기념비적인 18세기 고아원 건물에 들어서 있다. 시 외곽의 펜틀랜드 힐스에서부터 에든버러의 옛 리스 항—한때 난동부리는 선원들의 소굴이었지만, 지금은 도시 재개발 계획의 중심—까지 굽이굽이 흐르는 리스 강 강변길을 따라가면 미술관에 도착한다. 두 미술관은 조각가 헨리 무어Henry Moore와 에두아르도 파올로치Eduardo Paolozzi의 작품이 곳곳에 흩어져 있는 물결무늬의 푸른 잔디밭을 건너 서로 마주보고 있다.

그 뜰 안에 서면 시내 중심이 내려다보인다. 대성당, 언덕 위의 위엄 있는 성도 보이고, 홀리루드 궁전과 새 의회 건물 위로 솟아 있는, 도시 안의 작은 산인 아더스 시트Arthur's Seat의 당당한 윤곽도 보인다. 인간 수명의 척도로 보자면, 이 경치들은 대부분 변하지 않는다.

이 자매 미술관의 하나인 딘 미술관은 살바도르 달리Salvador Dali와 르네 마그리트René Magritte의 그림들을 비롯해 에든버러가 소장하고 있는 초현실주의 미술품들의 안식처다. 파올로치의 웅장한 '불카누스', 그 거대하고 울퉁불퉁한 절름발이 대장장이 신의 조각상이 전시실을 가로질러 성큼성큼 걸어 나올 듯 방문자를 맞이한다. 그 전시실에는 오로지 금속제 천장을 향해 6미터나 솟아오르고 있는 이 금속제 거인만 전시되어 있다. 하지만 어느 덜 유명한 작품이 계속해서 내 뒤를 잡아끈다. 복도 건너 불카누스 맞은편에 걸려 있는 폴 델보Paul Delvaux의 '밤의 부름The Call of the Night'이다.

가지 잘린 나무들과 퇴색한 민둥산 몇 개가 고작인 메마른 사막을 그리고 있음에도, 그림의 첫 인상은 비옥하고 풍부하다. 전경에 서 있는, 타원형 눈을 가진 나체 여인의 전신이 관람객의 눈에 두드러진다. 그녀는 수긍인지 굴복인지 모를 모호한 표정으로, 고개는 왼쪽 어깨로 반쯤 숙이고, 관람객으로부터 시선을 돌린 채, 팔을 뒤로 두고 황량한 장면을 건너다본다. 하지만 다시 보라. 이 여인은 당신의 눈앞에서 변화하면서, 무언가 다른 것이 되고 있다. 그녀의 머리카락이 무성한 잎이 되어 떨어지면서 이미 뿌리를 내렸다. 그 옆에 있는 두 번째 나체 인물은 그녀의 변신이 더 진전된 모습이다. 아니, 이번에는 나무가 여자를 낳고 있는 것 같기도 하다. 또 다른 나무에는 가지와 잎이 있어야 할 자리에 초들이 달려 있다. 뿌리에는 사포로 문질러 윤을 낸 듯한 두개골 하나가 놓여 있다.

어째서 이 이상한 장면이 우리 마음을 잡아끄는 것일까? 초현실주의—마술적 사실주의라는 문학 장르와 마찬가지로—의 매력은 그것이 다루는 소재보다는 덜 신비하다. 실상 우리가 사는 곳이 마법의 한 복판이기 때문이다. 우리의 경험들 가운데, 있는 그대로인 것이나 시시한 것은 일부일 뿐이다. 우리의 꿈속에서는 시체가 벌떡 일어나 우리를 맞이하고, 낯선 사람들이 우리를 껴안고, 나무들이 걷고, 동물들이 말하며, 눈앞에서 친숙한 존재들이 모습을 바꾸어도 우리는 아무 의문 없이 바라본다. 대낮의 또렷한 빛 속에서도, 우리의 경험은 은유로 가득 차 있다. 아이들은 이를 아무런 어색함이 없이, 더 나이든 이들보다 솔직하게 표현한다. 네 살 먹은 내 아들은 바람에 쓸리는 잎들을 쳐다보며, "저 나무는 말하고 있고 저 나무는 고개를 끄덕이고 있어"라고 말했다. 그리고 우리들 대부분은 때때로 우리의 과거가 현재의 지각에 발휘하는 압력을 느낀다. 17세기에 시인 존 던John Donne은 "두 번인가 세 번쯤 나는 그대를 사랑한 적이 있다/ 내가 그대의 얼굴이나 이름을 알기 전에"라고 했다. 버지니아 울프Virginia Woolf의 양성兩性을 모두 가진 주인공인 올랜도는 절망적으로 말하기도 한다. "모든 것은, 사실 무언가 다른 것이다."

모습을 바꾸는 꿈의 성질과 경험의 은유적 특징은 문학과 미술에서 변신의 매혹을 설명하는 데 도움이 된다. 하지만 훨씬 더 깊은 또 다른 출처가 있다. 변화는 생명의 움직일 수 없는 제1법칙이며, 변신은 우리 생명 활동의 친숙하면서도 기적적인 특성이다. 수정된 하나의 세포가 성장해서 아홉 달 뒤에 아기로 태어나는 것은, 매우 점진적으로 일어나긴 하지만 오비디우스가 그의 놀라운 『변신 이야기』에서 묘사하는 신화적 변이들과 마찬가지의 비범한 사건이다.

이 장에서는 두 가지 변형 이야기를 나란히 풀어간다. 첫 번째는 어떤 장애, 또는 장애 종류에 관한 이야기다. 이 장애의 증상은 너무도 다양하고 너무도 기묘하게 변신하므로, 비교적 최근에야 인식할 수 있었던 이유를 이해할 수 있다. 두 번째는 그 장애의 미시적 원인에 관한 이야기다. 그 자체가 비범한 변신의 주제이며, 우리는 그것에 다름 아닌 우리의 생명을 빚지고 있다.

로나

로나는 일곱 자녀들 가운데 하나였으며, 지극히 그 또래들다운 발랄하고 짓궂은 아이였다. 하지만 아이였을 때부터도 그녀에게는 아리따운 세 자매와 활기찬 세 형제들과는 분명 다른 특징이 있었다. 그들은 컸지만, 그녀는 작았다. 다 자랐을 때, 형제들은 모두 180센티미터가 넘었고 가장 작은 자매도 167센티미터였는데, 그녀만 148센티미터였다. 작은 것만큼이나 가냘프기도 했다. 옅은 푸른 눈에 앞머리를 짧게 자른 금발의 그녀는 날쌨으며 웃음이 가득했다. 아홉 살과 열 살 때는 마을 축제 운동회 100미터 달리기에서 2년 연속 1등을 했었다. 이 어린 시절 승리를 기억할 때면 아직도 그녀의 입가에 미소가 떠오른다.

떠들썩한 대가족 속으로 태어난 많은 아이들이 그렇듯, 로나도 자신이 당연히 나중에는 어머니가 될 것이라 여겼다. 그녀는 20대 중반에 결혼했다. 그녀의 금발 머리와 대조되는 검은 머리를 한 그녀의 남편은 다정하고 조용한 남자로, 로나보다 아주 많이 크지는 않았으며, 역시 아이를 원했다. 하지만 운명은 그들에게 적대적인 듯했다. 8년 동안 로나는 세 번을 유산했고 어찌 해서 낳은 두 아이도 워낙 조산하는 바람에 너무나 작고 연약해서 며칠을 넘기지 못하고 죽었다. 그녀는 매번 비탄을 이겨내고 일터로 돌아가, 조용히 그 슬픔을 어딘가 비밀스러운 곳에 묻어두곤 했다.

결혼한 이후로, 아기를 잃는 것보다는 훨씬 덜 가슴 아픈 다른 어떤 일이 로나에게 일어나고 있었다. 우리가 흔히 점진적인 변화를 알아차리지 못하듯이, 로나 부부는 그 변화를 전혀 알아차리지 못했지만, 몇 년 만에 미국에서 돌아온 로나의 언니는 바로 알아보았다. 로나의 눈꺼풀이 처지기 시작하여 동공을 덮을 정도가 된 것이다. 그래서 그녀는 항상 졸린 듯한 얼굴이었다. 모습이 흉한 정도는 아니었지만, 처음 마주친 상대는 약간 당황스러울 만했다.

유산에 관한 상담을 맡은 예리한 관찰력의 산부인과 여의사도 즉시 이 눈꺼풀 늘어짐, 다른 말로 '안검 하수증'을 알아보았다. 전문의는 로나에게 약한 당뇨 기미가 있음을 발견했다. 포도당부하검사를 위해 당음료를 주자 혈당이 과도하게 올라갔던 것이다. 당뇨도 임신을 저해할 수도 있긴 하지만, 로나 정도의 증세는 대개 그다지 큰 피해를 주지 않았다. 이 경험 많은 의사는 당혹스러웠다. "로나에게는 우리가 인지하지 못하는 어떤 증후군이 있지 않을까 생각된다"라고 그녀는 썼다. 나중에 밝혀졌듯이, 이 생각은 전적으로 옳았다.

세포의 탄생

20억 년 전, 지구가 대략 현재 나이의 절반쯤이었을 때도 생명은 널리 번성하고 있었지만, 그 생명은 뚜렷하게 이질적인 종류의 것이었다. 모든 살아 있는 생명체와 마찬가지로, 이 원시적인 존재들도 핵산에 의존해서 유전 정보를 전파했고, 단백질에 의존해서 화학 반응들을 조화롭게 편성하고 몸을 형성했다. 하지만 현대 박테리아의 조상인 그들의 몸은 지극히 단순한, 미시적인 화학 물질의 다발에 불과했다. 그들은 세포 안쪽에 내부 구획이 없었으며, 생물학자들은 이들을 '원핵생물prokaryotes'이라고 부른다. 약 23억~18억 년 전, 몇 가지 매우 중요한 발달이 이어지면서 다른 종류의 세포가 생겨났다. 그 세포로부터 모든 다세포 유기체들이, 그중에서도 특히 당신과 내가 만들어졌다. '진핵eukaryotic'세포라 불리는 이 세포는 복잡하고 내부가 여러 구획으로 나뉘며, 세포소기관이라는 구분되는 여러 거주자들을 포함하고 있다.

원핵생물이 진핵생물로 바뀐 역사의 세부사항은 분명치 않지만, 한 가지 특별한 발달에 관해서는 거의 만장일치로 동의를 하고 있다. 이 발달은 실로 생물학에서 가장 극적이고 지대한 영향력을 미친 변신들 가운데 하나이다. 우리 몸을 구성하는 세포들의 조상은 어느 순간엔가 한 박테리아를 집어삼켰다. 이 박테리아는 자신을 먹은 세포 안에서 번성하고 번식할 능력이 있을 뿐만 아니라 세포 자체의 번성을 돕기도 하는 것으로 드러났다. 이 박테리아의 독립생활을 하는 후손들은 현재에도 생존해 있으며, 다양한 형태의 발진티푸스를 일으키는 병원체인 리케차가 그들이다. 하지만 자신을 꿀꺽 삼킨 세포 안에서 박테리아는 점진적으로—수십억 세대에 걸쳐—변형되어, 훨씬 더 복잡한 화학적 상호의존성에 의해 집주인과 가장 긴밀한 관계로 맞물리면서, 결코 분리될 수 없는 동맹이 되었다. 산소가 풍부할 때 세포가 생산하고 소비하는 에너지 대부분의 공급원, 즉 세포의 발전소가 된 것이다. 그 대가로 박테리아는 쾌적한 집과 거기서 주인과 함께 자신을 복제할 기회를 얻었으며, 그럼으로써 숙주와 기생체의 진화적 경로가 바야흐로 단일 궤도로 합쳐졌다.

이 변형된 박테리아의 후손을 미토콘드리아라 한다. 미토콘드리아는 살아 있는 모든 동식물에서 발견되며, 인간의 세포 하나하나에 수백 개씩 들어 있다. 이들은 우리 진핵세포의 가장 특징적인 거주자다. 잠시만 이를 한번 생각해보라. 당신과 나를 이루는 단위 하나하나, 우리 세포 하나하나가 우리 조상 안으로 들어와 공생하게 된 박테리아의 후손들을 포함하고 있으며, 다세포 생명체의 여명이 밝아오기 오래전에 그 조상들의 발전소가 되었다는 사실은 아무리 가볍게 말한다 해도 놀랄 만한 일이 아닐 수 없다.

우리 몸 안에서 발견되는 것과 같은 고도로 적응된 미토콘드리아는, 우리를 계속 활동하게 해주는 연료들—주로 당과 지방—이 세포 안에서 최종적으로 도달하는 목적지다. 도달한 다음에 어떤 일이 일어나는가를 밝혀내려는 숙제가 20세기 중반 수십 년 동안 생화학자들을 바쁘게 했다. 미토콘드리아는 내부에서 이 연료 분자들로부터 효율적으로 에너지를 추출하며, 이 에너지는 ATP, 즉 아데노신삼인산adenosine triphosphate이라 불리는 분자의 형태로 수확된다. 생산된 ATP는 세포 안에서 보편적으로 통용되는 에너지 화폐의 구실을 하며, 단백질 구조를 만드는 일처럼 에너지가 많이 소모되는 활동에 연료를 공급하기도 한다. 미토콘드리아 안에서 엄격하게—하지만 극히 빠르게—조절되는 연소는 산소의 존재에 따라 결정된다. 산소는 타고 있는 연료에서 방출되는 탄소와 결합하여 이산화탄소를 형성하고, 수소와 결합하여 물—'대사성 수분'—이 되어 방출된다. 시안화물(청산가리)이 치명적인 이유는, 대기하고 있는 산소 분자들에게 수소를 전달하는 일련의 복잡한 과정들 가운데 마지막 단계를 차단할 수 있기 때문이다.

미토콘드리아가 한때 독립적인 유기체였다는 것을 우리가 어떻게 확신할 수 있을까? 미토콘드리아는 자신의 기원을 보여주는 풍부한 증거들을 아직도 몸에 지니고 있다. 가장 두드러진 증거는, 미토콘드리아에게는 자기 몫의 유전물질이 따로 있다는 것이다. 미토콘드리아의 유전물질은 어떤 둥근 분자에 저장되어 있는데, 그 분자는 박테리아의 '게놈genome', 즉 그 유기체의 유전자 도서관으로 보인다. 미토콘드리아는 자신의 단백질 일부—미토콘드리아 하나에 존재하는 서로 다른 3,000가지 단백질들 가운데 약 37가지—를 제조하는 기구를 내장하고 있으며, 그 단백질을 제조할 때 사용하는 유전자 부호와 생화학 체계들은 세포의 다른 곳에서 사용되는 것과는 미묘하게 다르다. 마지막으로, 오직 미토콘드리아만이 미토콘드리아를 더 낳는다. 다시 말해, 미토콘드리아라는 보완물을 분리해낸 세포는 미토콘드리아를 다시 채워 넣을 수 없다.

이 이야기에는 흥미로운 의학적 각주가 있다. 일부 심각한 감염을 치료하는 데 사용하는 강력한 항생제인 아미노글라이코사이드aminoglycoside라는 약품이 있는데, 이 약품의 목표물은 모든 살아 있는 세포에서 발견되는 구조인 리보솜ribosome, 즉 단백질의 미시적 생산 라인이다. 아미노글라이코사이드는 박테리아의 리보솜에 유독하지만, 미토콘드리아가 박테리아와 가까운 인척 관계이기 때문에, 미토콘드리아의 리보솜 역시 공격을 받을 수 있다. 아미노글라이코사이드를 사용해 인간을 치료했을 때 때때로 발생하는 난청을 추적한 결과, 이 항생제가 우리 세포 안에 영구적으로 거주하는 박테리아 동료, 우리의 미토콘드리아에 미치는 유독한 효과가 원인인 것으로 드러났다.

오늘날 동식물의 세포 안에서 발견되는 모든 미토콘드리아는 고대에 일어난 단 한 번의 융합에서 기원하는 것으로 여겨진다. 하지만 진화에서 다른 비슷한 사건이 있었을 가능성도 있다. 우리 미토콘드리아의 전구체를 꿀꺽한 조상 세포 자체가, 예전에 '고세균archaebacteria'과 더 진전된 '진정세균eubacteria'이 융합된 산물이었을 가능성도 있다. 또 다른 연합은 식물의 삶에 결정적이었다. 식물 세포들에는 미토콘드리아와 흡사한 제2의 세포내 거주자가 들어 있다. 광합성이 일어나는 곳인 엽록체다. 광합성은 식물 세포가 태양광에너지를 이용해, 공기 중에서 붙잡은 이산화탄소와 뿌리에서 끌어올린 물로 당과 녹말을 형성할 수 있게 해주는 과정이다. 현대 공생이론의 창시자인 린 마굴리스Lynn Margulis는 고대에 이 연합이 일어났다는 증거들에서 출발해, 다윈이 말하는 경쟁은 진화의 여러 원리들 가운데 하나일 뿐이라고, 다시 말해 네트워킹과 공생도 진화의 원동력으로 고려해야 한다고 주장했다. 때로는 협력이 전투보다 가치가 있다.

말문이 막히다

다행히도, 로나는 의사의 암울한 예측을 개의치 않았다. 한 번 더 우울한 유산을 겪은 뒤, 그녀는 완벽히 건강하고 조금밖에 미숙하지 않은 딸 아이오나를 낳았다. 로나는 엄마가 되는 엄청난 기쁨을 누렸다. 하지만 이삼 년 후에 그녀 자신의 건강이 다시 걱정거리가 되었다. 처지는 눈꺼풀이 시야를 가리기 시작했고, 당뇨에도 인슐린 투약이 필요했다. 그리고 서서히, 하지만 지속적으로 귀가 먹어가고 있음을 자신에게도 다른 사람들에게도 숨길 수 없었다.

아이오나가 여덟 살이 되었을 때 본격적으로 문제가 발생했다. 어느 날 로나는 부엌에서 바닥을 쓸고 일어서다가, 열려 있던 찬장 문에 잘못해서 뒤통수를 세게 들이박았다. 다음 날 그녀의 왼쪽 시야에서 간헐적으로 번쩍임이 있었다. 다음 이틀에 걸쳐 그 번쩍임은 연속적이 되다가 어둠으로 바뀌었다. 공간의 절반이 보이지 않았다. 그녀는 원인이 뇌졸중이라는 말을 들었다. 뇌의 어느 영역에 혈액 공급이 중단되었다는 것이었다. 여러 날이 지나자 다시 앞이 보였다. 하지만 시각이 돌아오면서, 훨씬 더 걱정스러운 문제가 그 자리를 차지했다. 로나는 다른 사람들이 자신에게 하는 말을 더 이상 이해할 수 없었고, 자신이 말을 할 때도 너무 괴상한 단어들을 선택해서 이해할 수 없는 말을 했다.

마침내 그녀는 신경과의사(내 전임자)를 찾아갔고 그는 근본적인 문제가 무엇인지 즉시 알아보았다. 어떤 진단은 흩어진 증거의 조각들을 한데 이어 붙이는 과정을 거쳐 힘들게 내려지지만, 어떤 진단을 내릴 때는 그 병을 전에 본 적만 있으면 생각해볼 필요도 없다. 로나의 경우가 그랬다. 내가 학부 때 가장 좋아했던 한 교수님은 그런 진단을 '미니 이모Aunt Minnie*'라고 불렀다. 당신이 거리에서 미니 이모를 만났을 때 알아보는 데는 신중한 추론 과정이 필요 없다. 한 번 보고 나면, 진단에서의 미니 이모 역시 결코 잊히지 않는다. 작고 가냘프고 난청인데다 당뇨가 있고 눈꺼풀이 처진 로나와 맞닥뜨린 내 동료는 곧바로 로나의 다양한 증상들의 출처가 세포내 에너지 공급 실패—미토콘드리아의 기능장애—에 있을 것이라는 심증이 들었다.

미토콘드리아가 잘못되었을 때의 증상은 몸에서 가장 열심히 일하는 세포 조직에서 가장 두드러진다. 쉬고 있을 때는 뇌가, 바삐 활동하고 있을 때는 근육이 그런 조직이다. 그에 따라 내 동료는 로나의 근육으로 주의를 돌렸다. 안구의 움직임이 제한되어 있었고, 근육 전체가 어느 정도 약한 것이 심증을 강화했다. 허벅지를 부분마취하고 근육 조각을 떼어—생체 조직 검사—현미경으로 살펴보자, 심증이 옳은 것으로 입증되었다. 근육은 나란히 놓인 많은 수의 가늘고 긴 세포들, 바로 '섬유들'로 구성된다. 로나의 근육 섬유들 표면 아래에는 비정상적인 미토콘드리아들이 잔뜩 쌓여 있었으며, 거기서 증식된 그 미토콘드리아들이 세포에 에너지를 공급하려고 헛된 노력을 하고 있었다. 근육 조직을 적절히 염색해서 표준 광학현미경으로 살펴보자 이 쌓인 것들이 '불균일 적색 근육섬유RRF, ragged red fibers'로 모습을 드러냈다. 전자현미경으로 16,000배 확대해서 보자, 그 자체는 명백히 비정상적인 미토콘드리아들이 거짓말처럼 규칙적인 결정結晶들로 꽉 채워져 있었다.

* 방사선학의 속어로, 어떤 방사선 영상이 병의 특징을 확연하게 보여주는 경우에 사용한다.

로나에게서 시각 상실과 언어 장애를 일으킨 '뇌졸중'은 그녀의 세포들이 에너지에 굶주려서 나타나는 증상들이었다. 다행히도, 이 미토콘드리아 뇌졸중은 표준적인 종류의 뇌졸중보다 자비롭게 행동하는 경향이 있다. 동맥이 막혀서 생기는 뇌졸중이라면 관련된 뇌 조직이 죽겠지만, 이 경우는 원인이 에너지 공급의 실패이기 때문에 뇌 조직이 죽지는 않고 단순히 기진맥진한다. 따라서 며칠이나 몇 주가 지나면 저절로 회복된다. 내가 진료실에서 로나를 처음 만났을 때, 그녀의 언어는 정상으로 돌아와 있었다.

이브의 아이들

미토콘드리아의 조상들이 처음 그들의 숙주 안에 자리를 잡은 이후로 영겁의 시간에 걸쳐서, 그 후손들의 활동은 세포의 더 커다란 삶과 함께 훨씬 더 복잡하게 서로 얽혀왔다. 미토콘드리아의 작용을 지휘하는 유전자들 다수는 이제 우리 유전자 대다수의 집인 세포의 핵 속에 거주한다. 그렇지만 인간 미토콘드리아 안의 DNA는 계속해서 매우 중요한 역할을 하고 있다. 미토콘드리아가 세포에게 내보내는 에너지를 만드는 데 이용하는 많은 단백질을 부호화하고—그 단백질을 구성하는 데 필요한 정보를 담고—있는 것이다. 또한 이 단백질들을 제조하는 생화학적 기계의 부품들을 제작하기 위한 사항들을 지시하기도 한다. 로나의 미토콘드리아에서 채취한 DNA 유전자 검사는 염기 단 하나에서 일어난 변화를 확인해주었다. 어떤 중개자를 통해 아미노산들을 미토콘드리아가 제조하는 단백질 속의 자리로 인도하는 유전자들 중 하나에서 유전자 부호 한 글자가 바뀌어 있었던 것이다.

1984년에 기술된 그 변화는 이제 '멜라스MELAS' 증후군이라 불리는 장애의 유전적 표식으로 인식된다. 이 다소 겁나는 머리글자의 각 글자들은 다음과 같은 것을 나타낸다. 로나의 처진 눈꺼풀에서 보이는 것과 같은 근육의 허약함을 가리키는 근육병증Myopathy, 혼란이나 지적 감퇴를 일으키는 뇌의 광범위한 기능장애를 가리키는 뇌병증Encephalopathy, 미토콘드리아에서 에너지가 공급되지 않고 전력 질주할 때 사용되는 비효율적인 '혐기성' 경로로 포도당이 분해될 때 일어나곤 하는 혈액의 산성화를 가리키는 젖산혈증Lactic Acidosis, 로나에게 시각 상실과 언어 장애를 일으킨 것 같은 사건을 가리키는 뇌졸중양 사건Stroke-like episode. 로나의 사례에서처럼, 이 문제들에는 보통 당뇨와 난청이 작은 장면으로 동반된다.

로나의 장애는 분명 미토콘드리아의 원초적인 기능장애, 즉 유전자들의 상보 염기에서 일어난 돌연변이 하나가 발현된 결과이지만, 우리 미토콘드리아 내부의 2차적 기능장애도 몇 가지 더 흔한 장애들의 중요한 요인이 될 수 있다. 예컨대 파킨슨병도 미토콘드리아 기능장애와 연결된다. 여러 해 전 미국에서 마약 복용자들 가운데서 심각한 조발성 파킨슨병이 발발한 것은 이들이 복용한 합성 마약 MPTP가 뇌세포 안의 미토콘드리아에 독성을 미친 결과인 것으로 밝혀졌다.

미토콘드리아 DNA, 즉 로나의 작은 돌연변이를 포함하고 있는 DNA에는 두 가지 특이성이 있다. 당신의 유전자들은 거의 모두 두 벌씩 존재한다. 한 벌은 어머니가 주신 것이고, 한 벌은 아버지가 주신 것이다. 당신이 남성이라면, Y 염색체는 예외다. 이 염색체는 아버지에게서 온 것이고, 아버지와 당신 두 사람을 남성으로 만드는 염색체이다. 하지만 당신이 남자든 여자든, 소년이든 소녀든, 당신의 미토콘드리아 유전자들은 전부 당신의 어머니에게서 왔다. 물론 정자에도 미토콘드리아가 채워져 있다. 그것들이 에너지를 만들어주는 덕분에 정자는 꼬리를 힘차게 움직여 자궁을 향해, 그리고 단 한 번뿐인 희박한 불멸의 기회를 향해 나아갈 수 있다. 하지만 수태의 순간에는 정자의 DNA만 엄마의 난자 속으로 주입되고, 정자의 모든 미토콘드리아는 뒤에, 난자 바깥에 잉여분으로 남겨진다. 그러므로 태아의 미토콘드리아는 모두 난자가—엄마가—공급한다.

두 번째 특이성은, 미토콘드리아 DNA는 '핵' DNA, 곧 세포에 든 핵의 염색체 안에 저장되어 있는 DNA보다 훨씬 더—대략 열 배—높은 비율로 돌연변이가 생긴다는 점이다. 이는 미토콘드리아 내부가 에너지 생성 과정에서 잠재적으로 유독한 부산물들이 생기는 화학적으로 반응성 높은 환경이며, 미토콘드리아에서는 DNA 보호와 복구 메커니즘들이 비교적 부실하게 발달한 것이 결합된 결과라 생각된다.

이 특이성들 덕분에 미토콘드리아 DNA는 인종들 사이의 관계를 탐구하는 생물학자들에게 중요한 도구가 되었다. 이 DNA는 모두 모계에서 유전되므로, 미토콘드리아 유전체를 연구하면 가계의 계보와 유전적 관계를 비교적 쉽게 추적할 수 있다. 반대로 핵의 DNA는 정자와 난자가 생산될 때 엄마의 염색체와 아빠의 염색체 사이에서 DNA가 '혼합'되면서 끊임없이 재배열된다. 그리고 미토콘드리아 DNA에는 비교적 빠른 속도로 돌연변이가 축적되므로, 인종 집단이나 종의 DNA 안에 그들만의 특징적인 유전적 표지가 높은 빈도로 생긴다. 예를 들어 이 두 요인을 활용한 연구를 통해, 존재하는 모든 인간 집단의 기원을 추적해 올라가면 15만~19만 년 전 아프리카에 살던 한 조상, 이른바 '미토콘드리아 이브'에 도달할 수 있으며, 그녀의 후손인 우리 조상들이 약 8만 년 전에 아프리카에서 아시아로 이주했다는 내용을 밝혀낼 수 있었다.

인류학자들로 하여금 인간 혈통의 계보를 추적하도록 돕는 미토콘드리아 DNA의 돌연변이 대부분은 '중립적 다형성neutral polymorphism'이다. 기능에 어떠한 뚜렷한 효과도 일으키지 않은 채 DNA 서열만 바꾸는 미미한 유전적 변화라는 말이다. 이런 다형성의 자리들은 우리 DNA 전체에서 산발적으로 발견된다. 우리의 DNA는 살아 있는 다른 모든 것과 마찬가지로, 점진적일지언정 끊임없이 변화하고 있다. 물론 모든 돌연변이가 중립적인 것은 아니다. 로나의 미토콘드리아 DNA 안에서 일어난 그 돌연변이는 이를 웅변하는, 이브의 자식들에게 내린 저주다.

세포소기관들

모든 것을 위한 자리와 제자리에 있는 모든 것 ……

새뮤얼 스마일스Samuel Smiles, 『검약론』, 1875

미토콘드리아는 세포소기관들 가운데서 특히 두드러진 존재이다. 세포소기관들은 세포 안에서 막으로 감싸인 부분들로, 우리의 진핵세포(모든 동식물에서 발견된다)를 박테리아라는 더 단순한 원핵세포들과 구별 짓는다. 내가 그랬듯 당신도 이 별난 단어들의 어원이 궁금할 것 같은데, 대략 '진핵eukaryotic'은 '좋은 견과'를, 원핵prokaryotic은 '첫 번째 견과'를 뜻한다. '미토콘드리아mitochondrion'라는 단어 자체의 어원도 고전적이다. 실을 뜻하는 '미토스*mitos*'와 연골을 뜻하는 '콘드로스*chondros*'에서 유래한 것이다. 볼 수 있다면, 광학현미경 아래에서 미토콘드리아는 실처럼 보이고, 전자현미경으로 복잡한 내부 구조—미토콘드리아 자체도 일련의 구획들로 나뉜다—를 더욱더 확대하면 연골처럼(아니면 스티븐 로즈Steven Rose의 더 사랑스러운 비유로는, '한 무더기의 커스터드 크림 비스킷들처럼) 보인다.

미토콘드리아는 세포의 쉼 없는 작업에서 협동하는 세포소기관 가족의 한 구성원이다. 모든 세포소기관들의 여왕, 가족의 대모는 핵이다. 핵에는 '염색질chromatin'이라는 형태로, 생명의 사업을 지휘하는 DNA가 들어 있다. 이것은 현미경으로 보기 위해 세포를 염색하면 짙은 자주색을 띠기 때문에 염색질이라 불린다. 정상적인 세포의 활동 동안, 염색질 중 주어진 시점에 발현하는 데 필요한 유전자들이 포함된 부분이 펼쳐진다. 그 부분들이 DNA가 단백질의 합성을 지시하는 과정의 시작점이다. DNA는 전령 RNA로 전사되고, 전령 RNA는 다음 순서로 단백질을 제조하기 위한 유전적 지시들을 싣고 핵을 나와 세포로 들어간다. 그래서 핵을 에워싸고 있는 막에는 분자들이 안팎으로 지나다닐 수 있도록 구멍이 뚫려 있다. 앞서 언급한 우리의 세포들이 두 원시 조상들의 잡종, 혹은 키메라일 것이라는 이론은, 핵과 핵의 생화학적 기계

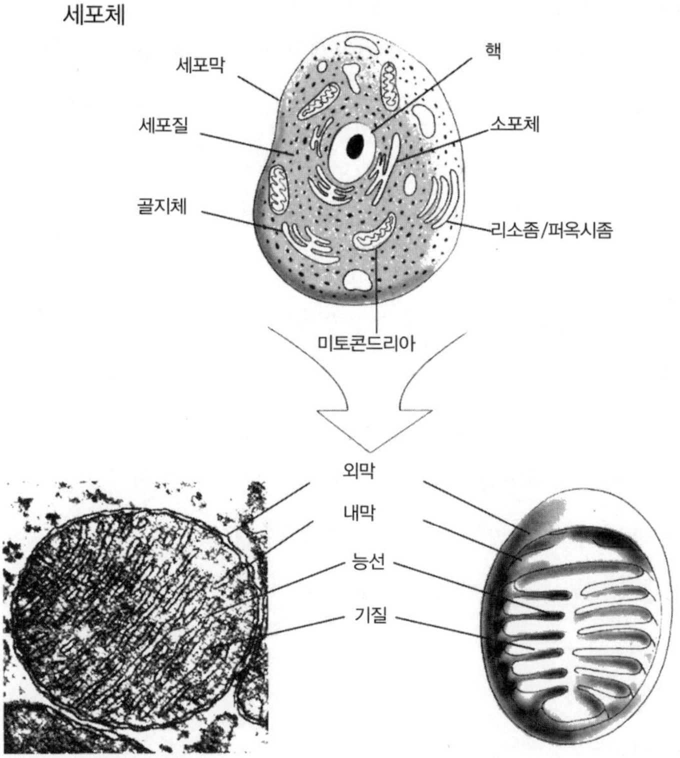

그림 4. 세포소기관들

세포 안에서 발견되는 세포소기관으로는 DNA를 담고 있는 핵, 단백질 제조와 처리에 관여하는 소포체와 골지체, 원치 않는 분자들을 파괴하는 리소좀과 퍼옥시좀, 에너지 생산을 맡고 있는 이 장의 주인공 미토콘드리아가 있다. 아래 그림은 내부 구조를 보여주기 위해 전자현미경으로 확대한 미토콘드리아다. 세포질은 세포 내부의 유동성 물질이다.

일부는 '고세균'의 후손이고, 세포의 나머지—무리에 나중에 합류한 미토콘드리아를 제외하고—는 '진정세균의 후손이라고 주장하고 있다.

핵 바깥, 즉 세포의 '세포질cytoplasm에서는 한 무리의 다른 세포소기관들이 핵에서 지시가 도착하기를 기다리고 있다. 리보솜은 핵으로부터 도착하는 전령 RNA를 단백질로 번역하는 미시적 생산 라인들을 제공한다. 이 단백질들이 우리 몸을 짓고 세포의 화학 조성을 조정한다. 막 표면과 통로들의 시스템—소포체와 골지체—은 리보솜들을 조직하는 것을 돕고 통로를 통해 리보솜의 산물들을 세포 안팎의 목적지들로 보낸다. 또 다른 세포소기관 집단인 리소좀과 퍼옥시좀은 세포의 세제 및 약품 찬장이라 할 수 있으며, 자물쇠로 아주 잘 잠겨 있다. 그 안에는 다양한 효소들이 들어 있는데, 부주의로 방출되면 매우 유독하지만, 조금씩만 사용하면 알코올을 포함해, 세포로 오는 단순하고 복잡한 분자들을 소화시키고 기한이 다 된 성분들을 재활용해주는 매우 유용한 역할을 한다.

세포의 배경에는 전자현미경 아래에서 보아도 가늘디가는 미세섬유와 관들의 그물망이 '세포골격cytoskeleton'을 형성하고 있다. 세포골격은 세포의 구조를 떠받치는 섬세하고 유동적인 지지물로, 그 내부는 또 한 종류의 분자 통로가 되어주기도 한다. 유동성이야말로 모든 세포소기관들의 행동을 파악하는 핵심이다. 이 미시적 세계에서는 굳어 있는 것이라고는 아무것도 없다. 세포의 구성 성분들은 모두 움직이고 있고 흐르고 있다. 이 장의 주인공 미토콘드리아도 예외가 아니다. 미토콘드리아는 자신을 필요로 하는 곳으로 간다. 최근의 연구에서는, 학습하는 동안에 미토콘드리아가 신경세포들 사이의 접촉점인 시냅스로 찾아가서 연결망을 변경하는 데 필요한 에너지를 공급한다는 사실이 밝혀졌다. 이 영역들에서 미토콘드리아를 제거하자 신경세포들 사이에 연결망이 새로 싹 트는 일이 줄어들었다. 우리의 기억과 정신적 삶이 달려 있는 그 연결망이 말이다.

미토콘드리아라는 보완물이 없으면 우리는 우리의 고도로 공진화하고, 협동적이고, 공생하는 삶을 살 수 없을 것이다. 로나는 자기 병의 기묘함과 변화무쌍한 효과들과 맞서 싸워나갔다. 당뇨와 난청과 처진 눈꺼풀이 남긴 했지만, 최종적으로 그녀는 이에 개의치 않고 쾌활하고 바쁘게 잘 지냈다. 미토콘드리아의 오래된 유전체 안에 치명적인 결함이 숨어 있었음에도, 그녀가 보여준 회복력은 우리 모두에게 용기를 주는 본보기다. 하지만 현혹되지는 말라. 불완전함은 예외가 아니며 생명의 규칙이다. 시간이 흘러가면서, 우리 모두의 유전자 안에, 그리고 미토콘드리아 안에는 돌연변이들이 쌓인다. 사실 그 돌연변이들은 노화를 결정하는 주요 인자들 가운데 하나이다. 맞서 싸워나가는 것이 우리가 바랄 수 있는 최선이다. 우리들 모두가 저마다 변신하는 것을 피할 수 없으니 말이다.

chapter 5

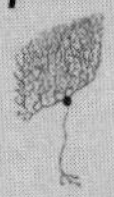

뉴런

황홀한 미로

길을 잃다

인생의 나그네길 반 고비에서
눈떠보니 나는 바른 길을 벗어나
캄캄한 숲속을 헤매고 있었다…….

단테, 『신곡』

길을 잃어본 적이 있는가? 우리들 가운데 그런 순간의 점점 더 깊어가는 절망적인 좌절감을 피할 수 있었던 사람은 드물다. 어느 모퉁이로 돌아야 이 미로에서 빠져나갈까? 이 갈림길 가운데 어떤 길이 나를 이 어두운 숲에서 구해줄까? 더 심각한 상황을 들자면, 이 미쳐 날뛰는 군중 한복판에서 우리 아이는 어디에 있을까? 때때로 우리는 이런 마음 상태를 재미삼아 재창조한다. 어릴 때는 숨바꼭질을 하면서, 어른이 되어서는 추리소설을 고이 무릎에 앉히고서. 이런 불안이 유한한 것이라는 사실을 알고 안심할 수 있을 때, 우리는 불확실성의 애태움을 즐긴다. 나중에, 숲에서 집으로 돌아오면, 아이를 되찾으면, 수수께끼가 풀리면, 우리는 이전의 고생을 잊는다. 지금은 지극히 확실해 보이더라도 당시는 확실한 것과 거리가 멀었을 것이다. 때때로 우리는 답을 탐색하고, 또 탐색해야 한다. 그렇지만 많은 경우 좋은 아이디어, 통찰의 순간, 상상력의 묘기가 필요하다. 이 장에서는 잃은 것과 찾은 것들에 관한 세 가지 이야기를 병행할 것이다. 과학자들이 뇌 안에서 뒤쫓은 세포들의 이야기, 한 환자의 뇌 안에서 길을 잃은 세포들의 이야기, 삶의 미로를 빠져나갈 길을 찾는 한 남자의 이야기가 그 셋이다.

19세기가 시작될 무렵, 살아 있는 조직들의 본성과 관계는 완벽히 밝혀져 있지 않았다. 우리가 1장의 공기 실험에서 만났던 로버트 훅은 1665년 초 최초의 현미경으로 코르크 조각을 조사해서 규칙적인 패턴을 관찰한 것으로 유명하다. 그는 그 모습을 보고 '세포cell(방이라는 뜻)'라는 용어를 붙였지만, 다음 150년 동안 훅의 뒤를 이은 사람들이 사용한 현미경의 배율은 그들이 가장 궁금해하던 것을 답하기에는 부족했다. 살아 있는 조직을 연구하는 조직학histology의 창시자들 가운데 한 사람인 마리-프랑수아 비샤Marie-François Bichat는 1801년에 격앙되어 이렇게 썼다. "현미경은 내가 보기엔…… 해부학에 결코 별 도움이 되지 않을 것 같은 종류의 첩보원이다." 하지만 40년 안에 현미경 설계가 향상된 덕분에 어느 정도의 진전이 있었다. 1838년 가브리엘 발렌틴Gabriel Valentin은 뇌에서 채취한 표본에서 꼬리 모양의 무언가가 달린 동그란 '방울들'을 얼핏 보았다. 그의 지도 교수였던 체코 태생의 원기 왕성한 생물학자 얀 푸르키녜Jan Purkinje는 이 '방울들'에 생명 그 자체의 비밀이 숨겨져 있을 것이라 추측하고, 이를 식물에서 관찰되는 세포들과 비교했다. 다른 사람들도 비슷한 예측을 하고 있었다. 변호사였다가 의사로 전향하고 마지막으로 식물학자가 된 독일의 마티아스 슐라이덴Matthias Schleiden은 운 좋게도 현미경 사용에 능숙한 친구 테오도어 슈반Theodor Schwann과 아이디어를 교환할 수 있었다. 당시에 슈반은 척수에서 채취한 표본을 집중적으로 연구하고 있었다. 척수는 척추 안에 들어 있는 신경들의 다발로, 팔다리와 몸과 관련된 신호들을 뇌에 전달하고 뇌와 관련된 신호를 팔다리와 몸으로 전달한다. 슈반의 현미경을 들여다보던 슐라이덴은 자신이 연구하고 있는 식물 세포들과 척수에서 보이는 것들이 오싹하도록 유사함을 알아차렸다. 1839년, 부분적으로는 이 통찰에 고무되어, 슈반은 역사적 저작인 『동물과 식물의 구조와 성장에서의 일치점에 관한 현미경 연구*Microscopic Research into the Accordance in the Structure and Growth of Animals and Plants*』를 펴냈다. 논문에서 그는 세포가 식물과 동물 둘 다의 조직을 구성하는 요소라는 '세포론'을 제안했다. 모든 종류의 살아 있는 것들에 해당되는 '보편적 발생 원리를 제안한 것이다.

그의 생각은 옳았다. 정말로 세포는 어디에나 있다. 세포는 생명의 최소공통분모다. 현미경으로 자세히 살펴보면, 인체 모든 기관의 기본 조직이 세포임을 확인할 수 있다. 피부, 간, 신장, 근육, 심장, 뼈와 같은 고체 형태의 기관들부터 우리의 가장 눈에 띄는 액체 기관인 혈액과 그 안에 들어 있는 산소를 운반하는 적혈구, 감염을 물리치는 백혈구, 혈액의 응고를 돕는 혈소판까지, 1850년대에 이르러서는 모두 확인되고 서술되었다. 물론 세포들은 엄청나게 다양하며, 기관의 종류와, 크기와 모양, 스위치가 켜지는 유전자들의 수에 따라 그들의 정체성이 형성된다.

슈반은 세포가 '보편적 발생 원리'를 제시한다고 말한 점에서 특히 옳았다. 여러 해 후에 생리학자 찰스 셰링턴이 썼듯이, "새로운 시작(beginning)을 위해서는 처음(beginning)으로 돌아가야 한다". 최초의 순간에 당신과 나는 단 하나의 세포, 즉 수정된 난자였다. 직경 10분의 1밀리미터로 세포들 중에서는 거대한 편인 수정란이 태세를 갖추고 속사포처럼 연이어 세포분열을 시작해 2~3주만 지나면 식별 가능한 인간의 태아로 탈바꿈한다.

해부구조와 발생의 구성요소가 되는 것 말고도, 세포는 대사와 기능의 기본 단위이기도 하다. 예컨대 세포는 실험실의 배양 접시에서 독립적으로 존재하게끔 유도할 수 있고, 거기서 조건만 맞으면, 자신이 자라난 조직에서 하던 역할을 그 접시에서도 계속 수행한다. 이것이 최근 꽃피고 있는 줄기세포 연구의 근거이다. 가장 극적으로는, 그 유명한 양 돌리의 경우처럼, 복제 기술을 통해 개별 세포들이 일란성 쌍생아 유기체를 창조하는 씨앗이 될 수도 있다.

19세기 중반에 이르러 슈반의 세포 이론은 식물과 동물 모두에서 대체로 정설이 되었다. 하지만 몸의 한 조직, 바로 뇌와 척수로 구성되는 중추신경계에서 현미경을 통해 얼핏 보이는 모습들은 관찰자들을 계속해서 당황시키면서, 19세기 과학의 주요 논란 중 하나를 일으켰다. 당시 뇌와 척수를 현미경으로 처음 관찰한 사람들이 그린 그림들에는, 줄줄이 이어지고 교차하면서 서로 얽혀 있는 섬유들의 수풀 한복판에 놓인 아름답고 믿기지 않는 형태들—올챙이, 불가사리, 깜짝 놀란 모습의 외눈박이 코끼리—이 잔뜩 그려져 있다. 이 연구자들 가운데 일부는 결국은 세포 이론으로 이 이질적인 요소들과 그 요소들의 관계도 설명할 수 있을 것이라고 생각했다. 하지만 어떤 연구자들은 뇌에만 해당되는 특별한 구조를 상상했다. 뇌는 부분들이 정교하게 상호 융합되어 있는 체계, 즉 '서로 문합吻合, anastomose하는—상호 연결되어 있는—가는 실들의 광범위한 그물망이라고 생각한 것이다. 양쪽 시각 모두에 나름의 타당한 근거들이 있었다. 한편으로 세포 이론은 '생명의 놀라운 솜씨를 이해하는 길을 열어 커다란 성과를 거둔 이론이었다. 또 한편으로는 만일 신경계의 기능이 몸 전체에서 정보 전달과 통제를 가능하게 해주는 것이라면 신경계가 이음매 없이 상호 연결되어 있다는 개념도 호소력이 있었다. 초창기 연구자들이 느낀 이런 당혹스러움은 그들이 사용한 장황한 어휘 속에도 역력히 드러나 있다. 연구자들은 도무지 뭔지 모르겠는, 서로 얽혀 있는 그 섬유들을 '축 원기둥가지'와 '원형질의 연장'이라고 부르고는 했다. 사실, 그들이 가장 보고 싶었던 세부사항, 그 섬유들의 경로, 무성한 가지 부분, 그리고 결정적으로 섬유들이 만나서 융합되고 있을 지점들은 그저 보이지가 않았다. 당분간은 '보이지 않는 문합들의 연옥'에서 빠져나올 길이 없었다. 그들은 길을 잃었다.

신성한 병

> 신성한 것이라 칭해지는 이 병도 다른 병들과 똑같은 원인으로부터 온다…….
> 추위, 태양, 그리고 끊임없이 변화하는 바람으로부터.
>
> 히포크라테스, 『신성병에 관하여』

작고 예쁜 마을 커크비 론스데일은 룬 강 위 완만한 비탈에 있다. 상류로 가면, 강이 조용한 계곡을 통과해 흐른다. 어떤 곳의 기슭은 깎아지른 절벽에 나무들이 우거진 반면, 다른 곳의 기슭은 목초지가 경사를 이루면서 자갈투성이 강변으로 더 완만하게 내려온다. 눈을 높이, 동쪽으로 들어 올리면, 양들이 점점이 있고, 사이사이 검은 돌담이 가로로 서 있는 높은 골짜기 지대의 울퉁불퉁하고 흐릿한 윤곽과 마주친다. 서쪽으로, 룬 강 건너 마을 너머에는 전원지대가 레이크 디스트릭트 봉우리들의 웅장하고 낭만적인 모습을 향해 물결쳐간다.

나와 만나기 오래전부터 데이브는 그 골짜기의 곳곳을 속속들이 알고 있었다. 어릴 적에 그는 숲을 누비고 다녔으며, 여름날 강가에서 납작한 돌로 고요한 수면 위에 물수제비를 뜨면서 놀곤 했다. 나중에는 그 강에서 낚시를 하거나 나무들 사이 소년시절 아지트 가까이에 있는 외딴 목초지에서 여자친구와 만났다. 더 최근에 대학을 나오고 나서는 그 골짜기를 다른 관점에서 알게 되었다. 그는 버스를 몰고 하루에 여섯 번씩 골짜기를 오르내리게 되었다. 겨울에는 몰아치는 빗줄기를 뚫고 여름에는 아름답게 기우는 햇살을 맞으며.

요즈음 전반적으로 그는 버스가 길을 벗어나지 않도록 하는 데 거의 모든 주의를 기울이고 있었으며, 어쩌다가 승객과의 대화나 집에서 자신을 기다리고 있는 일들에 대한 생각에 잠시 정신이 팔릴 뿐이었다. 강가에서 만났던 여자친구가 이제는 집에서 두 살 난 아들과 다섯 살 난 딸을 기르고 있었다. 보통 그가 풍경에 감탄할 시간은 별로 없었다. 이 특별한 날에 그는 운전대를 잡고 더운 늦여름 저녁을 통과하고 있었다. 햇빛을 받아 왼쪽으로는 골짜기의 모든 빛깔들이 선명해지고 있었으며, 오른쪽으로는 나무들이 황금빛 안개에 둘러싸여 있었다. 언제나처럼, 그는 곧 그 일이 일어날 것임을 미리 알았다.

다음 순간 그것이 왔다. 그는 뱃속에서 약간 친숙한 울렁거림을 느꼈다. 그것은 아무런 의미도 없는 증상이었지만, 그래도 그를 불안하게 했다. 때로는 그게 다였다. 데이브는 나에게, 자기가 거기서 끝나기를 원하는지 아니면 반쯤은 지속시키려고 생각하는지는 결코 확실치 않다고 말했다. 어느 쪽이든, 이날 저녁에는 모든 과정이 차례차례 전개되었다. 데이브가 버스 운전대를 잡고 노스 컨트리 시골길을 굽이굽이 도는 동안, 주위 경치의 형상이 바뀌고 있었다. 한 순간, 그는 무중력 상태가 되어 떠올랐고, 날개 달린 천사가 되어 의미로 가득한 풍경을 솟아오르고 있었다. 그런 순간에, 그리고 오로지 그런 순간에만 주위의 풍경은 성스러운 경전이 되었고 데이브는 그것을 유창하고 명확하게 읽을 수 있었다. 그는 신성한 축복을 받았다. 들, 언덕, 강, 하늘, 계곡 전체가 그날을 기념하여 즐겁게 노래했다. 승객 한 사람이 말을 걸었다면 그가 무슨 말을 했을까? 할 수나 있었을까? 그런 다음, 그 장면의 영광스러운 의미가 그를 마지막으로 한 번 더 압도하기 직전, 모든 것이 사라지고 그는 다시 데이브가 되었다. 그 경험은 몇 초 이상 지속되지 않았다. 그렇지만 강렬함은 길이에 비해 어마어마하게 컸다. 그는 그것을 완전히 잘 알고 있었다. 과거에는 이런 일에 흥분되기도 하고 걱정이 되기도 했었지만, 이제는 그저 무시하고 운전을 계속할 뿐이었다. 늘 그렇듯이, 그때 일어났던 일을 생각하면 어쩐지 텅 빈 느낌이 들긴 했다.

그는 굳이 집에 가서 그 일을 이야기하지 않았다. 딱 한 번 아내에게 진기한 것을 꺼내 보이듯, 잔잔한 경험의 표면에 눈에 띄는 한 가닥 주름인, 반복되는 그 경험에 관해 말한 적이 있었다. 앨리스는 흥미를 보이면서, 어딘가 비슷한 자신의 경험들을 떠올렸다. 오래 잊고 있던 십대의 순간들. 어느 휴일에는 느긋하게 어슬렁거리며 지나가고 있던 경치 속으로 어쩐지 빨려들고 있는 것처럼 느낀 적이 있었고, 잠이 부족했던 어떤 때는 주변과 이상하게 분리되어 있는 느낌이 들었다고 말했다. 그들은 반시간 동안 서로의 경험을 이야기했고 그 이상 더는 이야기하지 않았다.

하지만 그날 밤은 달랐다. 둘 다 잠에 든 지 한 시간 반 뒤, 데이브의 아내는 남편에게서 신음소리가 들려 잠을 깼다. 데이브가 자고 있는 모양새는 마치 무언가가 누워 있는 그를 짓누르고 있는 것 같았다. 데이브 쪽으로 돌아누운 그녀는 창으로 들어오는 희미한 빛 속에서, 그의 턱이 꽉 닫히고 몸이 뻣뻣하게 굳어 있는 것을 알아볼 수 있었다. 그녀도 처음엔 이런 순간 대부분의 사람들에게 떠오르는 생각을 했다. 그가 죽는구나. 하지만 거의 즉시 경직은 지나갔고, 대신 떨림이, 데이브와는 전혀 아무 상관도 없는 것 같은 괴물 같은 경련이 그 자리를 차지했다. 마치 어느 못된 귀신이 몸에 들어와서 인형을 부리듯이 관절을 갖고 노는 것 같았다. 훨씬 더 길게 느껴진 1분이 지난 뒤, 떨림이 느려지면서 멈추었다. 데이브는 창백해져서 조용히 누워 있었고, 입에서 뺨으로 한 줄기 피가 흘러내렸다. 앨리스는 그를 잡아당겨 옆으로 눕혀놓고 도움을 구하러 방에서 뛰쳐나갔다.

할 말을 잃다

한 번 보는 것으로 충분했다.

할 말을 잃은 나는 현미경에서 눈을 뗄 수 없었다.

라몬 이 카할

뉴런이 발견되고 그와 함께 뇌의 구성 요소 문제의 해답이 나온 것은 비범한 두 남자의 연구에서 비롯되었다. 한 사람은 이탈리아인 카밀로 골지Camillo Golgi—그의 이름을 딴 세포소기관이 이전 장에서 나왔다—이고, 다른 한 사람은 스페인인 돈 산티아고 라몬 이 카할Don Santiago Ramón y Cajal이다. 그들은 어떤 의미에서는 협력자였다. 골지가 먼저 그의 길고 엄청나게 생산적인 활동에서 뜻밖의 발견을 했고, 아홉 살 아래의 카할은 나중에 그 발견 덕분에 뇌를 구성하는 요소들의 해부학적 구조와 관계들을 유례없이 명확하게 파악할 수 있었다. 그렇지만 바로 그 똑같은 관찰이 골지와 카할을 화해할 수 없이 다른 결론으로 이끌었다. 그들은 1906년 12월에 노벨 의학상 공동 수상자로 선정되어 스톡홀름에서 처음으로 만났다. 만남은 유쾌하지 못했다. 연달아 이루어진 수락 연설에서 두 사람은 서로의 의견이 다르다는 사실을 숨김없이 드러냈다. 카할은 나중에, 자신은 골지의 '자부심과 자기숭배의 과시에 분개했다'고 썼다.

의사의 아들인 카밀로 골지는 이탈리아 알프스에 있는 작은 마을에서 태어났다. 1843년 어렸을 때 파비아로 이사했으며 거기서 1865년에 의사 면허를 땄다. 그의 지적 열정에 불을 지핀 사람들은 정신병의 신체적 기초에 관심이 있던 정신의학자 체사레 롬브로소Cesare Lombroso와 현미경 전문가인 선생님과 친구들이었다. 결과적으로 이 영향력의 조합은 놀랍도록 대단한 결실을 맺었다. 하지만 그의 학자 생활 초기는 순조롭지 않아서, 1872년에는 재정적 필요 때문에 어쩔 수 없이 파비아를 떠나 아비아테그라소라는 근처 작은 마을에 있는 '불치 환자의 집'에서 상주 의사로 일하게 되었다. 거기서도 그는 포기하지 않고 연구를 계속해서 '검은 반응black reaction', 다시 말해 '은 염색법sliver stain*' 을 발견했다. 많은 좋은 것들이 그렇듯이, 이 발견도 가장 가망 없는 상황에서 튀어나왔다. '모든 형태의 과학 활동으로부터 단절된' 집에서, 부엌에 촛불을 켜놓고 연구하다가 나왔던 것이다.

1873년 골지는 이 연구에 대한 최초의 보고서인 "뇌의 회색질 구조에 관하여Sulla strutura della griglia del cervello"를 발표했다. 이 논문의 진정한 중요성은 질산은 용액을 써서 뇌에서 취한 덩어리나 절편을 염색하는 새로운 방법을 간략하게나마 설명했다는 것이다. 오늘날까지도 불분명한 어떤 이유들로, '골지 염색법'은 뇌세포의 작은 일부에만 먹히지만 그 일부들만은 완전히 물들인다. 현미경 아래에서, 염색된 세포들은 활짝 핀 꽃나무처럼, 불투명한 주위를 배경으로 확연하게 두드러진다.

신경계도 나머지 몸처럼 독립적인 세포들로 이루어져 있다고 믿는 사람들과 신경계는 연속적인 그물망이라고 생각하는 사람들 사이의 논쟁은 결정적인 발견으로 당장 해결되지 않았다. 골지의 새로운 방법으로 염색한 신경세포의 가장 가느다란 가지들은 너무 가늘어서, 광학현미경을 써서는 여전히 분명하게 볼 수 없었다. 그리고 현대의 신경과학자 고든 셰퍼드Gordon Shepherd의 말처럼, "불행히도 골지의 상상력을 가장 많이 자극한 것은 그가 가장 잘 볼 수 없는 측면들이었다". 그는 두 가지 잘못된 주요 결론으로 건너뛰었다. 염색한 세포들에서 나타

* 신경조직을 은이나 수은으로 염색하여 현미경 관찰을 하는 방법. 골지 염색법이라고도 한다.

나는 단일한 '축 원기둥(지금의 축삭을 가리킨다–옮긴이)'들이 모여서 섬유들이 융합한 그물망을 형성하며, 굵고 가는 가지들이 무성하게 나 있는 세포의 머리 부분은 나무의 뿌리처럼 주로 '영양과 관계있다'고 결론내린 것이다. 골지는 이어서 다른 다양한 관심사로 옮겨갔다. 그는 앞장에서 언급한 '골지체Golgi apparatus'와, 근육이 당겨지는 것을 감지하고 전달하는 감각 기관인 '골지힘줄기관Golgi tendon organ'에 자신의 이름을 주었고, 말라리아를 일으키는 기생충에 관한 초기의 중요한 연구에도 관여했다. 그는 자신이 속한 대학의 총장이었고, 로마에서는 상원의원이었다. 그러니 그가 신경세포들의 관계에 대한 자신의 시각을 수정할 만한 시간을 갖지 못한 것도 이해할 만한 일일 것이다. 그렇지만 카할은 그를 용서하지 않았다.

1852년에 태어난 라몬 이 카할 역시 의사의 아들이었다. 그의 아버지는 프랑스와 인접한 스페인 국경 부근의 페티야에서 마을의 외과의사로 일했다. 어릴 때 라몬은 짓궂고, 반항적이고, 잠시도 가만히 있지 못하는 고독한 소년이었다. 학교에서 틈만 나면 말썽을 일으켰고, 아이라서 해야만 할 의무들에 억울해한 그의 가장 큰 낙은 전원을 배회하며 스케치하는 것이었다. 일시적으로 구두장이나 이발사의 도제로 들어간 적도 있었지만, 결국 나름의 학문적 야망이 있던 아버지가 라몬을 해부학에 매혹되도록 고무하여, 아들에게 '대자연의 진정한 걸작'—인간—에 대한 영원한 사랑을 남겨주었다. 정력적인 많은 사람들이 그렇듯, 카할도 수많은 것에 열정을 쏟았다. 그는 시와 소설을 썼고, 체조에 빠져 '무시무시한 가슴 근육'을 키웠고, 다음엔 형이상학에 몰입해 철학책을 폭넓게 읽었다. 1873년에 그는 21세의 나이로 사라고사에서 의사

자격을 얻었다. 골지처럼 카할도 학자 생활 초기에 어려움을 겪었다. 카할의 경우는 그 어려움에 치명적인 병들—말라리아, 결핵, 우울증—과의 한판 승부 역시 포함되어 있었지만, 그는 필시 남달리 회복력이 강하고 굳건했던 것 같다. 1883년, 그는 31세의 나이로 발렌시아 대학에서 해부학 학과장으로 임명되었다. 그 무렵 카할의 절실한 관심사는 마드리드로 시험공부를 하러 갔을 때 불붙은 현미경 관찰이었다. 나중에 1887년에 마드리드를 다시 방문했을 때는 골지의 새로운 방법에 입문했다. 자신이 알고 있는 모든 것이 송두리째 뒤바뀌던 그 순간을 그는 잊지 못할 강도로 묘사했다.

> 투명한 배경을 뒤로 하고, 별 모양이나 방추 모양의 작고 치밀한 점들이 찍힌 패턴 속에, 일부는 가늘고 매끄럽고 일부는 굵고 삐죽삐죽한 검은 실오라기들이 두드러졌다. 투명한 화선지에 먹물로 그린 그림처럼, 모든 것이 다 선명했다. 생각해보라. 이 조직이 카민이나 로그우드*로 염색하면 영원히 성과 없이 뚫어져라 쳐다보며 더듬게 될, 혼란을 풀려고 애쓰다 좌절하여 황혼에 물든 의심 속에 영원히 길을 잃게 될 그 뒤엉킨 덤불과 똑같은 조직이라는 것을. 여기서는 반대로, 모든 것이 도표처럼 분명하고 단순했다. 할 말을 잃은 나는 현미경에서 눈을 뗄 수 없었다.

* 카민과 로그우드는 은 염색 이전에 쓰이던 염색제이다.

비밀의 수목원

너는 우주의 자식이다, 나무나 별들과 다름없는……

1696년, 볼티모어에 있는 올드 세인트 폴 성당에 새겨진 글

태풍의 눈을 휘감는 구름은 당신의 귀 안에 돌돌 말려 있는 나선막, 나선형의 달팽이집, 상상할 수도 없이 광대한 나선은하의 모습을 거울처럼 보여준다. 강여울의 거친 소용돌이는 동맥이 갈라질 때 흐르는 혈액이 일으키는 난류, 화산에서 분출하는 암석의 소용돌이, 죽어가는 별이 몇 광년의 공허 속으로 내뿜는 제트 기류를 그대로 되풀이한다. 이런 공명共鳴들이 광대한 시공을 가로질러 뻗어간다. 그 공명은 나에게, 우리가 '우주의 자식들이며 나무나 별들과 다름없음'을 생생하게 상기시킨다.

골지, 카할, 그리고 그들의 동료들은 현미경을 통해 뇌의 거주자들을 응시하면서 또 다른 일단의 시각적 메아리에 충격을 받았다. 골지의 염색법으로 윤곽이 드러나는 형태를 보면서 정원이나 숲을 떠올리지 않는 것은 불가능했다. 나무의 몸통들, 굵고 가는 가지들, 가시들, 뿌리들, 덩굴과 이끼들이 차고 넘쳤다. 카할은 심지어 히아신스까지 발견했다. 세세한 모습들은 다양했다. 어떤 곳에서는 정말로 '뒤엉킨 덤불이나 '짙은 숲이 연상된다. 어떤 곳에서는 시내 공원의 통제된 규칙성이 떠오르고, 잘 발달된 단세포가 의기양양하게 서 있으면 수평선에 그림자를 드리운 떡갈나무의 잘 생긴 아름다움이 떠오른다. 하지만 거기서 골지는 '보이지 않는 문합들'을 보았고, 카할은 독립적인 '원소들', '자율적인

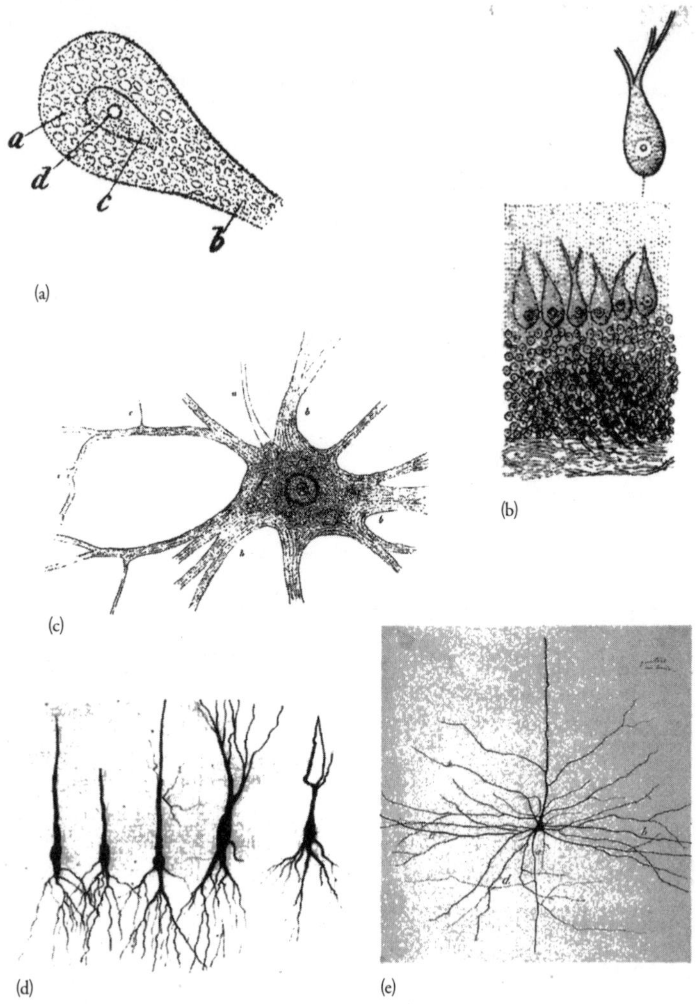

그림 5a. 19세기에 본 뉴런의 모습

(a) 현미경으로 처음 선명하게 관찰한 신경세포의 모습. 인간의 소뇌에서 얻은 푸르키녜 세포로 추정된다(Valentin 1836).

(b) 신경계에서 처음으로 확인된 신경세포: 소뇌의 큼직한 소체들이 발견자의 이름을 따라 푸르키녜 세포로 알려지게 되었다(Purkinje 1837).

(c) 척수의 전각에서 얻은 큰 신경세포를 그린 쾰리커의 그림, 1867.

(d) 골지의 그림.

(e) 카할이 그린 뉴런, 1899.

구획들'을 보았다. 바로 세포들을 본 것이다! 카할도 골지가 상상으로 그려본 것 이상으로 세포들 사이 접촉점을 그릴 수 없기는 마찬가지였지만, 그는 골지 염색법의 매우 선택적인 성질로부터 정확한 추론을 끌어냈다. 염색이 별개의 단위들을 물들이고 있으니, 그 단위들은 '연속성'이 아니라 '근접성'에 의해, 모종의 '원거리 영향'을 발휘해 정보를 전달하는 것이 틀림없다고 말이다. 뇌를 한 영역씩 순회하면서, 카할은 다시 한 번 골지의 것과 반대되는 두 번째 결론에 도달했다. 신경계 안의 정보 흐름은 신경세포의 우거진 덤불에서 세포체로 이동하고, 그런 다음 하나의 몸통을 타고 내려오며, 몸통 자체도 결국 가지를 쳐서, 다른 세포들의 우거진 덤불과 '매우 긴밀하게 접촉'한다는 것이었다.

신경세포와 그 부분들을 설명하는 데 사용되던 장황한 표현들은 점차 뇌를 새로 이해하면서 튀어나오는 단어들로 대체되었다. 귀족적인 독일의 생물학자 빌헬름 폰 발다이어Wilhelm von Waldeyer가 1891년에 한 검토 논문에서 신경세포에다 '뉴런neuron'이라는 용어를 제안했다. 빌헬름 히스Wilhelm His는 더 일찍(1889), 뉴런의 '원형질의 연장', 즉 들어오는 신호를 받는 돌기들의 더부룩한 덤불에 나무를 뜻하는 그리스어 '*dendron*'에서 따서 '수상돌기dendrite'라는 용어를 제시했다. 신호를 세포로부터 먼 곳으로 나르는 섬유를 위한 용어인 '축삭axon'은 축axis을 뜻하는 그리스어에서 온 것으로, 독일 세포생물학의 할아버지인 알브레히트 쾰리커Albrecht Kölliker가 80세 때(1896) 제안했다.

이름이란 단순한 꼬리표 이상이다. 우리가 세계를 이해하기 위해 개발하는 이론들을 명확히 표현하는 데 이 이름들이 필요하고, 우리는 그 이름들을 사용할 때 이름에 담긴 힘을 불러와서 이론들을 적용한다.

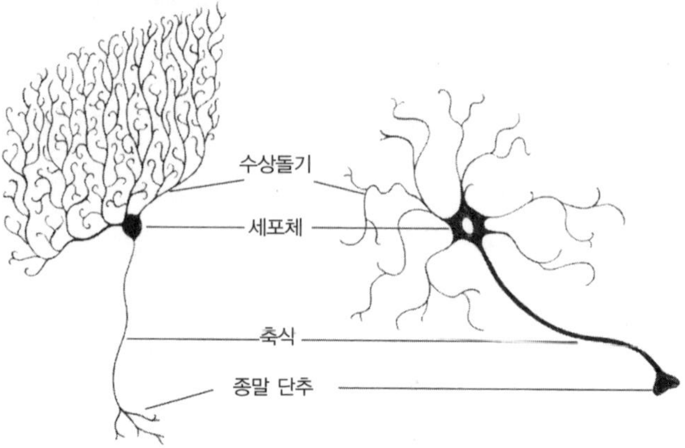

그림 5b. 뉴런

뉴런은 4장에서 본 일반적인 세포가 매우 전문화한 형태로, 세포가 정보를 한 곳에서 다른 곳으로 전달할 수 있도록 적응한 것이다. 여기 나오는 두 가지 샘플은 뇌의 서로 다른 부분에서 얻은 것이다. 수상돌기는 다른 뉴런들로부터 신호를 붙잡아 정보를 수집하는 안테나이다. 세포체에는 다른 세포들에 들어 있는 것과 똑같은 세포소기관과 생화학적 기계들이 들어 있다. 축삭—길이가 60센티미터까지 될 수 있다—은 전기 신호를 세포에서 먼 곳으로 날라, 정보가 다른 뉴런의 수상돌기를 향해 전송되도록 한다. 모든 뉴런은 활발히 움직인다.

바로 그런 이론들은 항상 상상력이 넘치며, 언제나 주어진 정보를 넘어선다. 카할의 가설—신경계는 잠재적으로 독립적인 단위들로 구성되며, 그 단위가 수상돌기들을 통해 정보를 수집하고, 축삭으로 신호를 내려보내 단위들 사이 틈새를 건너 정보를 전달한다—은 엄청나게 많은 것을 해명하고 성과를 냈다. 그의 가설에 영감을 얻어 1세기 이상에 걸쳐 진행된 연구로, 이 가설이 진실을 지나치게 단순화한다는 사실—어떤 뉴런들은 실제로 골지가 제안한 것처럼 직접 상호 연결되며, 정보도

뉴런을 통과할 때 때로는 카할이 상상한 것과 반대 방향으로 흐른다—이 밝혀졌지만, 카할의 이론은 도발적이고 검증 가능한, 뇌에 관한 풍부한 사실들을 이해한 이론이었다.

무아경

남들은 짐작도 할 수 없는…… 행복.

도스토예프스키

데이브는 병원에 도착해서야 정신이 돌아왔다. 자신이 기어들어갔던 침대에서 몇 킬로미터 떨어져, 환하게 밝혀진 칸막이 방안의 딱딱한 들것 위에서 낯선 얼굴들에게 유심히 관찰당하며 잠에서 깨어난다는 것은 당황스러운 경험이다. 몸을 옆으로 굴리니 어깨가 쑤셨다. 눈이 빛에 익숙해지자, 앨리스가 문간에 서 있는 것이 보였다. 그녀가 미소를 지었다. 그는 말을 시작하다가, 혀가 굳어 있고 아프다는 걸 깨달았다. 앨리스가 건너와서 손을 잡았다. 그는 다시 눈을 감고 들것 위로 다시 몸을 굴리다가, 거의 모든 곳이 아프다는 것을 깨달았다.

앨리스는 데이브의 발작에 관해 설명했다. 의사들이 뇌 스캔을 준비하는 중이었다. 데이브는 잠시 갈피를 못 잡다가, 어떤 일이 일어났는지 조각들을 맞추어보려고 애썼다. 몇 분 동안 그의 기억은 완전히 백지 상태였다. 그러다가 그는 일하다 들었던 느낌과 버스를 조종할 수 없을지도 모른다는 잠재의식 속의 넌덜머리나는 생각을 떠올렸다. 그가 그것을 설명하자, 앨리스는 눈살을 찌푸렸다. 응급실 담당자가 그녀에게 데이브가 한동안은 다시 버스를 운전하지 못할 거라고 말했던 것이다. 그녀는 그 소식을 전해주었다. 데이브는 갑자기 앞이 캄캄해졌다. 혀가 쑤시고 몸이 아픈 것이야 극복할 수 있었지만, 자신과 가족이 직업 없이 어떻게 버텨나갈 수 있단 말인가?

19세기 신경학의 아버지들이자 동시대인인 골지와 카할이었다면, 어쩌면 히포크라테스 자신 역시도, 데이브의 이야기를 듣고서 간질, 바로 그 '신성병' 진단을 고려했을 것이다. 간질은 심각한 신경병으로서는 가장 흔한 병이다. 열 명 중 한 명은 평생에 걸쳐 한 번이라도 간질 발작을 겪을 위험이 존재한다. 어떤 시기에도 거의 백 명 가운데 한 사람은 그러한 발작이 반복되는 경향에 시달린다. 그러한 경향이 간질의 정의다. 그토록 흔한 병이라면, 뇌 기능의 중요한 원리들을 반영할 것이 틀림없다. 신경학의 창시자들과 달리, 오늘날의 우리는 발작 중에 뇌에 어떤 일이 일어나는지를 대략적으로 알고 있다.

평소 깨어 있는 뇌에서는 전기 신호들이 끊임없이 여기저기를 돌아다니며 정보를 전달하고 변형하면서, 우리로 하여금 지각하고, 생각하고, 행동할 수 있게 해준다. 두개골 표면까지 투과해 나오는 전기 활동을 스캔하는 뇌전도EEG에서 이 활동에 해당하는 파형은 빠르고 약하다. 이 활동은 종종 부분적으로 율동적이지만, 평소 깨어 있을 때의 이 율동은 복잡한 전체 속의 조화로운 요소이다. 간질에서는 이 전기 활동이 뚜렷하게 동시적으로 발생하면서, 우리의 정신생활에 바탕이 되는 더 미묘한 과정들을 휘저어놓는다. 이 동기화가 뇌 전체에 일어나면, 의식이 사라지고, 몸이 뻣뻣하게 굳으면서 이어 팔다리가 급격히 떨리는 것과 함께, '대발작grand mal seizure'이 뒤따를 수 있다. 흔히 이와 함께 대소변을 지리고 혀를 깨물기도 한다. 여기에 해당하는 뇌파 활동은 뚜렷하고, 크게 진동하며, 광범위하다. 하지만 간질 교란으로 뇌 일부의 활동만 중단되는 경우는 경험이나 행동의 훨씬 더 미묘한 교란으로 드러날 수 있다. 데이브의 경우처럼 의식이 변경되면서, 신령스러운 의미로 충만해지는 짧고 강렬한 발작은 덜 흔한 종류의 '부분' 간질에 들어간다. 그것은 '황홀 발작ecstatic seizure'이라 불려왔다.

『죄와 벌』, 『카라마조프의 형제들』, 『백치』 등의 소설을 쓴 19세기의 작가 표도르 도스토예프스키도 이런 종류의 전조증상이 있는 간질을 앓았다. 그는 『백치』의 주인공인 미쉬킨 공작을 통해 그러한 발작을 묘사했다.

> 그의 간질 증세에는 발작 자체가(만일 의식이 있는 동안 일어난다면) 일어나기 직전에 오는 짧은 순간이 있었다. 그때면 갑자기 슬픔과 정신적 암울함과 우울함 한가운데 있던 뇌에 불이 붙는 것 같았다……. 그의 머리와 심장에는 눈부신 빛이 홍수처럼 흘러 넘쳤다. 그의 모든 고뇌, 의심, 걱정들이 눈 깜박할 사이에 진정되어, 절정에 달한 평온함 속에 이해로 가득 차는 것 같았다……. 하지만 이 순간들, 이 희미한 빛들은 그럼에도 마침내 발작 자체가 시작되는 그 두 번째 순간의 전조(결코 1초 이상 지속되지 않는)일 뿐이었다. 물론, 그 두 번째 순간은 견딜 수 없는 것이었다.

도스토예프스키는 자신의 발작에 관해, 그것이 "보통 상태에서는 불가능하며 남들은 짐작도 할 수 없는 행복을 낳는다. 나는 나 자신과 전 세계 안에 가득한 조화를 느끼며, 그 느낌이 너무도 강하고 달콤해서, 그러한 축복의 몇 초를 위해 생애의 10년, 어쩌면 전 생애를 포기할 수 있을 정도"라고 말했다.

19세기에는 이런 발작의 근원적인 원인을 필시 다 파악할 수 없었을 것이다. 하지만 1세기 뒤, 데이브의 뇌 스캔 결과는 그의 발작을 설명하면서 필시 골지와 카할을 사로잡았을 한 가지 설명을 제시했다. 이를 이해하려면 뉴런의 성장에 관한 약간의 배경 사실들이 필요하다.

대장정

신경계가 정말로 독립적인 세포들로 구성되어 있음을 알려주는 결정적 단서들 가운데 하나는 신경계의 발생에 관한 연구에서 나왔다. 병아리의 발달하는 신경계를 연구한 결과에 이끌린 19세기 독일의 생물학자 빌헬름 히스는 척수 안에 자리 잡은 뉴런들이 탐색을 위해 축삭을 밖으로 뻗어 병아리의 발달하는 날개와 다리로 보내고, 이 축삭이 나중에 날개와 다리의 근육을 자극하는 신경이 될 것이라고 믿게 되었다. 그는 이렇게 썼다. "확고한 원리로 나는…… 신경 섬유 하나하나가 원래 단일한 세포에서 연장된 것이라고 제안한다. 이 세포가 그 섬유의 유전적, 영양적, 기능적 중심이다." 카할은 몇 년 뒤 비슷한 모습들을 보면서, 그 섬유들이 움직인다는 환각을 일으킬 뻔까지 했다. 그 신경종말은 "살아 있는, 물렁하고 유연한 공성 망치에 비교할 만했고, 아메바처럼 움직이는 능력을 타고난 것처럼 보였다". 이 연구로 인해 신경발생학neuroembryology이라는 새로운 학문이 출범했다. 신경발생학의 목표는 과학이 그때까지 만나본 중에 가장 복잡하게 형성되며 가장 정교하게 상호 연결되는 체계인 뇌의 발생을 묘사하고 이해하는 것이었다. 성장 중인 뇌의 한복판은 극히 혼란스럽기 때문에, 뉴런들이 때때로 길을 잃는 것도 놀랄 일이 아니다.

나중에 대뇌피질을 형성하게 되는 신경세포들은 저 아래 깊숙한 곳, 뇌실 벽을 에워싸고 있는 줄기세포들로부터 태어난다. 대뇌피질은 뇌의 쭈글쭈글한 덮개로, 우리 경험과 행동의 섬세한 부분과 밀접하게 연관된 영역이고, 뇌실은 뇌의 중심을 차지하고 있는 액체로 채워진 공간이다. 거기서 태어난 세포들은 등반가의 밧줄처럼 뻗어 있는 방사형 지지세포들의 인도를 받아 뇌실로부터 피질까지, 성장 중에 있는 축삭들이 탐색하고 서로 밀어제치며 목표물을 향해 나아가면서 모든 것이 변하는 엄청나게 복잡한 지형을 지나며, 동반자들 속을 헤쳐 나간다. 그것은 마치 한번도 방문한 적 없는 목적지를 냄새와 느낌만으로 찾아가는 도중에 여러 개의 살아 있는 터널들을 통과하면서 몇 킬로미터를 기어가야 하는 것과 같다. 어떤 것이든 잘못될 가능성이 있다면, 때때로 정말로 잘못될 것이다. 이따금씩은 뉴런들이 무더기로 아예 여행을 시작하지도 못한다. 이 '세포 휴양소'들이 뇌 스캔 결과에서는 뇌실 벽의 두꺼운 부분으로 관측될 수 있다. 때로는 세포 무더기가 도중에 멈춰서기도 한다. 이것은 피질까지 대장정을 하면서 가로지르게 되는 백색질—서로 다른 뇌 영역들 사이에서 정보를 전달하는 섬유들—의 한가운데에 회색질 넝어리가 자리 잡고 있는 것으로 나타난다.

길을 잘못 든 이 뉴런들은 행실도 성가시다. 뇌의 질서 있는 작업에 기여하기는커녕, 규칙적으로 도와달라고 외치며, 전기적 조난 신호를 전송하는 것이다. 이것이 간질의 유력한 원인으로, 뇌 영상 기법—특히 자기공명영상MRI—의 발전으로, 잘못된 곳에 자리 잡은 작은 세포 무리를 찾아내는 것이 가능해지기 전까지는 대개 탐지되지 않았다. 데이브는 발작 다음날 뇌를 스캔했다. 스캔을 하고 나서 나중에 나와 대화하는 동안, 그는 신경의 이주와 관련된 생소한 사실들을 이해하려 애써야 했다. 왜냐하면, 밝혀졌듯이, 그의 뉴런들 상당수가 피질로 가는 대로에서 이탈해 동지들과 헤어져 뇌 안에서 말썽을 일으키고 있었기 때문이다.

국경 횡단

바다는 또한 육지의 끝이다 …….

엘리엇, 『네 개의 사중주』 중 '드라이 샐비지즈에서

19세기 동안 골지, 카할, 히스와 그들의 동료들은 뇌가 어떻게 조립되는지 이해하는 데 큰 진전을 이루었다. 하지만 신경과학을 지배하는 뉴런의 이론을 제안한 카할조차도 여전히, 뉴런이 실제로 무엇을 하는지에 대해서는 극히 개략적으로밖에 파악하지 못하고 있었다. 그는 자신이 표현한 신경세포들의 '역동적 앙상블'이 무엇을 의미하는지는 '현재로서 해독 불가능함을 인정하면서, 1894년 런던 왕립학회 강연을 마쳤다.

뇌가 몸의 작용들과 경험과 행동을 중재하고 조정하면서 어떤 식으로든 명령과 통제를 맡고 있는 것은 자명했다. 아마도 뇌를 채우고 있는 세포들이 전기 신호를 전도하는 것 같았다. 19세기 중반 이후로 뇌 이외의 신경들이 그렇게 한다는 것이 알려져 있었기 때문이다. 하지만 그 과정의 세부사항들이 분명해지기 시작한 것은 20세기에 한참 들어서서였다.

간단히 말해, 모든 세포들이 그렇듯, 뉴런은 조그만 건전지처럼 행동한다. 아주 작은 전하들을 축적하는데, 음전하 상태의 원자와 분자들이 세포 바깥쪽보다 안쪽에 더 높은 농도로 쌓인다. 여기서 신호 전달의 가능성이 생긴다. 어떤 뉴런의 내부와 외부의 전하 차이가 일정 소량 줄어들면, 세포막에 있는 분자 관문들이 갑자기 열리면서 양전하 상태의 나트륨 원자들이 그 세포 안으로 쏟아져 들어간다. 양전하의 유입으로 뉴런의 인접 구획 안에서 음전하가 줄어들면, 이 구획 주변의 관문들이 차례로 열리면서, 세포에서 먼 쪽으로 신호를 전송하는 출력 케이블인 축삭을 따라 나트륨 유입의 파도가 밀려 내려간다. 이것이 신경의 '활동전위action potential'를 이루는 기초다. 활동전위는 둘 중 하나만을 택하는 이진법 신호로, 뉴런을 발화시키느냐 안 시키냐라는 중요한 결정을 전달한다. 다음 몇 분의 1초에 걸쳐 두 번째 종류의 관문들이 열려 양전하 상태의 칼륨 원자들이 세포 밖으로 흘러 나가면, 정상적인 전기적 균형이 회복된다.

이 크게 단순화시킨 설명에 몇 가지 의문이 떠오를 것이다. 첫째, 내가 말한 것이 옳다면, 시간이 가면서 세포 안의 나트륨 수준은 올라가야 하고 칼륨 수준은 떨어져야 할 것이다. 사실 그렇게 돼야 할 것이지만, 세포벽 안에 있는 일단의 분자 펌프들이 세포 안의 나트륨을 세포

밖의 칼륨으로 끊임없이 교환함으로써 그런 일이 일어나는 것을 방지한다. 이 일에는 에너지 공급—미토콘드리아가 ATP의 형태로 제공하는—이 필요하므로, 세포의 대사가 차단되면 결국 뉴런의 신호전달이 멈추게 된다. 둘째, 앞 문단의 설명에서는 애초에 무언가가 신호전달 과정을 최초로 시작한다고 가정했지만, 나는 어떤 종류의 무언가가 그렇게 하는지는 설명하지 않았었다. 그 '무언가'는 뉴런이 하는 직무의 가장 기초적인 요소로, 눈에 도달한 빛, 귀에 들린 소리, 혀에 느껴진 맛부터 수천 개에 달하는 다른 뉴런들로부터 도달한 신호들에 이르기까지 매우 다양한 것이 될 수 있다. 그중 어떤 신호는 뉴런의 발화 경향을 높이고, 어떤 신호는 발화 경향을 낮추기도 한다. 그러므로 뉴런은 한 종류의 에너지를 다른 종류의 에너지로 전환할 수 있는 '변환장치'이자, 다른 여러 곳에서 오는 영향들을 더하는 '통합장치'다. 그 통합 기능이 바로 뇌의 명령하고 통제하는 역할을 이해하는 열쇠들 가운데 하나다. 카할이 정확하게 주장했듯이, 뉴런들은 대개 서로 직접 접촉하지 않으므로, 축삭을 타고 내려가는 전기 신호는 다른 종류의 전령에 의해 한 세포로부터 다음 세포로 전달되어야 한다. 하지만 그것은 또 다른 이야기이므로 다음 장까지 기다려야 한다.

축삭은 단순히 뇌와 몸을 돌며 전기 신호들을 전달하는 생체공학적 케이블이 아니다. 그것은 살아 있는 세포의 연장으로, 뉴런이 도달하는 가장 멀리까지 생명 유지에 필요한 물질들을 실어 나른다. 그 흐름을 막으면, 나뭇가지가 묶인 곳에서 불룩해지는 것처럼, 축삭도 방해물이 있는 곳에서 불룩해질 것이다. 하지만 데이브와 그의 '신성병'의 경우에 생사가 달린 질문은, 반대로 억제되지 않는 발화, 그의 뇌 안에서 길 잃은 세포들의 부대가 조난을 알리고 있는 전기적 외침을 어떻게 진정시키는가 하는 것이었다.

길을 찾다

우리의 모든 탐험의 끝은
출발했던 곳으로 돌아가
그 장소를 처음으로 알게 되는 것이리.

엘리엇, 『네 개의 사중주』 중 '리틀 기딩에서

약물은 계획적으로 만들어지는 일보다 우연히 발견되는 일이 더 흔하다. 적어도 매우 최근까지, 우리는 몸의 소소한 작용들에 관해 아는 것이 너무나 적었고, 기본 원칙들로부터 약물을 구성하기엔 분자들을 조작하는 기술도 너무나 적었다. 하지만 이제는 약이 작용하는 주요 메커니즘을 실제로 많이 파악한 상태이기에 설사 순전히 운으로 발견했다 해도 그 약에 어째서 그런 효과가 있는지 이해하고 있다.

데이브가 앓는 종류의 간질에 이용할 수 있는 10여 가지의 약물들 가운데 가장 널리 사용되는 약물은 뉴런의 발화를, 그중에서도 예외적으로—즉 과도하게—활동적인 뉴런들의 발화를 줄임으로써 작용한다. 이 약을 과량 복용하면 뇌 전반의 기능이 떨어진다. 하지만 대체로 만족스러운 중간, 즉 우리의 정신생활을 결정하는 전기적 활동을 방해하지 않으면서도 발작을 일으키는 폭발적 방전은 진정시킬 복용량을 알아내는 것이 가능하다. 데이브의 경우는 이삼 개월 뒤에 그 최적의 복용량을 찾을 수 있었다. 그 이후로는 한번도 큰 발작을 겪은 적이 없다. 때때로, 하지만 그가 운전석에 다시 앉지 못하게 할 만큼은 자주, 여전히 뱃속에서 거북함이 올라오고, 어쩌다 한 번씩은 고통스럽지만 황홀하게 세계가 변모하는 전조 증상은 나타났다.

돌아보면, 그 진단은 축복이었다. 버스 운전은 미래가 없는 직업이었던 것이다. 월급은 받았지만 그걸로 다였다. 간질 치료를 받는 한, 이 직업은 선택사항이 아니었다. 데이브는 다시 생각하지 않을 수 없었다. 그는 아이들과 함께, 오랜 친구들과 함께, 전원에서 낚시하고 책을 읽으면서 시간을 보냈다. 앨리스는 예전의 일로 돌아가 마을의 초등학교 교사가 되었다. 데이브는 공부하고 사색할 기회를 얻었다. 마침내 그는 마음이 시키는 대로 오랜 세월 원했던 것을 하기로 결심하고, 목사가 되려고 교육을 받기 시작했다.

chapter 6

시냅스

의사 겔리노의 꿈

엘리제

해군 3등 군의관 겔리노는 정오에, 프랑스인의 신성한 점심시간에, 오전의 마지막 환자를 보면서 아직도 진찰실에 붙들려 있었다. 그때까지는 평범한 승객들만 찾아왔다. 열이 있는 선원, 아기를 잃을까 불안한 임산부, 나으려 하지 않는 다리 부상자, 어떤 이유에선지 아주 지겹게 규칙적으로 조언을 구하러 오긴 하지만 그 조언—술을 절대 삼가야 한다—을 결코 신경 쓰는 것 같지는 않은 어느 배의 선장. 마지막 환자의 증상은 더 파악하기가 어려웠지만, 겔리노 의사의 주의는 산만해지기 시작했다. 어째서인지 그는 집중을 할 수 없었다. 이번은 그가 인도양에서 하는 두 번째 장기 복무였다. 이제 마요트 섬의 모습과 소리에는 완전히 익숙해져 있었다. 하지만 마치 마을 위 언덕에서 오는 것처럼 멀리서 울리는 종소리는, 분명 다른 곳에서 들은 것이었다. 눈앞의 매력 있는 환자를 신경 쓰는 둥 마는 둥 하면서, 그는 그게 어디였는지 판단을 내릴 수 없었다.

검은 머리, 검은 피부의 그녀는 반쯤 고개를 숙이고 앞에 앉아 있었다. 그녀 또한 또 다른 시간과 장소를 연상시켰다. 거기가 어디였더라? 아, 이제 알았다. 그것은 엘리제에 관한 기억이었다. 2년 전 레위니옹 섬에서 치료했던 여자. 그녀는 자식을 잃은 슬픔으로 정말 말 그대로 미쳐버렸다. 환자가 갈색 눈을 들어 작고, 수줍고, 우호적인 미소를 보냈다. 겔리노는 흠칫 놀랐다. 분명히 이 여자는 엘리제가 맞아. 하지만 어떻게 그녀가 나와 함께 이 진찰실에, 지금 여기에 앉아 있는 거지? 그녀를 마지막으로 본 것은 그가 감독하고 있던 레위니옹 섬의 생폴 병원에서였다. 거기서 조용히 안정을 취하라고—그녀는 거기에 있을 자격이 안 됐지만, 다른 무엇보다도 그녀 아이의 아버지가 되는 해군 장교의 무분별한 요구로—처방했는데, 그녀가 여기에 있는 것이었다. 의심할 여지가 없었다.

이제 그녀는 진찰실에서 그의 방으로 향하는 복도 쪽으로 그를 손짓해 부르고 있었다. 잠시 뒤, 그녀의 손이 그의 손 위에 놓였다. 뜻밖의 일이었지만, 기분은 좋았다. 크리올(백인과 식민지 원주민의 혼혈—옮긴이)인 그녀의 검은 피부가 그의 피부와 대조를 이루었다. 그녀는 그를 자신에게로 끌어당겼다. 그는 그녀의 온기를 느꼈다. 몸이 맞닿자, 그는 격렬하게 분출하는 비현실적인 기쁨으로 가득 찼다. 이 청하지 않은 포옹은 마치 귀향, 충족, 용서가 한꺼번에 찾아온 것 같았다. 잠시 동안 그는 더없이 평화로웠다. 그리고 종소리가 다시, 이번에는 더 크게 울리자, 엘리제가 그의 팔에서 스르르 미끄러졌다. 겔리노는 눈을 떴다.

그는 파리의 집에 있었다. 종소리는 생술피스의 종루에서 울린 것이었다. 그는 아직도 대양의 냄새를 맡을 수 있었고, 엘리제의 몸이 자신을 누르던 압력을 느낄 수 있었지만, 바깥의 아침은 어둡고 차가웠다. 그는 움직이려 했지만, 잠시 그럴 수가 없었다. 그는 꿈에서 깨어나면서 이 마비를 종종 경험했었기 때문에, 이제는 당황하지 않았다. 그는 마비가 지나갈 때까지 기다렸다가, 몸을 휘둘러 침대에서 일어나, 얼굴에 물을 튀기고 아무 의심 없이 철저히 문명화된 의학의 세계에서 하루를 보내기 위해 옷을 챙겨 입었다.

통 상인

1878년에서 1900년 사이, 겔리노가 경력 후반부에 파리에서 '신경병 전문가'로 활동하고 있을 때 그의 도움을 구하러 온 환자들 가운데에는 통 상인이 있었다. 나는 그를 르그랑 씨라 부르겠다. 르그랑은 38세의 근육질 남성으로, 약간 과체중이었다. 그에게는 두 가지 문제가 있었는데, 둘은 확연히 다른 증상이었지만 연관이 있는 것도 같았다. 두 가지 모두 2년 전 거의 동시에, 그전까지 튼튼했던 몸에 장애를 일으켰기 때문이다. 첫째, 그는 '수면발작의 희생자가 되었다. 이 견딜 수 없는 졸음은 말하는 도중에, 문장을 절반쯤 말하다 발작하기도 했고, 식사하는 동안 덮쳐서 나이프와 포크를 손가락에서 떨어뜨리기도 했고, 극장에서 잠이 그를 공격하는 경우도 있었다. 그는 잠깐 동안만, 겨우 이삼 분 동안만 잠들었다가 말짱하게 깨어났다. 하지만 이 발작은 하루에도 몇 번씩 그를 사로잡아서 갈수록 곤란의 근원이 되어갔다. 한번은, 자르댕 데 플랑트(파리의 왕실 정원-옮긴이)에 있는 원숭이 우리 근처에서, 잘 알려진 "궁금증 많은 이들과 아가씨들과 군인들의 약속장소에서 …… 주위의 모든 사람이 깔깔대는 가운데 잠든 적도 있었다".

르그랑의 두 번째 증상은 의사 겔리노에게 더 인상적으로 다가왔다. 강한 감정과 자극의 갑작스러운 변화—웃음, 슬픔, 안심, 예감—가 그에게 가장 기묘한 효과를 끼치기 시작했던 것이다. 우스운 상황을 보거나, 카드 테이블에서 이기는 패를 뽑았음을 깨달으면, 힘이 쭉 빠졌다. 무릎이 휘고, 턱이 떨어지고, 고개가 숙여졌다. 발작이 심할 때는 똑바로 서 있을 수가 없어서 바닥으로 주저앉거나, 자리에서 힘없이 미끄러지곤 했다. 때때로 이 두 번째 종류의 발작은 짧은 잠으로 끝을 맺기도 했다.

겔리노는 잘 훈련된 세심한 관찰자로서, 관찰한 것을 기록하길 좋아했다. 그는 마요트 섬에서 자신이 다룬 병에 관한 논문을 발표했고, 바다에서 일어나는 흉통의 사례들로 논문도 썼고, 『무도회 이후*After the Ball*』라는 시극을 쓰기도 했다. 그는 그 후로도 파리에 있는 동안 아홉 편의 의학 논문을 더 발표했고, 평생에 걸쳐 자신의 고향 마을 블라이의 역사를 서술하는 데 기여하기도 했다. 따라서 그가 르그랑 씨의 흥미로운 사례를 서술하고 싶어 하는 것은 당연했다. 그 설명은 1880년 「가제트 데 호피토 드 파리Gazette des Hôpitaux de Paris」에 등장한다. 겔리노는 르그랑의 문제를 특정한 병으로 인식하고, 거기에 '잠에 붙들린'을 뜻하는 그리스어를 따서 기면증(발작수면)narcolepsy이라는 이름을 붙였다. 감정에서 기인해 힘이 빠지는 발작은 '기립보행불능증(못섬증)astasia'이라 불렀다. 나중에 전문적인 용어는 '망연자실한' 또는 '공포로 쓰러진'을 뜻하는 그리스어를 따서 '탈력발작(허탈발작)cataplexy'으로 바뀌긴 했지만. 1881년 겔리노는 『기면증*De la Narcolepsie*』이라는 제목으로 열네 건의 유사한 사례들을 서술해 발표함으로써, 수면발작과 감정에 의한 마비라는 수수께끼 같은 증후군의 존재를 의학 문헌에 확고하게 새겨놓았다.

루시

루시는 거의 칠흑처럼 캄캄하고 축축하고 물이 뚝뚝 떨어지는 통로를 더듬으며 나아갔다. 통로는 끝이 없는 것 같았다. 그 길을 따라 걸은 지 이제 몇 시간은 지난 게 분명했고, 위험이 앞에 있는지 뒤에 있는지조차 분간하기 어려웠다. 터널의 벽은 거칠었지만, 자주 달팽이나 껍질 없는 연체동물처럼 물렁하고 끈적끈적한 무언가로 손이 미끄러졌다. 생각만 해도 소름이 돋았다. 어릴 때 그녀는 꿈에서 이런 여행을 한 적이 있었다. 낮 동안에는 한번도 열려 있는 것을 본 적이 없는 구식 화덕 속의 작은 문으로 들어가, 터널들의 미로를 통과했다. 그 미로의 한가운데에는 마녀가 살고 있었다. 루시는 그때와 똑같은 공포감을 느꼈고, 악몽을 꾸고 부모님에게로 달려갔던 그때처럼, 달려가서 무서움에 흐느낄 누군가가 있으면 좋겠다고 생각했다. 하지만 이것은 꿈이 아니었다. 그때, 느닷없이 상황이 바뀌었다. 터널이 더워지더니 주위 내벽이 물렁물렁해지고 고동치면서 액체가 배어나왔고, 점점 더 밝고 빛나는 분홍색이 되어갔다. 그녀가 새로운 주위를 제대로 살펴보기도 전에, 터널이 좁혀 들어오면서 그녀를 꽉 붙들고는 숨을 쉴 수 없을 때까지 점점 더 세게 옥죄었고, 무력한 그녀는 질식할 것 같은 압력에 몸을 움찔거릴 수조차 없었다. 의식을 잃는구나 생각한 그때 터널이 느슨해지면서, 루시는 말할 수 없는 안도감과 함께 숨을 쉴 수 있었다. 그녀는 문이 열리는 소리를 들었다. 남동생이 고개를 들이밀었다. "누나 또 졸고 있구나, 잠꾸러기." 그녀는 엎어져 있던 책상에서 고개를 들고, 밑에 펼쳐진 구겨진 교과서를 흘끔 보았다. 그녀는 작문 숙제를 하던 중이었다. 글을 쓰는 동안 잠이 그녀를 덮친 게 틀림없었다. 글은 점점 더 흔들리는 필체로 한 단어가 여러 번 반복되면서 점차 사라져갔다. "힘없어, 힘없어, 힘없……."

이 저항할 수 없는 졸음은 점점 더 불규칙해지는 루시의 생활의 규칙적인 특징이 되어 있었다. 그녀는 열다섯 살이었다. 1년 전까지 루시의 삶은 조약돌처럼 매끄러웠다. 그녀는 자신에게 일어나는 그런 문제의 횟수를 한 손으로 꼽을 수도 있었다. 사실, 실제로 침대에 누워 자신의 온기에 폭 싸여 졸림과 잠이 다가오는 느낌을 즐기면서 그렇게 한 적도 있었다. 하지만 한때 친구 같았던 잠은 그녀를 배신했다. 이제는 앉아서 공부를 하려고 해도, 잠이 슬금슬금 기어올라 불시에 덮치곤 했다. 잠이 반가운 밤에는 기습이 잠잠하곤 했지만, 이런 경우에는 잠이 그녀를 완전히 버렸다. 그녀는 침대에서 나와 책을 읽거나 개라도 쓰다듬어야 했다. 개는 적어도 반갑게 맞아주었지만, 새벽 3시에는 깜짝 놀라 했다. 그 외에는 아무도 반가워하지 않았다. 그리고 낮에 덮치는 잠은 기묘했다. 그녀는 삽시간에 꿈에 빠져들곤 했는데, 그때의 지각이 깨어 있을 때의 지각만큼, 아니 오히려 그보다 더 생생했던 것이다. 때때로 그녀는 마치 자신의 일부는 온종일 몰래 꿈을 꾸고 있으며, 자신이 눈의 한구석에서 독립적으로 펼쳐지고 있는 꿈을 한순간 흘긋 포착하는 것 같았다. 갈수록 자신이 꿈을 회상하는 것인지 깨어 있을 때를 기억하는 것인지조차 구분하기가 힘들어지고 있었다. 자기와 나눈 대화를 잊어버렸다고 동생을 여러 번 나무랐지만, 다시 생각해보면, 자신이 꿈을 꾼 게 틀림없었다. 잠든 상태와 깨어 있는 상태의 경계가 허물어지고 있었다. 평상시에 루시는 곧잘 남들에게 제정신이냐고 묻곤 했지만, 이제는 사람들이 이런 식으로 미치기 시작하는 걸까 하는 생각이 들었다.

어젯밤에는 뭔가 새로운 일이 일어났다. 루시는 또 다시 터널의 꿈을 꾸고 있었다. 이번에 그 꿈은 얼음 같은 싸늘함을 향해 빙빙 돌아내려가는 가파른 돌계단에서 끝났다. 계단은 말라 있었는데, 물 흐르는 소리가 들렸다. 그녀는 두렵긴 했지만, 흥분되기도 했다. 이 흥분에는 금지된 무언가가 있었다. 그녀는 뒷걸음질 치는 동시에, 앞으로 나아가고 싶기도 했다. 하지만 그때 잠이 깼다 …… 아니, 깬 것이 맞나?

꿈에서 빠져나오는 동안 루시는 가슴에서 끔찍한 무게를 느꼈다. 마치 누군가 또는 무언가가 자신을 내리누르고 있는 것 같았다. 있는 힘을 다했지만, 그를—그것을—밀어내야 할 팔다리는 둘 다 꼼짝도 하지 않았다. 이제까지 겪은 것 중 최악의 무력감이었다. 숨을 쉴 수 있을지는 불확실하고, 보이지 않는 끈으로 침대에 묶여 있거나 마비되어 꼼짝할 수 없다는 것은 확실했다. 몇 초 뒤, 무시무시하게 고동치던 최악의 공포는 썰물처럼 빠져나갔다. 그녀를 붙잡고 있던 것이 누구 혹은 무엇이었든, 그녀를 탈출하지 못하게 막는 것 이외에는 아무 목적도 없는 것 같았다. 그런 다음, 마침내 그녀가 마음속에서 말 안 듣는 자신의 팔다리를 향해 퍼붓고 있던 명령들이 먹히기 시작했다. 처음엔 손가락 하나가, 다음엔 한 손이, 이제는 팔 전체가 움직였다. 생명이 다시 팔다리로 쏟아져 들어왔다. 아직도 놀라서 숨을 헐떡이면서, 그녀는 일어나 앉아 스위치를 눌러 불을 켰다. 방은 비어 있었다. 그녀는 혼자였다.

그날 저녁, 루시가 남동생과 부모님과 함께 식사를 하러 내려가자, 샘이 다가오는 누나를 올려다보았다. "어떻게 된 거야, 누나. 온종일 잠만 자잖아. 팔자 참 좋은데?" 루시가 미소를 지으며, 하굣길에 한 여자 아이와 남몰래 손을 잡고 있는 널 목격했다고, 동생이 어쩔 줄 몰라 하는 모습을 즐겁게 기대하며 곯려주려는 찰나, 그녀는 턱이 늘어지고 무릎이 휘청거리는 것을 느꼈다. 루시가 아무 말 없이, 간신히 몸을 끌어다 의자에 앉는 동안, 샘은 누나가 이상한 미소를 지으며 느린 동작으로 주저앉는 것을 찬찬히 보고 있었다.

꿈의 재료

'꿈과 같은 재료로 만들어진 ……'

셰익스피어, 〈템페스트〉

젤리노 의사는 루시의 혼란스러운 이야기에 큰 흥미를 느끼거나, 만족하기까지 했을 것이다. 그는 루시의 수면발작이 자신이 말한 '기면증' 증후군에 속하는 것임을, 더불어 남동생과의 말장난에서 이기는 패를 뽑아들려던 순간에 우아하게 그녀를 쓰러뜨린 것이 '기립보행불능증', 다시 말해 '탈력발작'에 속하는 것임을 당장에 알아차렸을 것이다. 이것들은 '젤리노 증후군'의 기본적인 특징들이다. 하지만 이 증세에서 일부 형태만을 겪는 많은 환자들과 달리, 루시는 기면증 증후군을 풀하우스로 가지고 있었다.

그녀가 자려고 눈을 감을 때 그녀를 맞이하는 꿈들은 입면hypnagogic—문자 그대로는 '잠을 유도하는'—환각이라 한다. 그녀의 가

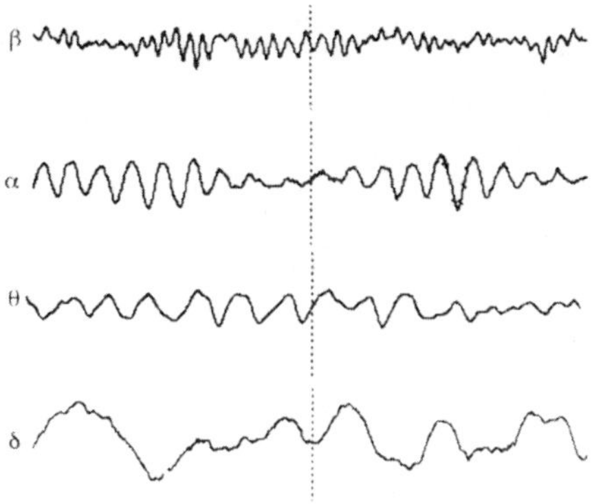

서로 다른 실험 대상자에게서 취한 이 네 줄의 기록은 뇌파에서 가장 흔히 발견되는 네 가지 리듬을 2초 구간에 걸쳐 보여준다. 초당 14~25주기의 베타(β)파는 활동적으로 깨어 있는 뇌의 특징이고, 초당 8~13주기의 알파(α)파는 눈을 감고 있는 느슨한 각성 상태에서 나타나며, 더 느린 리듬들인 초당 4~7주기의 세타파(θ)와 초당 4주기 이하의 델타(δ)파는 정상 수면 도중에도 일어나고 몇 종류의 혼수상태에서도 일어난다.

슴을 타고 앉은 악령의 손길에 무기력해지는 경험은 수면마비(가위눌림)라 하며, 겔리노가 자신의 경험으로도 알았듯이, 통상적인 꿈에서도 꽤 흔하게 일어나지만, 기면증인 경우는 훨씬 더 자주 일어난다. 잠이 덮쳐올 때 그녀가 반복하는 휘갈김—'힘없어, 힘없어, 힘없 ……'—은 '자동행동', 즉 졸음이 쌓여갈 때 멍하니 반쯤은 의식 없이 하는 활동이다. 그녀의 밤들이 망가진 것 역시 기이하게도, 기면증에 전형적인 일이다. 기면증 환자들은 계속 잠을 자서 겪는 것과 거의 똑같은 만큼, 계속 깨어 있어서 곤란을 겪는다. 이 기묘한 증상들의 조합—수면발작, 탈력발작, 환각, 수면마비, 자동행동, 불면증—은 어슴푸레한 잠의 세상에 있는 사람들의 상황을 알아낼 때까지는, 전혀 말이 안 되는 것처럼 보였나. 1950년대에 시카고에서 수면생리학자 너대니얼 클레이트먼Nathaniel Kleitman과 그의 동료들이 했던 연구로, 잠에 숨겨진 구조가 있음이 밝혀졌다. 그들의 발견에서 루시의 고충에 대한 부분적인 설명을 찾아볼 수 있다.

1920년대 말 독일의 정신과의사 한스 베르거Hans Berger는 오랜 야망을 이루었다. 그는 뇌가 마음의 물질적 기초를 제공한다는 믿음에서, 인간 뇌의 전기 활동을 기록한다는 목표에 매혹되어 있었다. 1929년, 그는 인간의 뇌파electroencephalogram(EEG)—두피에서 읽어내는 뇌의 전기 활동의 정보—를 설명하는 몇 편의 논문들 가운데 첫 논문을 발표했다. 그와 다른 사람들, 예컨대 영국의 애드리안 경Lord Adrian 같은 이들은 뇌파의 리듬이 우리의 의식 상태에 따라 변한다는 것을 곧 알아차렸다. 주의 깊은 각성 상태의 전기적 표식인 베타파는 초당 14~25회 반복되는 불규칙한 파동으로 구성된다. 알파파는 눈을 감고 조용히 깨어 있을 때 뇌의 뒤쪽에 걸쳐서 발생하는 초당 3~13주기의 매우 규칙적인 진동이다. 세타파(초당 4~7주기)와 델타파(초당 4주기 이하)는 깊은 수면 상태의 특징을 이룬다. 너대니얼 클레이트먼은 1950년대에 시카고에서 수면의 전기적 패턴을 탐구했다.

정상 수면의 처음 반시간 정도에서 뇌는 일련의 심화 단계를 거쳐 편안하고 아무 정신활동이 없는 '서파 수면slow wave sleep' 상태로 내려간다. 보통 복잡하고 빠른 뇌의 전기 활동이 이제 초당 2~3회 일어나는 규칙적인 파동—뉴런들의 활동에서 대규모 동기화가 일어남을 암시하는—으로 되면서, 정신생활은 느려져 거의 정지한다. 반시간 정도의 서파수면 뒤, 우리는 수면 단계의 사다리를 다시 올라가, 최종적으로 '역설paradoxical' 수면 상태로 들어간다. 이 상태의 우리는 지극히 접근하기 어렵고, 축 처져 있으며 깨우기 힘들지만, 뇌의 전기 활동은 깨어 있는 때만큼 빠르고 변화무쌍하다. 입 주위와 팔다리에서 가끔 일어나는 경련, 눈알의 재빠른 움직임, 남성 음경의 발기가 이 상태에 생생한 내면생활이 동반되고 있음을 누설한다. 이 시점에 우리가 꿈을 꾼다. 잠깐 동안의 꿈 수면 뒤, 우리는 다시 한 번 사다리를 내려간다. 하룻밤 사이 이 주기 자체가 네다섯 차례 반복된다. 수면 과정에서, 강조되는 부분이 미묘하게 바뀐다. 첫 두 주기에는 서파 수면이 대폭 일어나는 반면, 후반에는 꿈이 더 풍부해진다. 새벽 2시에 잠을 깨면 우리는 자신을 조용하고 깊은 우물에서 끌어올려야 하겠지만, 일곱 시간 뒤에는 마음의 눈에 꿈이 비치는 채로 떠오를 가능성이 훨씬 더 높다.

클레이트먼이 한 것과 같은 연구는 건강한 의식에 세 가지 기본 상태가 존재함을 알려준다. 첫째가 각성 상태, 둘째가 역설 또는 '급속안구운동rapid eye movemeny(렘REM)' 수면 상태, 셋째가 '비렘non-REM' 수면 상태다. 비렘 수면 상태는 네 개의 구분 가능한 단계가 있는 하나의 범주다. 첫째와 둘째 단계는 각성과 깊은 수면 사이에 들어가는 반면, 셋째와 넷째 단계—서파 수면—에서는 느린 파동이 뇌파에서 두드러지며 우리는 가장 깊은 잠에 빠진다. 우리 뇌는 대개 이 상태들 사이의 경계를 존중한다. 상태의 전이는 순서대로, 잠깐 사이에 복잡할 것 없이 이루어지지만, 루시의 경우는 그렇지가 않다.

그녀의 증상들 가운데 상당수는 각성 상태와 렘 상태 사이 경계의 특이한 허약함으로 설명할 수 있다. 정상적인 경우 이 두 상태는 상당 구간의 비렘 수면으로 분리된다. 잠이 드는 시점에 그녀의 마음속으로 생생한 영상들이 쏟아져 들어오는 이유는 정신이 반쯤 깨어 있는 동안 뇌가 렘 상태로 돌입하기 때문이다. 감정이 격한 순간의 마비는 렘 수면기의 늘어짐 또는 '이완증atonia'—원래는 우리가 꿈을 실행에 옮기지 못하도록 하는 기능이다—이 때맞지 않게 각성 상태로 끼어들 때 일어나고, 꿈에서 깨어날 때의 마비는 렘 수면기의 이완증이 수면의 경계를 넘어서까지 지속될 때 일어난다. 자동행동은 수면과 각성 사이의 전이에 문제가 있다는 또 다른 징후다. 루시의 펜이 종이를 가로질러 행진하는 동안 그녀의 정신은 이미 졸고 있는 것이다. 밤이 방해를 받고, 잠을 쭉 자는 것도 어렵다는 사실은 기면증에 걸린 뇌가 어떠한 의식 상태도 제대로 유지하지 못한다는 것을 보여준다.

우리는 거의 40년에 걸쳐서 기면증에 관해 이런 내용들을, 이 병이 의식의 상태들을 정상적으로 분리하지 못해서 생기는 결과라는 것을 알아냈다. 뇌에 명확한 손상이 있은 뒤에 기면증이 발생한 것으로 보이는 드문 사례들에서, 증세를 일으키는 원인이 무엇이든 기면증은 뇌 한가운데의 한 영역, 시상하부hypothalamus와 관계가 있다는 증거를 찾아내기도 했다. 이 모두가 사실이지만, 문제의 핵심은 놀랍게도 뇌에서 단 하나의 화학물질이 부족한 데 있다는 것이 밝혀졌다. 그 빠진 성분은 신경전달물질로, 이것이 없으면 수면에 결정적인 역할을 맡은 특정 뉴런들 사이의 미시적 틈새, 즉 시냅스들을 가로질러 분자 메시지를 전달할 수가 없다.

의사 젤리노의 포도주 저장실

1900년, 72세의 나이에 의사 젤리노는 은퇴하고 시골로, 소년 시절을 보냈던 블라이의 생 뤼세 라 투르 성으로 갔다. 그는 거기서 의학이 아니라, 포도 재배에 헌신했다. 그리고 상당히 성공했다. 그가 담근 적포도주는 암스테르담에서 우수상을, 파리 만국박람회에서 그레이트 골드 메달을 수상했다. 그에게는 필시 포도주의 미묘한 화학적 조성을 식별하는 코가 있었던 것이 틀림없다. 그는 수면과 각성이 뇌에서 돌아다니는 체액들의 균형에 의해 좌우됨을 알았다 해도 놀라지 않았을 것이다. 기면증의 수수께끼에 대한 신경화학적 해답은 의사 겔리노의 성미에 맞았을 것이다.

개별 뉴런이 축삭을 따라 전송하는 전기 신호는 스위치처럼 탁 켜지거나 꺼지는 이진법의 전기 메시지다. 하지만 카할이 제시했듯이, 뉴런들은 아주 작은 틈새만큼 서로 분리되어 있다. 이 틈새의 폭은 대략 수소 원자 200개 길이로, 전자현미경으로 엄청나게 확대해야만 눈에 보인다. '서로 껴안다'라는 뜻의 그리스어에서 유래한 '시냅스synapse'라는 이름은 19세기 말과 20세기 초에 활동한 영국의 생리학자 찰스 셰링턴이 지었다. 그는 이 조그만 틈새가 실제로 발견되기 여러 해 전에 이름부터 먼저 지었다. 뉴런들이 서로 떨어져 있음을 확신한 뉴런 이론의 건축가 카할은 당시로서는 보이지 않던 이 접촉 지점에 매혹되었다. 그는 회고록에서 그 접촉 지점에 관해 열정적으로 쓰면서, 셰링턴이 고른 단어를 상기시켰다. "어떤 수수께끼 같은 힘들이 진귀한 사랑이야기의 마지막 절정을 구성하는 그 원형질의 입맞춤을, 세포들의 결합을 이뤄내는 것일까?"

뉴런을 따라 이동하는 신호는 전기적인 반면, 뉴런들 사이 시냅스 틈에 다리를 놓는 것은 화학물질이다. 한 세포의 말단이 방출하는 액체

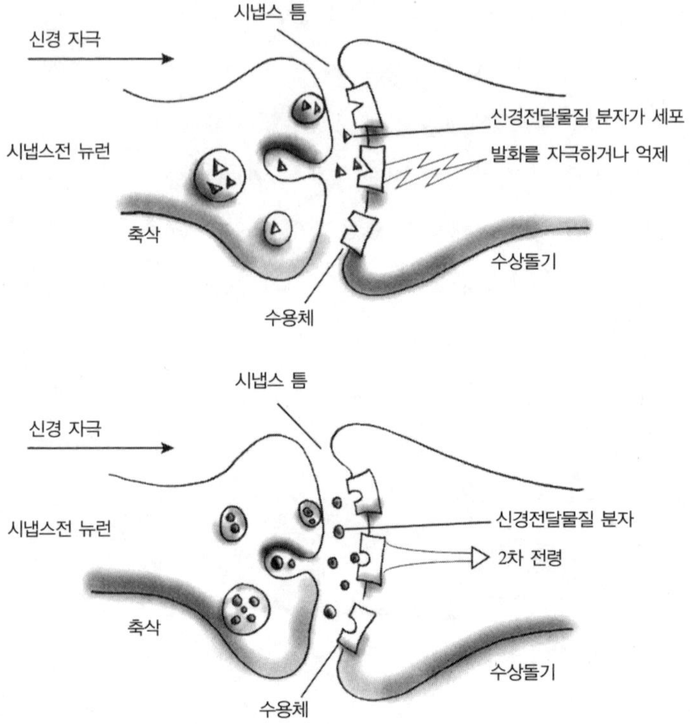

그림 6. 시냅스

신경전달물질들이 뉴런에서 방출되어 한 뉴런과 다음 뉴런 사이 시냅스로 들어간다. 그것들이 시냅스에서 먼 쪽에 있는 수용체들로 들어가 맞물린다. 여기서 신경전달물질이 미치는 주요 효과는 두 가지가 있다. 가서 물리는 뉴런의 발화 가능성을 직접 바꿀(높이거나 낮출) 수도 있고, 화학적 '2차 전령들을 생산함으로써 세포 안에서 일어나는 유전자 활성화를 포함한 생화학적 과정들에 영향을 줄 수도 있다.

'신경전달물질'을 다음 세포에 달려 있는 '수용체'가 붙잡는 것이다. 이 원리는 단순하게 들리지만, 그 과정에는 여러 차원의 복잡성이 수반된다. 우선, 뇌의 신경전달물질들은 수가 많아서, 지금까지 파악된 것이 약 30가지를 헤아린다. 그것들은 두 가지 주요 계열에 속해 있다. 하나는 작은 분자들로 대개 우리가 2장과 3장에서 만난 단백질의 구성요소인 아미노산과 화학적 친척들—글루탐산, 감마아미노부티르산(GABA로 더 잘 알려져 있다), 아세틸콜린, 노르아드레날린, 도파민, 히스타민, 세로토닌 같은—이며, 다른 하나는 보다 큰 분자들, 본질적으로 작은 단백질인 펩티드peptide이다. 우리 뇌 안에서 자연적으로 생산되는 엔도르핀이라는 유사아편 분자가 이 두 번째 유형의 유명한 사례다.

수용체들의 다양성은 복잡성의 두 번째 원천이 된다. 수용체들은 뉴런의 벽—막—에 들어 있다. 전달물질은 열쇠가 자물쇠에 들어가는 것처럼 수용체에 달라붙는다. 많은 전달물질들이 일정 영역에 있는 서로 다른 수용체들에 붙어서 다양한 효과를 만들어낼 수 있다. 전달물질 자체와 마찬가지로, 수용체도 두 가지 큰 집단에 속해 있다. 첫 번째 집단에서는, 수용체가 활성화되어 나트륨, 칼륨, 칼슘, 염소의 대전된 입자들이 흘러들어오거나 흘러나가도록 함으로써, 세포의 전기적 발화율에 직접 영향을 미친다. 두 번째 집단에서는 수용체가 뉴런 안에서 일련의 화학적 '2차 전령들'을 만들어낸다. 이 전령들은 유전자 활성화와 단백질 생산을 비롯해 세포의 발화율에 간접효과를 미치는 여러 과정들을 촉발할 수 있다.

신경전달물질 연구의 선구자들 가운데 한 사람인 헨리 데일Henry Dale은 단일한 뉴런은 시냅스에 언제나 단일한 전달물질만을 방출할 것이라고 제안했지만, 두 가지 전달물질, 보통 작은 분자 하나와 펩티드 하나를 함께 방출하는 일도 흔하다는 사실이 이제는 분명해졌다. 하나의 뉴런이 수천 개의 시냅스를 만들고 받아들일 수 있다, 어떤 것은 억제성이고, 일부는 흥분성이며, 일부는 발화율과 직접 연결되고, 일부는 2차 전령들을 거쳐 작용하고 있으므로, 효과들이 상호작용하는 범위는 어마어마하게 넓다. 한 뉴런의 전달물질들이 수많은 시냅스 연결들을 건너 다른 세포들과 어떤 작용을 하느냐가 그 뉴런의 궁극적인 행동을 결정한다.

시냅스의 작용들이 루시와 르그랑의 고충을 설명하는 데 어떻게 도움을 줄까? 벨기에의 생리학자 프레데릭 브레머Frederik Bremer가 1930년대에, 그리고 그의 제자 주제페 모루치Giuseppe Moruzzi가 1940년대에 연구결과를 내놓은 이래로, 우리는 수면과 각성의 주기를 '뇌간(뇌줄기)brain stem'—아래에 있는 척수와 위에 있는 뇌 반구들을 연결하는 영역—에 있는 일군의 뉴런들이 통제한다는 사실을 알고 있다. 이 뉴런들은 뇌의 구석구석으로 신경전달물질들을 방출하여, 2차 전령들을 통해 접촉하는 세포들에 작용한다. 그것들이 함께 우리의 각성 상태를 통제하는 '활성화계activating system'를 이루게 된다.

특히 아세틸콜린, 세로토닌, 히스타민, 노르아드레날린 네 가지 신경화학물질이 의식 상태를 조정한다. 네 가지 모두의 활동이 각성 상태에서는 활발하고 서파수면 상태에서는 줄어든다. 렘 수면 동안에는 아세틸콜린을 전달하는 뉴런 집단의 활동이 매우 활발해지는 반면, 다른 세 전달물질을 생산하는 세포들은 완전히 잠잠해진다. 이 균형이 역전되면 렘 기간이 끝난다. 하지만 루시와 르그랑의 이 기본 메커니즘들은 완전히 말짱했다. 그들의 장애를 설명하는 화학적 열쇠는 1990년대 말, 아주 우연히 발견되었다.

침묵의 신호

기면증의 증상들에 관한 겔리노 의사의 임상적 묘사는 그보다 더 개선하기가 어려울 것이다. 하지만 그도 수면발작, 감정에 의한 마비, 억제할 수 없는 꿈이라는 이 이상한 조합을 무엇이 일으키는 것인지 알아낼 수 없었다. 거의 120년이 지난 뒤에야 신경화학과 유전학이라는 기초과학이 그 미묘한 결함을 밝힐 수 있었다. 발견은 마침내 전혀 예기치 않은 방향에서, 뇌의 작지만 매우 중요한 영역인 시상하부에서 새로운 화학물질들을 싹쓸이하기 위해 저인망을 펼치고 떠난 생화학 낚시 탐험에서 나왔다.

뇌의 바닥에 있는 이 작은 땅콩만 한 세포 무리는 뇌와 신체의 광범위한 내부 기능들 사이의 주요 교차로다. 예컨대 시상하부는 혈당과 혈액 속의 염분을 감시한다. 당과 염분의 농도가 바뀌면, 시상하부는 이에 반응해 허기와 갈증을 일으키거나 억제하고, 바로 밑에 있는 뇌하수체에서 방출되는 호르몬들에 변화를 준다. 이 반응들이 차례로 우리의 대사와 소변 배출을 조정하여 몸 안의 환경을 비교적 일정하게 유지한다. 다른 많은 기능들이 있지만, 그 가운데서도 시상하부는 수면과 각성의 주기를 조절하는 데 도움을 준다.

1997년, 특별히 시상하부에서 활성화하는 유전자들을 연구한 결과

새로운 단백질들을 많이 찾아냈다. 이들 가운데 하나는 쥐의 식욕을 자극하는 것으로 밝혀졌고 '오렉신orexin'이라는 이름을 얻었다. 또 다른 과학자 집단은 같은 물질이 '세크레틴secretin'이라는 호르몬과 닮았음에 주목하고, 시상하부hypothalamus에서 발견되었기에 그것을 '하이포크레틴hypocretin'이라 불렀다. 일련의 '고아 수용체들'—알려진 수용체들을 닮은 뇌의 분자로, 생화학적 구조는 확인되었지만 아직 알려진 어떤 전달물질과도 연결되지 않은 수용체—을 뒤진 결과, 하이포크레틴과 단단히 결합하는 수용체가 밝혀졌다. 이는 새로 발견된 이 화학물질이 십중팔구 시상하부의 신경전달물질일 것임을 암시했다.

정교해진 현대 분자의학과 인간과 동물에서의 기면증에 관한 이전 50년 연구의 결실들 둘 다를 반영하는 발견들이 이어졌으며, 매우 빠르게 겹쳐 쌓였다. 먼저, 기면증이 유전된 개들—도베르만, 래브라도, 닥스훈트—이 나타났다. 캘리포니아에 있는 스탠포드 대학교에서 다년간 집중적으로 연구된 이 개들에서는, 하이포크레틴 수용체를 부호화하는 유전자에 돌연변이가 발생해 있었다. 이 돌연변이는 하이포크레틴 수용체의 기능을 완전히 파괴했다. 새로운 신경전달물질 체계의 뜻하지 않은 발견이 예기치 않게 흥미로운 결과들로 이어지고 있었다. 다음에는 실험으로 기면증과 하이포크레틴을 연계하는 증거가 강화되었다. 지금은 동물에게서 의도적으로 어느 유전자를 제거해 그 유전자의 기능을 더 알아내는 것이 가능하다. 분자유전학의 도구들을 사용하여 하이포크레틴 유전자를 인공적으로 제거한 한 계통의 생쥐들은 이상한 '행동 정지' 기간들을 보여주었다. 이는 렘 수면이 각성기로 침투한 결과로 드러났다. 생쥐들에게서 탈력발작이 일어났던 것이다.

이 연구는 유전적 기면증의 원인이 하이포크레틴 유전자나 하이포크레틴 수용체 유전자에서 일어나는 돌연변이일 수 있음을 보여주었다. 하지만 가까운 친척이 그 병을 앓으면 발병 위험이 올라가기는 해도, 인간의 기면증은 간단하게 유전되지 않는다. 그래도 하이포크레틴이 인간 기면증의 열쇠라 할 수 있을까? 2000년, 인간 기면증 환자들은 척수액에 들어 있는 하이포크레틴 수준이 측정할 수 없을 만큼 낮다는 결과가 처음으로 보고되었다. 기면증 환자들이 기증한 많지 않은 일련의 뇌들을 조사한 결과, 시상하부에서 하이포크레틴을 생산하는 세포들이 선택적으로, 거의 완전히 손실되어 있음이 드러났다. 이 세포들은 뇌가 활발히 활동할 때에도 소수여서, 우리 뇌의 수천억 뉴런들 중 수천 개에 지나지 않는다. 그 세포들이 없어지는 것, 그리고 더불어 뇌에서 하이포크레틴이 없어지는 것이 바로 인간 기면증의 근본 원인으로 보인다.

이 작은 개체수의 뉴런들이 사라진 것을 루시와 르그랑의 복잡한 장애에 어떻게 연결시킬 수 있을까? 어째서 희귀한 신경화학물질 하나가 없는 것이 의식 상태들 사이의 경계를 무너뜨릴까? 하이포크레틴은 시상하부에서 뇌 전반에 광범위하게 전달되지만, 특히 수면과 각성을 조절하는 뇌간의 뉴런 무리들로 전달된다. 하이포크레틴은 그 뉴런들의 활동을 안정시켜, 우리가 깨어 있는 동안에는 잠에 저항하도록, 일단 잠들 때까지는 꿈꾸기를 연기하도록, 그리고 더 일반적으로는 우리의 의식 상태들이 허물어지지 않도록 도와준다. 기면증에서는 어째서 하이포크레틴을 생산하는 바로 그 뉴런들이 뇌에서 선택적으로 사라지는 것일까? 현재로서는 환자의 면역계가 자신의 세포들을 공격한 결과로 이 세포들이 사라진다는 합의가 이루어져 있지만, 아직까지 확실한 증거는 별로 없다. 과학에서 획기적인 연구는 그것이 해결하는 것과 같은 만큼의 질문들을 제기하는 경향이 있다.

이 발견의 이야기에는 다음 몇 년 뒤 언젠가 실용적인 결과가 있을 것이 틀림없다. 기면증의 원인이 단일한 신경전달물질의 손실인 것으로 확인되었으므로, 이 장애를 치료하는 데 이용할 수 있는 조제약을 찾으려는 시도가 계속되고 있다. 당뇨일 때 인슐린을 써서 혈당을 조절하듯이, 각성을 조절할 수 있는 하이포크레틴의 한 형태를 찾고 있는 것이다. 그러한 치료법은 절실하게 필요하다. 루시와 르그랑 둘 다 쓰디쓰게 알게 되었듯이, 하루 온종일 견딜 수 없이 졸음이 반복되거나 강한 감정에 마비되는 것은, 몰인정한 구경꾼들은 때때로 재밌게 여길지도 모르겠지만, 겪는 사람에게는 조금도 재밌는 일이 아니다.

기면증 증후군을 임상적으로 묘사하는 데서 출발해 그 원인을 분자 수준에서 묘사하는 데 이르기까지 한 세기가 걸렸다. 기면증의 이야기는 신경과학 역사의 축소판이다. 기면증을 이해하기 위해서는 카할이 뉴런을 정의해야 했고, 셰링턴과 뒤이은 사람들이 시냅스를 발견해야 했으며, 독일의 정신과의사 한스 베르거가 인간 뇌의 전기적 리듬을 최초로 기록하고 프레데릭 브레머가 그 리듬을 통제하는 영역으로 뇌간을 지적하면서 우리 의식 상태들의 신경적 기초를 묘사하기 시작해야 했고, 마지막으로 가장 최근에는 시냅스 틈을 건너 메시지를 전달하는 수많은 전달물질들을 생화학적으로 탐구해야 했다. 과학 이야기도 놀랍지만, 잇따른 오디세이의 출발점을 제공한 것은 의사 겔리노의 단순하면서도 잊지 못할 임상적 묘사였다. 그가 이 이야기를 들었다면 틀림없이 무척 좋아했을 것이다.

chapter 7

신경망

전생의 느낌

세포에서 시스템까지

이제까지 당신은 뇌의 기초 구성요소들인 세포와 시냅스, 그리고 그것의 기본적인 작동 방식들, 다시 말해 뉴런에서 흐르는 전기적 신호 전달과 시냅스 틈을 건너는 화학적 신호 전달을 만나보았다. 이 세포와 시냅스들은 어마어마하게 수가 많다. 인간의 뇌에는 대략 수천억 개의 신경세포들이 있다고 추측한다. 분명 미시적 뉴런과 거시적 뇌 사이에는, 뉴런과 뇌가 어떻게 우리의 행동과 경험을 가능하게 하는지를 설명해주는 어떤 조직 원리들이 있을 것이 틀림없다.

밝혀지듯이, 실제로 뉴런을 넘어서는 여러 조직 단계들이 존재한다. 매우 빽빽한 기둥column 안에 든 수백 또는 수천 개의 뉴런들로 구성된 국지적 회로들, 또는 세포들의 시스템부터, 육안으로 보일 만큼 큰 뇌 영역 안의 더 광범위하지만 동등하게 규칙적인 배열, 그리고 뇌의 여러 부품들을 상호 연결하여 '테니스에서 공 넘기기'나 '밖에서 친구를 만난 어제 저녁 회상하기'와 같은 하나의 공통된 목표에 봉사하는 '분산된' 네트워크까지. 뇌는 그에 상응하여, 뉴런들 하나하나가 끊임없이 틱틱 신호를 내는 차원을 넘어서, 이 뉴런들이 네트워크 안에서 협력하여 일하고 있음을 표현하는 활동 리듬을 가지고 살아 움직인다.

당신은 지금 그런 저녁날을 기억하는가? 마침 기억은 뇌 안의 네트워크를 파악하기 위한 출발 장소로 나쁘지 않다. 기억이 저지르는 더 친숙한 비행非行들 가운데 하나로 시작하겠다.

데자뷰

데자뷰déjà vu는 지금 겪고 있는 일이, 어떤 불분명한, 도무지 기억나지 않는 과거의 경험을 그대로 되풀이하고 있다는 당황스러운 느낌이다. 우리들 대부분이 이것을 이따금씩 경험하지만, 가끔은 병적인 비율로 경험하기도 한다.

내가 몇 년 전에 만난 쇼나는 20대 중반이던 어느 날, 자신의 당혹스러운 마음 상태에 직면했다. 그날 아침 자리에서 일어나면서부터, 씻으면서, 옷을 입으면서, 아침식사를 차리면서, 출근하면서, 그녀는 자신이 끊임없이 '전에 본 적이 있는 어느 영화에서 연기를 하고 있는' 느낌이 들었다. 물론, 사실 이 모든 단조로운 활동들은 정말로 친숙한 것들이긴 했다. 하지만 그날 아침은 어쩐지 뭔가 달랐다. 똑같은 바로 이 순간들을, 똑같은 바로 이 날을 예전에 살았었다는 느낌이 든 것이다. 그녀는 불가사의하게도 하나하나 되풀이되는 행동들을 마주쳤다. 그날 내내, 다음에 정확히 어떤 일이 일어날지를 아는 듯한 느낌이었다. 그녀는 자신이 지나치게 피곤하거나 병이 난 것은 아닌가 의아했다. 하지만 휴식을 취하고 아스피린을 먹어도, 그 이상한, 행위를 반복한다는 끈덕진 느낌은 떨쳐버릴 수가 없었다.

당신이 데자뷰를 한 번이라도 경험해본 적이 있다면—아마 분명 그래봤을 것이다—앞으로도 여러 번 경험하게 될 것이다. 데자뷰의 보고는 교육 기간에 따라 증가하며, 사회계급 수준에 따라서도 증가한다. 정기적으로 여행을 다니는 사람들, 꿈을 기억하는 사람들이, 집에 있기를 좋아하고 꿈을 꾸지 않는 사람들보다 더 많이 경험하는 경향이 있다. 발생의 빈도는 30대에 절정에 달했다가 이후로 감소한다. 아침보다 저녁에 더 흔히 일어나고, 대개 몇 초 안에 다 끝난다. 피로와 스트레스 때문에 촉발될 수도 있다.

평범하고 순간적인 형태라도, 데자뷰는 사람을 사로잡는, 정말로 인상적인 경험이다. 그것은 모순을 끌어안으며, 한편으로 의미심장한 느낌으로 우리에게 깊은 인상을 준다. 데자뷰를 겪는 동안의 행위는 평소보다 더 강렬하게 인식된다. 자신의 최초의 기억에 대한 작가 체스터턴 G. K. Chesterton의 잊히지 않는 묘사처럼, 마치 현재의 경험이 '만물의 연극 바로 이전 장면'과 맞닿은 것 같다. 하지만 동시에 그것은 깨지기 쉬운 감각이기도 하다. 데자뷰를 겪은 19세기 사람의 말을 빌리자면, 그 인식이 '허구이며 비정상 상태'임을 우리가 반쯤은 깨닫고 있기 때문이다. 데자뷰와 같은 경험들은 의식의 가장자리에 있다가, 사라지는 그 순간에만 우리의 주의를 사로잡는다. 그것은 분명 그 감각이 우리에게 또 다른 가능성의 우주로 가는 문을, 변치 않지만 숨겨져 있는, 매혹적이지만 도달할 수 없는 세상으로 가는 문을 열어주는 듯하지만, 우리가 결코 그것을 온전히 손에 쥘 수 없기 때문일 것이다.

쇼나의 경험은 분명 달랐다. 그것은 일상적인 데자뷰의 변주곡들보다 더 마음을 어지럽혔고, 더 오래갔다. 경험에 관한 당대의 전문가인 영국의 심리학자 마틴 콘웨이Martin Conway는 이런 종류의 경험에 대해, 그 주된 특징인 정확히 이 사건을 예전에 체험했다는 확신을 강조하기 위해, 문자 그대로 '이미 체험한'이라는 뜻의 '데자 베큐déjà vécu'라는 이름을 붙였다. 이 느낌은 행동에 영향을 줄 만큼 강력하기도 하다. 쇼나는 '똑같은 대화를 지겹도록 다시'(실은 처음으로) 시작하려는 친구를 나무랐고, 항상 지난 뉴스만 틀어준다고 라디오 플러그를 뽑아버렸다.

사나흘 수그러들지 않는 데자뷰를 겪은 뒤, 쇼나는 도움을 구했다. 그때쯤 그녀의 경험은 더욱 더 괴상해져 있었다. 얼굴 왼쪽이 얼얼했다가 풀렸다 했다. 때때로 자신이 자기 몸을 떠나 위에서 몸을 내려다보는 묘한 감각도 들었다. 어떤 때는 어쩐지 뭔가 해야 할 것 같은 강박감을 느꼈는데, 그 행동은 더 이상 자기가 하는 게 아닌 것 같았다. 쇼나는 처음에는 정신병원에 입원했다. 그곳에서 실시한 상세한 검사로, 쇼나가 어릴 때 간질을 앓은 적 있다는 사실이 밝혀졌다. 기민한 정신과 의사는 이 이상한 경험들이 간질일 수도 있지 않을까 의심했다. 그녀는 신경과 병동으로 옮겨졌다. 뇌파 기록이 실제로 뇌의 오른쪽 한 영역에서 연속적인 간질 활동이 있음을 입증해주었다. 항간질 약물로 이틀 동안 치료를 받은 뒤, 쇼나는 세상이 대충만 친숙하고 친절하게 예측 불가능한 예전 모습으로 되돌아갔음을 깨닫고 뛸 듯이 기뻐했다.

모든 종류의 데자뷰는 보통 매끄러운 재인再認, recognition의 과정에 끼어 있는 한 가닥 주름이다. 재인은 기억의 일종이므로, 뇌가 기억을 형성하는 방식에 관해 더 배우면 쇼나가 겪는 곤경의 원인을 해명하는 데 도움이 될 것이다. 그렇게 하려면 당신을 좀 더 복잡한 회로의 일부로 이끌어야겠지만, 일단 간단하게 이야기를 시작하자.

단순한 회로들

우리를 구성하는 원자들로부터 우리 세포의 구성성분들을 거쳐 카할이

옹호한 뉴런들과 셰링턴이 세례명을 준 시냅스까지, 신경계의 수준들을 통과해 올라오는 동안 오래 멈춰서 뇌가 무엇에 쓰는 물건인지를 생각해본 적은 없었다. 물론 뇌는, 내가 잠깐 언급했듯이, 정보 전달과 통제를 위한 것이다. 몸이란, 전문화된 역할을 지닌 기관들로 다발 지어진 세포들의 거대한 집합체다. 심장이 펌프질하고 폐가 산소를 공급한 혈액을 신장이 걸러낸다. 이 기관들은 자신의 임무를 수행하기 위한 장비를 멋지게 갖추고 있다. 하지만 이 모든 놀라운 솜씨들도, 유기체의 필요를 파악하고, 지금 일어나고 있는 일과 과거에 일어났던 일을 감안하여, 전체의 활동을 체계화하는 명령 체계가 없다면 아무런 소용이 없을 것이다.

신경계가 어떻게 자신의 임무를 수행하는지 보려면, 매우 단순한 임무들이나, 복잡한 임무들의 매우 단순한 부분들을 살펴보는 데서 시작하는 것이 좋다. 신경계를 연구한 영국의 위대한 생리학자 찰스 셰링턴은 19세기를 마감하던 때 두 번째 전략을 채택해 무릎반사와 같은 반사들을 연구했다. 무릎에서 '대퇴사두근(넙다리네갈래근)'을 아랫다리로 연결하는 힘줄 위를 두드리면, 근육이 빠르게 수축하면서, 발이 공중으로 올라간다. 셰링턴은 이 '원자적인' 행동이 뉴런들의 네트워크에, 다만 지극히 기초적인 네트워크에 의해 결정됨을 보여주었다. 근육에서 뻗어 나온 '감각' 뉴런이 두드림으로 힘줄이 늘어난 것을 탐지하여 척수로 신호를 보낸다. 척수로 돌아간 감각 뉴런은 거기서 '운동' 뉴런을 향해 시냅스를 만든다. 운동 뉴런은 자신의 축삭을 다시 근육으로 보내 근육을 수축시킨다.

일례로 '아가미 도피 반사'와 같은 유사한 반사들이 캘리포니아의 바다민달팽이인 아플리시아 칼리포르니카*Aplysia californica*와 같은 단순한 유기체에서 자세하게 연구되었다. 이 연구와 우리의 연관성은 이 반사들이 대개 예측 가능하고 자동적임에도, 우리에게서든 군소*Aplysia*에게서든 변화시킬 수 없는 것은 아니라는 점이다. 반사도 단순 반복하면 점차 약화되거나 다른 말로 '습관화'되고, '촉진'하면 증강될 수 있다. 다시 말해, 반사에도 가소성plasticity이 있다. 현재의 행동에는 과거의 경험이 반영되어 있다는 말이다. 가장 단순한 신경망에서 경험이 일으키는 이 지극히 단순한 행동의 변경에 인간의 기억을 잉태하는 씨앗이 있다. 사실, 변화하는 주위환경에 적응하는 능력, 즉 가소성은 몸의 어디에나 있다. 운동선수의 느린 맥박, 심하게 사용한 발바닥의 가죽 같은 피부, 음주자의 놀라운 주량, 모두가 우리 조직의 순응성을 반영한다. 하지만 뉴런은 이 능력을 엄청나게 발달시켰다. 신경계에서 경험이 가장 빨리 자국을 남길 수 있는 곳, 가장 쉽게 영향을 받는 구석은 바로 시냅스다.

군소와 기타 단순한 유기체에 관련된 연구 덕분에, 경험의 효과가 뇌에 새겨지는 단계들을 면밀히 살펴볼 수 있게 되었다. 시냅스는 매우 역동적인 것으로 밝혀졌다. 단기간—몇 초에서 몇 분 정도—에는 두 뉴런 사이에서 방출되는 신경전달물질 양이 변동하면서, 한 뉴런에서의 활동이 다른 뉴런의 행동에 미치는 효과가 빠르게 바뀔 수 있다. 자극이 반복되면서 군소의 도피 반사가 쇠퇴하는 현상의 배경에는 전달물질 방출의 감소가 있다. 몇 분에서 며칠에 이르는 좀 더 긴 기간에서는, 시냅스 전반에서 작용하는 활동의 패턴이 변화하면서, 시냅스가 눈에 보이게 커지거나 쪼그라든다. 들어오는 축삭과 축삭에서 소식을 받는 수상돌기 사이의 신호 전달이 강력하면, 축삭과 수상돌기 둘 다 가지를 내면서 확장될 것이고, 신호 전달이 약하면, 둘 다 수축하거나 움츠러들 것이다. 그 결과로 생기는 연합은 명백하다. 특정 사건에 의해 함께 활성화되거나 특정 임무에서 협동하는 뉴런들이 서로 연결되는 것이다. 궁극적인 결과는 "함께 발화하는 세포들은 함께 배선된다"는 것이다. 단기의 시냅스 개조는 쉽게 되돌릴 수 있는 화학반응만으로도 달성된다. 축삭 말단과 수상돌기 나무들이 성장하거나 수축하는 데는 더 많은 시간이 소요되는 유전자 활성화와 단백질 합성의 과정들이 필요하다. 하지만 시간이 지나면서 시냅스에서 일어나는 이 구조적 변화들은 뉴런들의 네트워크에서 효율적이고 잘 닦여진 경로들을 만들어내며, 이것이 궁극적으로 우리의 습관, 기술, 기억의 토대가 된다.

수면과 망각

바다민달팽이의 필요를 충족시키는 단순한 네트워크에서부터 복잡한 네트워크가 발달하는 경로를 추적하기 전에, 기억의 두 번째 기이함을 소개하겠다. 이는 거의 쇼나가 겪는 어려움의 반대면이라 할 수 있다.

제드라는 어느 중년의 학자가, 자신이 우리가 연구하고 있는 한 형태의 기억상실증에 걸렸다는 결론에 도달한 끝에 인터넷을 통해 나의 동료 한 사람에게 연락해왔다. 나중에 밝혀졌듯이, 그의 생각은 완전히 옳았다. 그는 사건들을 자세하게 일기로 기록했으므로, 그 일기를 바탕으로 어느 날 아침 깜짝 놀랄 만큼 낯설게 느껴지는 장소에서 깨어났을 때 그에게 떠오른 생각과 느낌들을 재구성했다.

다시 말썽이다. 반시간 전에 어딘지 모르는 방에서 깨어났다. 공기도 다르고, 거리에서 들려오는 소리도 낯설고, 침대 옆에는 여행 가방이 놓여 있다. 방은 어울리지 않게 길쭉하고 좁으며, 높은 창에서 밝은 햇빛이 비단 커튼을 통과해 들어오고 있다. 도대체 내가 어디 있는 거지?

좀 어리벙벙한 상태에서 창 쪽으로 걸어가 커튼을 당기고 내다본다. 한 번 휙 본 것만으로도 내가 어디 있는지 알 수 있었다. 여긴 이탈리아로구나! 내가 여기서 뭘 하고 있지? 저 아래 거리에서는 어떤 퍼레이드가 벌어지고 있다. 중세 의상을 입고 술 달린 깃발을 든 사내들, 북과 작은 관악기들을 연주하는 아가씨들, 아기를 안은 엄마들, 빵빵거리며 모퉁이를 돌아가는 자동차들이 보인다. 날이 타는 듯 덥다는 것을 알 수 있다. 스카치테리어 한 마리가 보도에서 고개를 쳐들고 나를 골똘히 흘긋 올려다본다. 녀석이 어리둥절하다면, 그건 나도 마찬가지다. 단서를 좀 얻으려고 다시 방 안을 둘러본다. 의자에 걸쳐 있는 옷가지는 북쪽 사람들이 입는 겨울옷이다. 이 뜨거운 지중해 도시에 어울리는 물건이 아니다. 세탁소에서 갓 찾아온 듯한 여름 양복이 내 여행가방 위에 얹혀 있다. 그러니까, 내가 최근에 여행을 했다는 말이군. 주머니에 손을 찔러 넣어, 승차권이 있나 찾아본다. 4월 30일 뉴욕 발 비행기 표, 시에나 행 버스 표. 그러니까 지금은 5월인 거다. 난 지금 토스카나에 있는 거고. 왜인지는 모른다…….

이제 기억이 나기 시작한다. 안개 낀 유리창으로 섬 몇 개가 또렷이 보인다. 내가 눈길을 주자 다른 것들도 또렷해진다. 나는 여기 강연을 하러 왔다. 컴퓨터에서 '최근 내 문서'를 뒤졌다. 파워포인트 파일이 있다. '시에나, 5월 2일: 은하수의 암흑물질.' 지금까지 두세 번 강연한 적이 있는 인기 주제다. 바버라가 일주일 전에 비행기를 타고 런던으로 떠났으며, 우리가 5월 10일에 로마에서 만날 예정이라는 사실도 떠오른다. 그 전에 입자 검출기를 보러 산맥으로 들어가려 했던 게 생각난다. 하지만 누가 나를 여기로 초대했는지, 여기 오기 전 며칠 동안 집에서 어떤 일이 있었는지는 여전히 기억나지 않는다. 가장 걱정되는 것은 내가 이런 상태에서 깨어난 것이 분명 처음이 아니라는 사실이다. 전에도 기억하지 못했다는 건 기억할 수 있다.

데자뷰란 잠깐 동안 기억이 과도해지는 것이다. 옛 기억에 일시적으로 접근하지 못하거나 새로운 기억을 일시적으로 형성하지 못하는 일시적 기억상실은 데자뷰의 상반되는 대응물이다. 우리 모두 그 증상의 심하지 않은 형태를 때때로 마주친다. 미국의 심리학자 대니얼 샥터Daniel Schacter는 자신의 '기억의 일곱 가지 죄악'에 기억이 막히는 것을 포함시켰다. 이는 기억의 취약성과 정신없음으로 인해서 일어나는 두 가지 다른 유형의 망각, 귀인 오류(기억의 출처를 잘못 아는 것), 피암시성(암시에 걸려 기억이 왜곡되는 성향), 편향이라는 세 가지 종류의 기억 왜곡, 마지막으로 차라리 없었으면 싶은 불행한 기억들이 끼어드는 기억의 지속성으로 이루어진다. 이 '죄악들'의 결과로 일어나는 일상적인 기억 증상들의 빈도는 나이를 먹으면서—데자뷰의 빈도는 점차 떨어지면서—가차 없이 올라간다.

보통 우리는 이 장애물들을 한 번에 하나씩 맞닥뜨린다. 다시 말해 어떤 이름 하나를 잊어버리거나, 5년 전에 갔었다는 그날의 호수 나들이를 떠올리지 못한다. 제드의 기억상실은 최근 기억 전 범위에 걸친 더 광범위한 정보 전달 문제였다. 하지만 그의 기억이 돌이킬 수 없이 사라져버린 것은 아니었다. 기억이 다시 시야 안으로 헤엄쳐 들어오면서 점차 방향을 되찾는다는 것은, 기억이 일시적으로 시야에서 미끄러져 나갔을 뿐임을 보여준다. 어째서 그는 잠에서 깨고 나면 잊었을까?

제드의 고충은 유별나지만, 그 혼자만의 것은 아니다. 걱정스럽긴 하지만 대개 혼자 있는 동안 서너 시간에 걸쳐 겪게 되는 이 기억상실증은 '일과성 완전 기억상실증Transient Global Amnesia'이라는 질환이 있을 때 느닷없이 일어난다. 이 질환은 인생의 중후반에 해마다 1천 명 당 한 명 꼴로 발생한다. 흔히 차가운 바다에서 수영하기, 말다툼, 부정한 성적 만남과 같은 흥분이나 스트레스가 증상을 촉발한다. 환자들은 갑자기, 기억이 나지 않는 자신을 발견한다. 최근의 사건들을 회상할 수 없으므로, 그들은 시간과 장소에서 자신들의 위치를 잃어버린다. 끈질기게 드는 의문—'내가 어디에 있지? 지금까지 무엇을 하고 있었지?'—에 답을 떠올릴 수 없으므로, 그들은 발작 기간 동안 내내 방향키가 없는 상태라 할 수 있으며, 지나고 나면 그 기간을 기억하지 못한다. 제드의 발작처럼 깨어나면서 잠깐 동안, 반복해서 일어나는 기억상실의 사건들은 그 주제의 한 변주곡, 일시적 기억상실이라는 더 넓은 부류에 속한다는 것을 쉽게 알아볼 수 있는 하나의 하위 유형이다. 쇼나의 데자뷰와 마찬가지로, 깨어나면서 경험하는 그의 건망증도 기억을 인출하는 데 필요한 신경 과정들을 휘젓는 국소적 간질 활동이 원인이었다.

머리에 입은 타격, 편두통의 공격, 일정한 약물들, 뇌의 혈액 공급을 해치는 '작은 뇌졸중' 모두가 같거나 유사한 효과들을 일으킬 수 있다.

쇼나는 실제로는 전에 일어난 적이 없는 것들이 기억나는 자신을 어쩔 수가 없었다. 제드는 전에 일어났던 일들을 기억할 수가 없었다. 바다민달팽이부터 인간까지 반사의 토대가 되는 지극히 단순한 회로들이, 어떻게 해서 풍부하게 채색된 과거의 기억을 가져오는 네트워크로 스스로 조직되는 것일까?

마법의 베틀

뇌는 깨어 있다……. 그 머릿속의 덩어리는 순식간에 마법에 걸린 베틀이 되고, 휙휙 움직이는 수백만 개의 북들이 흩어져가는 무늬를, 항상 의미 가득하지만 결코 지속되지는 않는 무늬를 짠다.

찰스 셰링턴 경, 『인간 그 본성에 관하여*Man on His Nature*』

신경계가 단순한 것에서 복잡한 것으로 변형된다고 해서 그 종류가 변하는 것은 아니다. 이미 많이 연구된 회충과 바다달팽이의 작은 신경계도 인간의 대단한 뇌와 똑같은 기초 성분들—뉴런과 시냅스—로 지어지고, 똑같은 핵심 화학 과정들을 사용한다. 차이는 숫자와 기초 뉴런의 미묘하지만 의미 있는 다수의 변형들과 정교한 신경망의 점진적 진화에 있다.

숫자 변화의 규모는 거의 상상할 수도 없다. 예쁜꼬마선충*Caenor-*

*habditis elegans*은 유전학자와 신경생물학자들이 지난 50년에 걸쳐 광범위하게 연구한 회충이다. 정확히 959개의 세포로 이루어져 있는데 그 가운데 302개가 뉴런이다. 바다달팽이인 군소는 약 2만 개의 뉴런으로 이루어진 더 정교한 신경계를 갖추고 있다. 당신과 나의 뇌에는 매우 대략적으로 계산해 1천억 개의 뉴런이 있고, 이는 예쁜꼬마선충의 10억 배, 군소의 5백만 배, 지구상에 있는 인간 숫자의 20배에 해당한다. 이 엄청난 뉴런의 숫자조차 그 뉴런들이 만들 수 있는 연결의 숫자에 비하면 왜소하다. 단 하나의 뉴런이 다른 세포들과 1천 개의 시냅스를 형성하고, 20만 개의 시냅스를 수용한다. 생후 첫 6개월 동안, 뉴런들이 나머지 평생 동안의 행동과 경험의 기초가 될 네트워크를 바삐 형성하는 시기에, 오로지 시각에만 사용되는 인간 뇌의 영역에서 초당 10만 개의 시냅스가 형성된다.

우리 조상들의 진화하는 신경계에서 뉴런과 시냅스의 숫자가 증가한 것만큼이나, 이 기초 요소들은 다양해지기도 했다. 기본적인 본성을 바꿈으로써 다양해진 것이 아니라, 일련의 미묘한 수정이 이루어지면서 인간 뇌에 점차 어마어마한 다양성이 생겨났다. 골지나 카할 같은 탐험가들이 그 뒤엉킨 숲속에서 뉴런의 풍부한 변종들을 구분하고, 명명하는 데까지 나아갔다. 몇 개만 들자면, 피라미드세포, 별세포, 바구니세포, 방추세포, 샹들리에세포 등의 이름을 가진 뉴런들이 있다. 이 뉴런들이 만나는 장소 또한 마찬가지로 다양하다. 일부는 축삭의 전기 신호가 촉발되어 밖으로 나가는 곳인 '축삭 소구axon hillock' 가까이에서 만나며, 일부는 수상돌기 나무의 더 가는 잔가지들 위에서 만나는데, 이 장소는 지휘력은 덜 하지만 여전히 상당한 영향을 미친다. 시냅스 자체

안에서도, 한 세포에서 다음 세포로 신호를 전달하는 데 사용하는 신경전달물질의 범위가 커지면서, 그리고 전달물질이 들어가 화학적 열쇠를 돌리는 자물쇠를 제공하는 수용체들이 증가하면서, 점점 다양성이 생겨났다. 예를 들어 세로토닌은 바다달팽이 군소의 단순한 신경계에서 발견되는 신경전달물질인데, 최근에 가장 유명한 항우울제인 프로작의 화학적 목표물로 명성을 얻었다. 세로토닌은 인간 뇌 안에서 일곱 가지 주요 계열에 속하는 미묘하게 서로 다른 약 서른 가지의 수용체에 작용한다. 이 수많은 하위 유형들 덕분에 단 하나의 신경전달물질이 뇌 안의 서로 다른 자리들에서 미묘하게 다른 다양한 효과들을 발휘할 수 있는 것이다.

또한 제3의 과정이 복잡한 뇌가 발달하는 데 작용한다. 무수히 다양한, 방대한 수의 뉴런들이 연결되어 네트워크—국지, 확장, 분산—를 이루는 것이다. 앞으로 볼 기억에 가장 밀접하게 연결되는 뇌의 영역이 좋은 일례를 제공한다. 해마hippocampus는 바다 생물 해마를 닮아 이름이 지어진 곡선형의 기관이다. 길이 약 4센티미터 폭 1센티미터로, 가려져 있는 뇌 안쪽 표면에 푹 파묻힌 해마의 뉴런들은 백만 번 반복되는 회로를 구성한다.

그 회로의 본질적인—그리고 많이 단순화된—특징은 다음과 같다. 뇌의 다른 영역들, 특히 세계를 감지하는 데 관련된 영역들에서 고도로 처리된 정보가 내후각뇌피질entorhinal cortex이라는 해마 곁의 피질 영역으로 모여든다. 내후각뇌피질 안의 뉴런들은 '관통로perforant path'를 통해 해마 자체('CA3' 영역)와 해마를 안고 있는 치상회(치아이랑) dentate gyrus의 세포들로 신호를 전달한다. 치상회에서부터 '이끼섬유

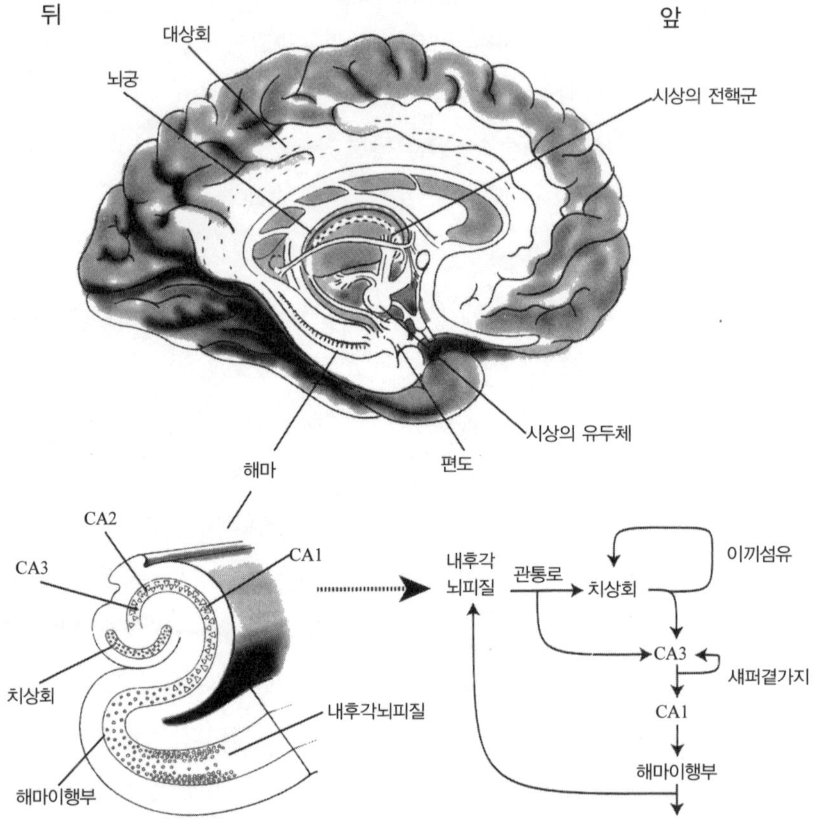

그림 7. 신경망: 변연계와 해마

뇌의 두 반구 가운데 한 반구 안쪽의 표면을 보여준다. 변연계가 강조되어 있다. 해마, 뇌궁 또는 시상의 부위 —'네트워크들의 네트워크'— 가 손상되면 영구적인 기억상실증이 일어날 수 있다. 광범위한 뇌 영역들로부터 해마(아래 왼쪽에 단면이 나타나 있다) 속으로 정보가 모여든다. 오른쪽 아래 그림은 본문에서 설명되는, 해마 밖에서 안으로, 안에서 밖으로, 해마 내부에서 상호 연결되는 네트워크(CA1~CA3)를 도식으로 보여준다. 해마 내부의 이 네트워크는 색인을 만들어서 최근 경험을 회상할 수 있게 해주는 것으로 생각된다.

mossy fiber'들이 해마의 CA3 영역으로 뻗어가고, 거기서 차례로 CA1에 있는 세포들로 신호를 전달한다. 이 세포들이 '해마이행부subiculum'에 있는 세포들로 신호를 보내면 거기서 다시 내후각뇌피질로 신호를 돌려보내고, 내후각뇌피질 자체가 자신에게 정보를 전송했던 감각 영역을 향해 섬유들을 돌려보냄으로써 국지 네트워크를 완성한다. 이 시스템 안의 여러 수준에서, 한 뉴런에서 나오는 가지들이 전후 양쪽으로 신호를 보내면서, 복잡한 반향들을 가능하게 하고 있다. 이 반향들이 기억 형성이라는 해마의 작업에 어떤 식으로든 기여하는 것이 틀림없다.

해마가 어떻게 우리의 기억을 가능하게 할까? 뇌에서 가장 광범위하게 연구된 영역들 가운데 하나임에도 불구하고, 이 질문에 대해서는 아직 시작 단계의 답밖에 없다. 해마는 우리의 현재 및 최근의 주위 환경을 '지도화map'한다. 동물이 움직여서 주위 환경을 통과하는 동안 해마 안에서 일련의 세포들이 활성화된다. 그 후의 수면 시간 동안, 마치 그 동물이 반복 연습이라도 하고 있는 것처럼, 해마에서 똑같은 일련의 활동이 반복되는데, 아마도 그러면서 최근 경험들의 기억을 공고화하는 것 같다. 이 초기 단계 동안에 해마의 기능이 중단되면 기억의 형성도 중단된다. 해마 뉴런들 사이의 연결망은 그것이 만들어내는 지도와 마찬가지로, 얼마든지 변형시킬 수 있다. 변화하고 있는 경험들을 계속해서 기록하려면, 그래야만 하기 때문이다. 현재 학습 능력의 기초로 생각되는 해마에서 일어나는 '장기 증강long-term potentiation' 과정의 메커니즘은 어느 정도 상세히 이해하고 있지만, 해마 기능의 다른 많은 측면들에 관해서는 동의가 이루어져 있지 않다. 기억 형성의 '표준' 이론은 이렇다. 며칠이나 몇 주가 지나면, 지속시킬 것으로 정해진 기억들은 임시로 적혀 있던 해마 안의 색인 카드를 떠나 뇌 안의 다른 곳으로 옮겨져서, 더 튼튼하지만 더 서서히 형성되는 기록으로 바뀐다. 이 이론의 바탕이 되는 개념은 뇌에 최근의 사건들을 학습하기 위한 체계가 두 종류 있는 편이 유리하다는 것이다. 빨리 메모하면서 쉽게 덮어쓸 수 있는 빠른 체계가 하나 있고, 더 선택적이고 오래 가는 기록을 만들어내는 느린 체계가 하나 있다는 것이다. 이 개념이 인간 기억의 컴퓨터 모델링에 많은 자극을 주긴 했지만, 이 이론은 현재 공격을 받고 있다. 개별적인 일화들을 풍부하게 회상하려면, 실상 일생동안 줄곧 해마가 기여해야 한다는 증거가 쌓이고 있기 때문이다.

뉴런들이 해부학적으로 연결되어 네트워크가 되는 것처럼, 뉴런들의 개별적인 전기 활동들도 합쳐져서 리드미컬한 패턴을 만들어낸다. 이는 뉴런들의 방전이 동기화될 때 일어난다. 작업 중인 뇌에 지나치게 많은 동기화는 좋은 것이 아니지만(데이브와 루시의 사례에서 보았듯이, 수면과 간질에서 특히 그렇다), 적절한 양의 섬세하게 조절된 동기화는 뇌가 정상으로 기능하는 데 필수적이다. 음악적으로 비유하자면 이렇다. 교향곡을 연주하려면 다양한 현악기, 관악기, 타악기가 조화롭게 힘을 합쳐야 한다. 만일 교향악단의 모든 사람이 제멋대로 연주하거나, 모든 사람이 동시에 같은 음을 연주한다면, 그 결과는 끔찍한 혼돈이나 지루한 단조로움 중 하나가 될 것이다. 교향악단처럼, 뇌에도 부분마다 나름의 협화음이 있다. 해마가 정상적으로 기능하려면, 각각 세포 수천 개의 발화로 구성되는, 우리가 하는 활동에 따라 초당 몇 번에서 초당 수백 번의 진동수로 일어나는 리드미컬한 방전 패턴들이 일정 범위에서 서로 거미줄처럼 엮이는 것이 필수적이다.

해마는 국지적 네트워크의 예와 확장된 네트워크의 예를 함께 제공해준다. 내가 하나의 예로 설명한 회로는 세포가 수백 개밖에 관련되어 있지 않아서, 아주 강력한 현미경 아래에서만 볼 수 있다. 회로가 해마 길이의 수십만 배까지 확장되면, 해마에 중심을 둔 이 회로는 맨눈으로도 볼 수 있다. 하지만 물론 기억에는 활동하는 해마를 넘어서는 더 많은 것이 필요하다. 뇌의 다른 주요 기능들—감각, 정보 전달, 행동—과 마찬가지로, 기억도 뇌 전체에 분산되어 있는 네트워크들의 네트워크에 의존한다.

경계에서

냄새와 맛은 마치 영혼처럼, 언제든지 우리의 기억을 되살릴 준비를
갖추고 자신의 순간을 기다리고 기대하면서 …… 그리고 너무도
작아서 거의 감지할 수도 없는 한 방울의 정수 안에
흔들림 없는 방대한 추억의 구조를 담은 채, 오래도록 그대로 머문다.

프루스트, 『잃어버린 시간을 찾아서』

기억은 뇌의 어디에나 있다. 왜냐하면 시냅스가 어디에서나 발견되고, 그 시냅스들이 어디에서나 가소적이기 때문이다. 그러므로 기억의 형태와 규모가 다양한 것은 놀랄 일이 아니다. 과도하게 작동한 반사가 무뎌지는 것부터, 기술을 배우거나 얼굴을 인식하는 능력과 과거 경험을 회상하는 능력까지 모두 기억의 하나이다. 이 중 마지막 것이 일반

적으로 맨 처음 마음에 떠오르는 기억의 유형, 다시 말해 엄밀한 의미의 기억, 프루스트의 기억이다. 이러한 종류의 기억, 즉 회상 자체는 어느 특징적인 '네트워크들의 네트워크'에 의존하는 것으로 밝혀졌다. 이 네트워크들의 네트워크는 그것이 우리의 정신생활에서 맡은 역할이 분명해지기 한참 전, 19세기에 프랑스의 신경학자 폴 브로카Paul Broca가 존재를 확인하고 세례명을 주었다.

브로카는 뇌 안에 있는 언어의 자리에 대한 연구로 가장 유명하다. 그는 1860년대에 언어 장애가 있던 환자들이 죽은 뒤에 그들의 뇌를 연구해 뇌 좌반구 앞쪽에 입은 손상이 말을 잘 하지 못하게 만든 원인이라는 결론을 내리고, 언어가 주로 뇌 왼편의 기능이라는 의견을 내놓았다. 이는 인간 뇌의 기능에 심대한 비대칭성이 존재함을 암시하는 근본적인 통찰이었다. 오늘날 이 '브로카 영역'은 대체로 뇌의 왼쪽에 있는 '언어 네트워크'에 연결된 몇몇 영역들 가운데 하나로 알려져 있다.

브로카는 기민한 임상 관찰자인 동시에 생산적인 신경해부학자였다. 뇌를 탐구하는 동안 그는 반구 중심의 안쪽 가장자리를 두르며 일종의 입술을 이루고 있는 또 한 묶음의 영역을 확인했다. 그는 경계 또는 가장자리를 뜻하는 라틴어 '*limbus*'를 따서 여기에 '변연엽limbic lobe'이라는 이름을 붙였다. 오늘날 변연계에는 해마, 편도amygdala, 띠이랑(대상회)cingulate gyrus이 포함되어 있다. '아몬드'를 뜻하는 라틴어에서 이름을 얻은 편도는 해마의 머리 곁에 있는 견과 모양의 구조이고, '허리띠'를 뜻하는 라틴어 '*cingulum*'에서 이름을 얻은 띠이랑은 대뇌피질이 확장된 곡선 부위로, 해마가 아래쪽 절반쯤 위치한 대략적인 원의 윗부분을 이룬다. 이 기관들은 뇌궁fornix까지 포함하여 '파페츠 회로circuit of

Papez'를 이루게 된다. 뇌궁은 해마에서 뇌 중심에 위치한, 모든 종류의 신경 신호에 관여하는 결정적인 중계역인 시상의 영역으로 뻗어 있는 섬유 다발이다. 이 각각의 영역에 속한 뉴런들이 국지적인 여러 네트워크에 속하도록 조직되어 있으므로, 파페츠 회로는 네트워크들의 네트워크인 셈이다.

브로카는 이 연결된 변연계의 영역들이 공통의 역할을 맡을 것이 틀림없다고 추측했고, 실제로 그렇다는 것이 증명되었다. 이 밝혀진 역할에 프루스트는 필시 매혹되었을 것이다. 아니, 고요하게 감정의 회상을 즐기는 누구든지 그럴 것이다. 변연엽에는 후각에 이바지하는 주요 피질 중추들이 들어 있다. 이 중추들은 감정과 관련된 뉴런들, 그리고 특히 기억과 관련된 다른 뉴런들과 나란히 놓여 있다. 감정 관련 뉴런들은 주로 편도에서 발견되고, 기억 관련 뉴런들은 해마 안과 주변에 있다. 이 모든 것들의 상호 연관된 기능들은 평소의 경험에서, 그리고 뇌의 장애들에서도 드러난다.

향기는 기억을 환기시키는 것으로 널리 알려져 있다. 연애가 끝나버린 몇 년 뒤에 마주친 연인의 향수는, 프루스트의 유명한 마들렌의 향처럼, 잃어버린 경험의 세계를 갑자기 불러일으킬 수 있다. 그 결과로 나오는 회상은 모습, 소리, 촉감의 기억들이 합쳐진 '다중모드'이며, 언제나 감정 한 조각이 섞여 있다. 냄새, 기억, 감정은 변연엽에서 그런 것처럼, 우리 경험에서도 합쳐진다. 변연엽은 간질 발작의 흔한 출처이기도 하다. 이 발작이 변연계를 자극해서 강렬한 감정, 가장 흔하게는 공포를 불러일으키기도 하며, 환자에게만 지각되는 강하고 '설명할 수 없는' 냄새를 만들기도 하고, 쇼나와 제드가 겪은 데자뷰와 일시적 기억상실 같은 기억의 교란을 일으킬 수 있다.

변연계에 지속되는 손상을 입으면 그에 상응해서 기억이 손상되는 경향이 있다. 신경심리학의 역사에서 가장 유명한 환자들 가운데 한 사람인, 머리글자 HM으로 알려진 캐나다 사람도 변연엽에서 일어나는 간질을 앓았다. 그의 간질을 낫게 하려고, 수술로 뇌 양쪽에 있는 해마 두 개를 다 제거했다. 그때는 해마의 중요성이 완전히 이해되기 전이었다. 발작으로 무력하게 되는 일은 줄었지만, 그 이후로 그의 경험은 영원한 현재에 꽉 붙들려 1분 정도밖에 지속되지 않았다. 사건을 의식적으로 떠올릴 수 있는 장기 기억을 새로 형성하는 능력이 수술 칼 아래 사라져버린 것이다. 뇌의 이 영역에 손상을 입어서 생기는 더 친숙한 형태의 기억상실은 오늘날 점차 확산되고 있다. 알츠하이머병의 첫 번째 병리학적 징후가 해마 바로 옆의 뇌 영역인 내후각뇌피질에서 나타난다. 상응해서 나타나는 알츠하이머병의 최초 증상은 최근의 경험을 회상하지 못하는 것이다. 파페츠 회로의 다른 곳에 일어난 고장도 기억상실을 일으킨다. 밥을 버리고 술병을 택하는 알코올 중독자들은 비타민 B1(티아민)이 결핍될 위험이 있는데, 이 비타민이 부족하면 시상 안의 회로를 손상시켜 베르니케-코르사코프 증후군Wernicke-Korsakoff syndrome을 일으킬 수 있다. 이 증후군에 걸리면 처음에는 혼란과 불안정과 안구 운동 장애가 생기고, 이를 치료하지 않으면 혼란이 영구적인 기억상실로 바뀐다.

당신의 궁금증에 부연 설명을 하자면, 기억의 다른 변형들은 뇌의 다른 영역에 의존한다. 단기기억, 다른 말로 '작업'기억, 즉 우리가 어떤 정보를 가지고 시연을 하거나 작업을 하는 동안 그 정보를 마음속에 붙들고 있는 능력은 보통 그런 종류의 정보를 다루는 부분들—예컨대 단어들을 다루는 언어의 네트워크—에서 지속되는 활동과 그에 연합된 '집행' 영역, 특히 주의 집중을 담당하는 뇌 앞부분의 활동을 필요로 한다. 자전거 타기처럼 어떤 것을 하는 방법에 관한 '절차'기억은 당연하게도 운동의 통제와 연결된 영역들에 주로 의존한다. 양 반구의 뒤쪽에 붙어 있는 '작은 뇌'인 소뇌와 2장에서 찰리와 함께 만났던 대뇌기저핵이 바로 그런 영역이다. 시각계처럼 지각과 관련되는 뇌 영역들은 사물이 어떻게 보이고 들리는가에 관한 지각기억을 형성하고 저장하는 데 기여한다.

제드의 일시적 기억상실은 최근 사건들의 기억을 인출하는 데 필요한 변연계 네트워크가 잠시 활성화되지 않아서 생긴 결과였다. 쇼나의 과도한 기억은 어떻게 일어났을까? 최근에 변연계에서 관찰된 기억 처리의 미묘함으로 그녀의 복잡한 경험도 어느 정도 해명되었다.

'그대는 전에 나의 것이었다'

데자뷰의 경험은 그 초자연적인 성질, 환생을 떠올리게 하는 징후, '생명의 비밀을 드러낼 듯한 암시에 유혹된 소설가와 시인들이 반복적으로 묘사해왔다. 그리고 나는 이 단원의 제목을 월터 스콧 경에게서 빌려왔다.

어제 저녁식사 시간에 나에게는 이상하게 전생의 느낌이라 할 만한 것이 붙어 다녔다…… 스치는 어떤 말도 처음 들은 것이 아니라는, 똑같은 화제를 논의한 적이 있고, 똑같은 사람들이 똑같은 주제에 관해 똑같은 의견들을 진술했었다는 혼란스러운 생각.

19세기의 무언가가 데자뷰와 잘 맞았던 것 같다. 찰스 디킨스가 『데이비드 코퍼필드』에서 한 묘사도 데자뷰를 환기시킨다.

우리는 모두 때때로, 문득 지금 하고 있는 말이나 행동을 오래전에 말하거나 한 적이 있다는 느낌을 경험한다. 더 드물게는 과거 아득한 시절에 똑같은 얼굴, 사물, 상황에 둘러싸인 적이 있어서, 마치 갑자기 기억나기라도 한 것처럼 다음에 나올 말을 완벽하게 알고 있다는 느낌이 든다.

얼마 뒤 단테 가브리엘 로세티Dante Gabriel Rossetti도 그 느낌을 잊히지 않는 시구로 탈바꿈시켰다.

나는 전에 여기 온 적이 있다.
언제 어떻게 왔는지는 모르지만.
난 안다. 그 문 너머의 풀밭을,
그 달콤하고 강렬한 냄새를,
그 한숨 소리, 그 바닷가의 불빛들을.

그대는 전에 나의 것이었다……
'느닷없는 빛Sudden Light' (1870)

환생은 당신에게는 그 경험에 대한 설명으로 만족스럽지 않을지도 모른다. 현대 심리학은 그런 이들에게 폭넓은 세 가지 설명을 제시해준다. 첫 번째 발상은, 데자뷰의 핵심에 있는 수수께끼 같은 반복의 느낌은 실제로 특이한 반복을 반영하지만, 그 반복이 그저 뇌 안에서 일어나는 일이라는 것이다. 다시 말해, 평범한 지각의 바탕이 되는 매끄러운 단일한 흐름의 뇌 활동이 어떻게 해서인지 둘로 갈라져서, 한 흐름이 첫 흐름의 메아리로서 경험될 수 있다는 것이다. 두 번째 제안은, 데자뷰에서 경험하는 일들이 실제로 익숙한 것이지만, 관련된 기억에 접근할 수가 없게 되어서, '전에 여기 온 적이 있다'는 강력하지만 근거는 없는 느낌이 생겨난다는 것이다. 세 번째 이론이 가장 관심사가 되고 있다. 이 이론은 변연엽에 있는 기억 네트워크의 일부가 재인, 즉 현재 경험하는 내용이 친숙한지 친숙하지 않은지 판정하는 데 사용된다는 발견에 근간을 두고 있다. 간질 발작에서 그러는 것처럼, 만일 이 기억 시스템이 저절로 활성화되면, 우리가 현재 경험하고 있는 새로운 사건들이, 뭐든지 친숙한 것으로 잘못 표지되고 경험될 것이다. 데자뷰의 기묘한 성질은 우리가 잘 알고 있다고 느끼는 일단의 상황을 이전에 어디서 마주쳤는지 도저히 떠올릴 수 없다는 사실에서 비롯된다.

이 발상을 뒷받침하는 한 계열의 증거는 생애 매우 초기에 해마가 손상된 특이한 아이들의 집단을 연구한 결과에서 나온다. 브로카의 변연엽 중심에 있는 해마는 혈액 공급이나 산소 공급의 중단에 특히 취약하다. 그래서 분만 과정이 지연되거나 이상이 생겨서 아기의 뇌가 한동안 산소를 빼앗기면 해마에 문제가 생길 수 있다. 해마의 기능에 관해 우리가 아는 대로라면, 그런 과정을 겪은 이 아이들의 기억력은 분명 매우 형편없을 것이다. 런던에서 활동하는 매우 생산적이고 독창적인 발달 신경심리학자 파라네 바르가-카뎀Faraneh Vargha-Khadem은 출산 과정에서 그러한 손상을 입은 10대 아이들을 연구해서, 흥미로운 결과를 얻었다.

그들의 기억력은 어떤 의미에서는 실제로 매우 형편없었다. 예컨대 파라네 바르가-카뎀이 가장 면밀히 연구한 환자인 존은 나날의 생활에 관해서는 기억하는 것이 거의 없다. 어떤 옷을 입었는지, 어제 어떤 친구를 마주쳤거나 마주치지 않았는지, 내일 치과에 가야 하는지 어떤지도 기억하지 못한다. 과거의 회상도, 다가올 '미래를 위한 기억'도 형편없다. 하지만 놀랍게도, 이것이 그의 일반적인 지적 발달과 학업에는 거의 영향을 미치지 않았다. 존은 효율적으로 학습하는데, 아마 기억 시스템에서 해마 이외의 부분을 사용함으로써 그렇게 하는 것 같다. 바르가-카뎀은 그 부분이 바로 우리들 대부분에게서는, 회상되는 것이 없는데도 재인과 친숙함의 감각을 제공하는 그 부분이라고 믿는다. 이 시스템 덕분에 존이 세계에 관해 학습하면서, 심리학자들이 의미기억이라 부르는 것을 획득할 수 있다는 것이다. 비록 이 기억들을 누적하는 과정에서 마주치는 개별적인 일들은 기억할 수 없지만 말이다. 발작의 일부로서 데자뷰가 일어나는 간질 환자들을 연구한 결과는 이 '해마 곁parahippocampal' 영역, 즉 존에게 남아 있는 기억과 우리 재인 능력의 설득력 있는 출처가 실제로 데자뷰 경험의 출처이기도 함을 암시한다. 우리의 현재 지식은 여기까지가 한계이고, 데자뷰의 신경학적 설명은 아직도 논란이 되고 있다.

그래도 우리는 기억이 계속해서 작동 중이라는 것은 확신할 수 있다. 잠깐 멈추고 주위를 돌아보라. 당신이 갑자기 지난달의 사건들에 대한 기억을 잃는다면 모든 것이 어떻게 보이겠는지 자문해보라. 당신도 제드처럼, 주위에 있는 모든 것들에 완전히 혼란스러워질 것이다. 적어도, 어리둥절할 것이다. 어째서 저 소설이 테이블 위에 있지? 저 꽃들은 누가 가져다주었지? 내가 어떻게 여기에 왔지? 우리는 끊임없이 과거의 관점에서 현재를 해석한다. 기억의 메커니즘들이 때때로 잘못 발화해서 강력한 내세의 느낌을 불러낸다 해도 그다지 많이 놀랄 일은 아니다.

chapter 8

엽

상실의 기술

잃어가는 것에 숙달되기란 어렵지 않다……

엘리자베스 비숍Elizabeth Bishop, '어떤 기술'

런던의 렘브란트

우리가 방금 만나본 기억의 네트워크처럼, 뇌의 네트워크들은 눈에 보이는 주요 하위 분과들, 즉 대뇌 반구의 네 엽lobe들 사이를 엮고 있다. 엽들 사이의 경계선은 연속적인 전체를 편의상 인위적으로 분할한 것임에도 불구하고, 이 네 개의 거대한 영토가 마음의 주요 측면들에 대응된다. 이 장에서는 뇌의 엽들과 정신생활에서 그 엽들이 하는 역할을 소개한다.

당신이 런던의 햄스테드 히스 평원 끄트머리에 높이 자리잡고 있는 켄우드 하우스를 지나가게 된다면, 반시간만 내어 안을 들여다보라. 이 멋진 18세기 저택에는 작지만 훌륭한 미술품들이 전시되어 있다. 관람의 끝 무렵 한적한 곳에서 세계적인 명화 가운데 하나가 간절하게 당신의 눈길을 기다리고 있다. 켄우드의 다이닝룸에서는 일생에서 가난하고 궁지에 몰려 있던 시기의 렘브란트 판 레인Rembrandt van Rijn이 거의 참을 수 없는 자기인식을 표현하는 자화상 속에서 방문자들을 내다본다. 경계심 많고, 반항적이고, 지나치게 정직했던 그는 슬픔의 달인, 파멸의 달인, 죽을 운명의 달인, 한마디로 상실의 달인이었다.

그는 평생의 연작들 가운데 마지막 작품에 속하는 이 자화상을 그린 1662년까지 그림 그리는 일생을 살았다. 심지어 그가 화가 생활을 시작하던 삼십여 년 전부터, 당시에는 화려한 의상과 겉치레를 좋아했음에도, 그의 자화상들은 어쩐지 문제를 예감하게 한다. 그 그림들은 말한다. 아무것도, 아무것도 지속되지 않을 것이며, 아무것도 견뎌내지 못할 것이라고. 젊음, 재산, 아름다움, 이 모두가 사라진다고. 그리고 실제로 사라졌다. 1662년의 자화상은 개인적 재난이 벌어지고 있는 한복판에서 그려졌다. 그의 가정부이자 정부이자 모델이었던 헨드리키에와의 관계가 교회로부터 비난을 받으면서, 자기 힘으로 모은 재산은 소진되었다. 같은 해 첫 번째 부인 사스키아의 묘지를 강제로 팔아야 했고, 이듬해 봄에는 헨드리키에가 역병으로 죽어 묘비도 없는 터에 묻혔다. 이전의 성공적인 삶과 렘브란트를 이어주던 연약한 천 개의 고리들이 말년에 헐거워지고 있었다. 그의 예술은 상실마저 포함할 만큼 컸다. 어떤 사람들에게, 상실은 예기치 않은 새로운 창조의 원천이다. 이 장에서는 상실을 통해 이득을 얻은 그러한 일례를, 이상하지만 창조적인 병에 걸린 렘브란트의 동포 한 사람의 사례를 설명할 것이다. 나는 얀을 그 과정의 말기에 만났지만, 그의 가족들의 도움으로 시작 부분의 이야기를 꿰어 맞출 수 있었다.

봄꽃들

몇 년 전, 60대 초반에 접어든 얀은 손자인 피터르와 함께 들을 산책하고 돌아오면서, 딱히 뭐라 말할 수 없이 마음이 산란했다. 농장에서는 십 년 동안 변함없이 다양한 종류의 튤립을 길러왔었다. 하지만 그 꽃들을 지나치면서 얀이 피터르를 위해 꽃들의 이름을 말해주려 하자, 그 이름들이 떠오르지 않았다. 어째서인지 꼭 자신이 이제는 그 꽃들을 모르는 것 같았다. 꽃들은 어느 때보다도 더 아름답고, 왕성하고, 화려하고, 두드러져 보이는데도 그랬다. 튤립의 빛깔은 수확 직전에 가장 생생했다. 짙은 빨간색, 고운 연보라색, 순수한 하얀색, 밤과 같은 까만색. 얀은 집에 도착해서 꽃 도감을 찾아보았다. 그 이름들은 그동안 틀림없이 친숙했었을 만큼 친숙하지 않았고, 혀끝에서 맴돌지도 않았다. 그는 마치 자기 자신과의 연고를 잃어가는 것같이 느껴졌다. 마치 자신이 등을 돌리고 있는 동안 보이지 않는 실이 끊겨서, 무언가 중요한 것이 떨어져나간 것만 같았다.

얀의 농장은 네덜란드 남부에서 가장 오래된 농장 중 하나였다. 얀은 집에서 한 발짝도 떼지 않고도 마음의 눈으로 농장을 한 바퀴 돌 수 있었다. 피터르와 함께 걸은 들판은 작은 수로들이 경계를 이룬다. 수로와 나란히 버드나무들이 줄지어 달린다. 얀의 땅은 좌우로 반마일씩 펼쳐져 있다. 튤립 벌판 반대쪽에는 채마밭이 있다. 낮은 담장으로 둘러싸인 그 땅은 크기가 넉넉해서, 식구들에게 필요한 양을 충당하고도 친구들에게 줄 것이 남을 만큼 감자, 양파, 토마토, 상추, 나무딸기, 건포도가 풍성하게 결실을 맺는다. 남쪽을 향하면, 얀은 잔디밭을 그려볼 수 있었다. 그즈음, 피터르가 뛰어놀고 가족들도 향기로운 저녁이면 나가서 식사하기를 좋아하는 곳이었다.

그의 서재 책꽂이에는 좋아하는 소설, 약간의 시, 지도, 역사책, 미술책들이 어수선하게 함께 꽂혀 있었다. 얀은 네덜란드를 뒤덮는 으스스한 겨울 정경과 돌풍이 부는 하늘과 바다경치도 좋아하긴 했지만, 언제나 동포들의 그림을, 특히 보스, 브뤼겔, 루벤스, 렘브란트, 베르메르의 그림들을 찬미했다. 그는 농상 변두리를 스케치했고, 종종 짬을 내어 수채 물감을 칠했다. 꽉 들어찬 방의 구석에는 오래전에 얀의 부친

이 선물해준 하프시코드 한 대가 서 있었다. 그저 이따금씩, 주로 자기 만족 때문에 하는 것이긴 했지만, 얀은 연주를 잘 했다. 바흐의 전주곡과 푸가들이 평생의 동반자들이었다. 암스테르담에서 플루트 주자로 일하는 그의 딸이자 피터르의 엄마가 때때로 저녁이면 그와 한 팀이 되어 듀엣으로 연주하기도 했다. 얀이 하프시코드 앞에 앉아 있고, 딸 카롤리나가 악기 위 벽에 걸린 고동색, 갈색, 청색으로 짠 빛바랜 태피스트리를 배경으로 우아하게 서 있는 이런 때가 그들 생애에서 가장 좋은 순간들 가운데 하나였다.

얀은 이전부터 무언가가 잘못되었음을 알고 있었다. 글을 쓰려고 책상 앞에 앉을 때마다 좀 어려운 단어들이 떠오르지 않았던 것이다. 만일 떠올라도, 사전에서 확인해보면, 철자가 이상해 보였다. 그날 아침에 튤립들의 이름을 찾는 데 문제를 겪은 일은 이 우울한 메시지를 강화했다. 아주 괴이한 어떤 일이 그의 기억에 일어나고 있었다. 하지만 그가 농장에서, 벽난로 위에 놓인 튤립들에서, 바흐의 장엄함에서 느끼는 즐거움은 줄어들지 않았다. 사실, 얀은 그 즐거움이 더 커졌음을 확신했다.

엽마다 하나씩

우리는 거의 강박적인 지도 제작자들이다. 우리는 작은 지방에서 우주에 이르기까지, 우리의 주변 세계를 으레 지도로 만들지만, 지도 제작의 은유는 상당히 다른 종류의 노력을 할 때도 우리 입술에 자연스럽게 따라붙는다. 말하자면 우리는 어떤 문제를 '탐색하고, 언어의 '길을 통달하게 되고, '마음의 지도'를 그린다. 지리가 우리가 구하는 내면의 본질을 드러내지는 않겠지만, 우리는 그것이 그래주기를 늘 바라며, 좋은 지도가 탐험을 시작하는 데 도움이 되는 것은 틀림없는 사실이다. 17세기 옥스퍼드의 내과의사 토머스 윌리스Thomas Willis는 1643년에 천문학자이자 건축가인 친구 크리스토퍼 렌Christopher Wren이 그린 기념비적인 삽화들과 함께 자신이 연구한 뇌의 해부 구조를 수록한 『대뇌해부학 *De cerebri anatome*』을 출간하면서, 자신의 의도는 "인간의 마음이 있는 비밀 장소들의 자물쇠를 여는 것"이라고 공언했다. 해부학자가 그러한 야망을 품은 것이 뜻밖으로 보일지 모르지만, 프랑스의 신경학자 폴 브로카도 2백 년 뒤에 "뇌의 거대한 영역들은 마음의 거대한 영역들에 해당한다"는 말로 윌리스와 같은 믿음을 표현했다. 현대 신경과학자들 대부분이 최소한 어느 정도는 이에 동의할 것이다.

옆에서 보면, 노출된 뇌의 표면은 주로 주름 잡힌 피질, 입술처럼 뒤로 튀어나와 있는 소뇌, 아래로 내려오면서 척수와 합쳐지는 뇌간으로 구성되어 있다. '나무껍질'을 뜻하는 라틴어에서 유래한 피질cortex의 경관은 말랑말랑하고 가볍게 박동하는 언덕과 골짜기들, 해부학자의 전문용어로 '이랑gyrus'과 '고랑sulcus'들로 이루어져 있다. 지리는 각각의 뇌마다 다소 다르지만, 주요한 하위부분들의 집합, 즉 대뇌피질의 '엽lobe'들의 위치를 확인해주는 믿을 만한 이정표들이 충분하게 존재한다. 이 엽들은 오래전부터 인간 마음의 물질적 기초를 이루는 유력한 후보들로 여겨졌다.

전두엽(이마엽)frontal lobe은 중심고랑central sulcus에 의해 나머지 뇌와 구분된다. 중심고랑은 노출된 반구의 볼록 나온 부분을 대략 수직으로 내려오는 비교적 깊은 틈이다. 중심고랑 바로 앞쪽에는 신체 운동의 지도를 포함하고 있는 띠 모양 피질인 '운동 띠motor strip'가 있다. 이 '운동 지도' 공간에서 우리 신체 부위들에 할당된 공간은 우리가 그 부위를 통제할 수 있는 역량에 해당된다. 그렇기에 손이 다리보다 더 큰 영역을 차지한다. 중심고랑 바로 뒤에 해당하는 감각피질은 접촉과 팔다리의 위치에 관한 정보를 처리한다. 이 감각 지도는 두정엽(마루엽)parietal lobe에 있고, 이것이 뇌의 뒤쪽에 있는 후두엽(뒤통수엽)occipital lobe과 앞쪽에 있는 전두엽을 가른다. 덜 뚜렷한 두정후두고랑parieto-occipital sulcus이 두정엽과 후두엽 사이의 경계를 표시한다. 전두엽과 두정엽 아래에 앞쪽으로 달리고 있는 실비우스 열구sylvian fissure에 의해 두 엽(전두엽과 두정엽)과 분리되는 네 번째의 커다란 피질 영토 측두엽(관자엽) temporal lobe은 두개골의 바닥 쪽에 있다.

뉴런 세포체들이 풍부하게 존재하는 피질의 '회색질gray matter' 영역은 그 영역들 사이에 뻗어 있는 축삭들의 거대한 다발인 '백색질white matter'로 단단하게 상호 연결되어 있다. 그러므로 어느 엽이 무슨 일을 하는지에 대한 간단한 답 같은 것은 없다. 물론 우리가 하는 모든 행위들은 다양한 뇌 영역들을 필요로 하긴 하지만, 특정 기능에 특정 영역이 결정적이라는 것은 의심할 여지가 없다. 지나친 단순화의 위험을 무릅쓰고, 나는 개괄적인 접근법을 사용할 것이다. 후두엽은 관측소다. 뇌의 가장 뒷부분에서 단순한 시각적 특징—선, 깊이, 색, 동작—들을 분석하는 것부터 시작해, 측두엽과의 교차점에서 친숙한 사물, 얼굴, 단어들을 재인하는 데까지 체계적으로 작업을 해나가면서, 보이는 세계

뇌의 옆모습

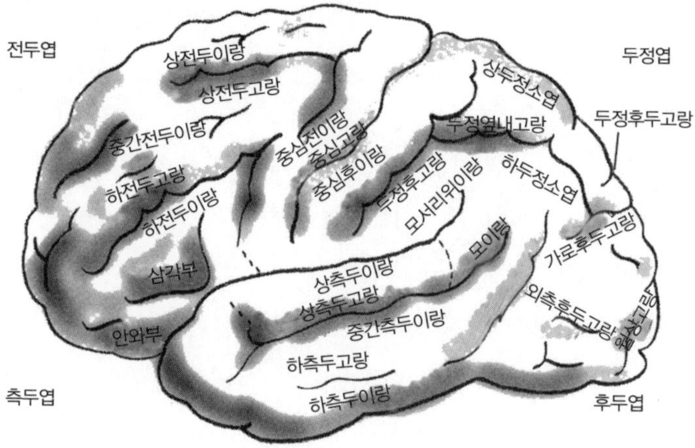

뇌의 안쪽 모습

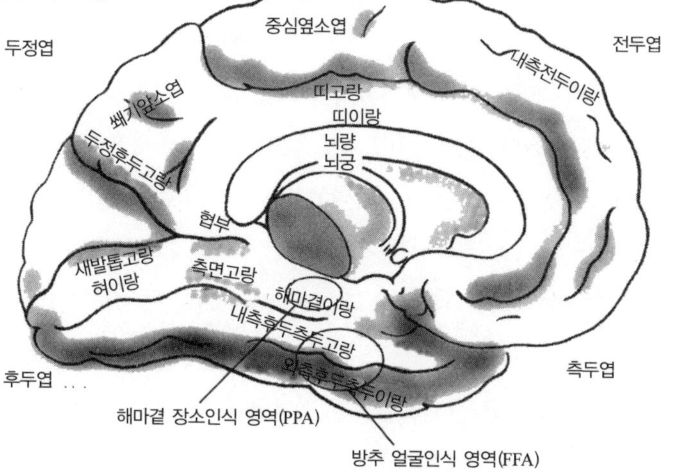

그림 8. 뇌의 엽들

이 좌반구의 모습은 뇌의 네 엽들과 함께 대뇌피질의 언덕(이랑)들과 골짜기(고랑)들을 보여준다. 얀의 뇌 수축은 주로 아래 그림 중심에 보이는 왼쪽 측두엽에 영향을 주었다. 방추 얼굴인식 영역과 해마곁 장소인식 영역은 본문에서 논의된다. 소뇌와 뇌간은 여기에 보이지 않는다.

를 자세히 살피고 해석한다. 측두엽 자체는 기념할 만한 기억들의 도서관을 담고 있고 분류 목록을 갖추고 있어서, 경험과 일생동안 축적된 지혜들을 저장하고 인출한다. 두정엽은 우리 몸의 내부 공간과 우리가 누비고 다니는 외부 공간, 두 공간 모두의 지도를 그리는 건축사무소다. 전두엽은 영구한 회기가 계속되는 회의실이 있는 곳으로, 끊임없이 우리의 행동을 계획하고 종국적으로는 운동 띠의 도움을 받아 이 계획들을 운동으로 번역한다.

스웨덴의 과학자이자 철학자인 동시에 신비가인 에마누엘 스베덴보리Emanuel Swedenborg는 18세기에 이와 비슷한 생각을 전개했다. 그는 당시에 구할 수 있던 지식을 체계적으로 조사한 끝에 예기치 않게 현재의 관점에 가까운 결론에 도달했다. 그의 통찰은 시대를 한참 앞선 것이었다. 심리적 기능들이 뇌 안에 부위별로 할당되어 있다는 발상은 이후 별 신뢰를 얻지 못했지만, 50년 후쯤 오스트리아의 내과의사 프란츠 갈Franz Gall이 이런 스베덴보리의 제안들을 골상학이라는 사이비 과학으로 발전시켰다. 갈은 지적 속성들과 성격적 속성들이 피질의 일정 영역들에 정확하게 국한되어 있다고, 그러므로 두개골 표면을 손으로 만져보면 어떤 개인의 특성을 평가할 수 있다고 주장했다. 하지만 이후 19세기 동안 더 섬세한 종류의 국재localization를 뒷받침하는 설득력 있는 증거들이 점차 쌓였다. 1861년에는 브로카가 유창하게 말하는 능력이 왼쪽 전두엽에 국재한다는 관찰 결과를 발표했다. 1870년에는 구스타프 프리치Gustav Fritsch와 에두아르트 히트지히Eduard Hitzig가 운동 띠의 존재를 보여주었다. 1874년에는 카를 베르니케Carl Wernicke가 언어 이해에 필요한 영역을 확인했다. 1900년대에 코르비니안 브로드만

Korbinian Brodmann은 골지와 카할이 사용한 것 같은 염색법들을 써서 50개의 별개 영역들을 확인하고, 그 영역들이 구분된 상세한 피질 지도를 그렸다. 그는 자신이 확인한 구조의 미세한 변이들이 기능의 차이에 해당할 것이 틀림없다고 예상했다. 지난 1세기에 걸친 연구로 그가 적어도 부분적으로는 옳았음이 증명되었다.

많이 연구된 두 영역이 피질에서 기능이 전문화되어 있는 정도를 선명히 보여준다. '방추 얼굴인식 영역fusiform face area(FFA)'은 뇌의 아랫면, 측두엽 바로 안쪽, 후두엽과의 교차점 가까운 곳에 있다. 살아 있는 뇌가 주어진 작업을 실행하는 동안 뇌의 활동을 드러내는 영상 기법들을 써서 연구하면, 이 영역이 얼굴, 특히 친숙한 얼굴에 강하게 반응하는 것을 확인할 수 있다. 단순히 어떤 얼굴을 상상하기만 해도 같은 영역이 활성화된다. 이에 상응해, 뇌 양쪽의 방추 얼굴인식 영역에 손상을 입으면, 얼굴을 인식하지 못하는 얼굴맹, 다른 말로 '얼굴인식불능증prosopagnosia'이 된다. 가까이에 '해마곁 장소인식 영역parahippocampal place area(PPA)'이라는 상당히 분리된 영역이 있다. 이 영역은 건물이나 특징적인 장소들을 보면 반응한다. 방추 얼굴인식 영역처럼 상상만 해도 반응하지만, 이번에 필요한 심상은 마릴린 먼로가 아니라 에펠탑이나 만리장성이다.

이와 같은 이야기는 때때로 현대판 골상학으로 비난을 받는다. 분명히 이 영역들이 혼자서 얼굴이나 장소를 확인할 수 있다고 상상하는 것은 말도 안 되는 일이다. 그 영역들이 제구실을 하려면, 피질과 뇌 안의 더 깊은 곳에 있는 다른 뇌 영역들과 연결되는 것이 필수불가결하다. 또한 뇌의 영역들이 어떤 역할에 묶여 있는지 발견하는 것과, 그 영역들이 어떤 종류의 신경적 계산을 수행하고 자신의 임무를 어떻게 달성하는지 아는 것과는 천지차이다. 그럼에도 이 발견들은 얼굴과 장소를 인식하도록 해주는 신경망에서 이 영역들이 그 자체로 충분한 것은 아니더라도 핵심적인 역할을 한다는 사실을 보여준다. 그것들은 현재 연구에서 정신적 기능이 피질에 국재하는 정도를 보여주는 좋은 본보기다. 뇌의 엽들이 우리의 심리에서 특징적이고 다소 전문화된 역할을 맡고 있다는 더 기초적인 발견은 현대 신경학에서 완전히 기본적인 사항이다. 이는 또한 우리가 얀이 겪은 기묘한 문제들의 출처를 이해할 수 있게 해주기도 한다.

순수한 형태

2년이 지났다. 언어가 점차 얀을 버리고 떠나면서, 그는 친구와 심지어 가족들과의 접촉으로부터도 점점 더 물러나 따뜻한 봄과 여름 동안이면 들판에서 그림을 그리며 시간을 보냈다. 손자 피터르는 할아버지가 더 이상 많이 말하기를 원하지 않는다고 이해했다. 둘은 무언의 맹약을 맺어서, 피터르는 물주전자나 붓을 가지러 혹은 그들이 어디로 가는지 알리러 집으로 달려갔다. 그들은 말하지 않아도 서로 같이 있으면 즐거웠다.

얀은 이제 군중과 대화 한가운데에 있으면 어쩔 줄 모르는 것처럼 보였다. 하지만 그림을 그릴 때면 당혹스러움이 사라졌다. 그는 만족스럽게 집중해서 연달아 몇 시간 동안 작업하다가, 식사를 해야 할 때나

해가 저물어야만 돌아왔다. 그는 며칠이면 그림 하나를 그려냈다. 튤립 들판, 좁은 수로들, 풍차, 버드나무와 교회가 들어간 농장의 섬세한 묘사들이 눈을 즐겁게 했다. 하지만 그의 가족을 깜짝 놀라게 한 그림들은 다른 부류의 것이었다. 얀은 이전에 서너 번밖에 열어보지 않은 유채물감 한 상자를 서재에서 찾아냈다. 비가 올 때면 그는 이 물감들을 가지고 정물을, 보통 벽난로 위에 놓여 있거나 하프시코드 위에 서 있는 튤립 꽃병을 그렸다. 그는 아무도, 얀 자신조차도, 그가 가지고 있었는지 몰랐던 기법들을 어딘가에서 찾아내, 형태와 빛깔의 시를 창작했다. 빛바랜 태피스트리 앞에 있는 하프시코드 위에서 튤립들이 반짝이는 잎과 사랑스러운 꽃잎들을 펼쳤다. 세금 고지서나 유로화 무더기가 꽃병 옆에 놓이거나 책상에서 노트북이 깜박거릴 때도 있었다. 얀은 일상의 걱정들로부터 해방되어 형태와 느낌의 세계에서 작업하면서, 이것들을 꽃과 똑같이 정밀하게 그렸다.

얀의 경험—치매를 겪으면서 예술적 재능이 꽃피는 것—은 흔치 않지만 유일무이한 것은 아니다. 예술적 재능이 뇌 질환의 결과로 예기치 않게 꽃필 수 있다. 미국의 행동신경학자인 브루스 밀러Bruce Miller는 얀의 경우와 같은 사례들에 특별한 관심을 가졌다. 그는 2000년에 치매 과정에서 음악, 발명이나 시각예술에서 인상적인 능력을 얻거나 유지한 열두 명의 환자들을 서술했다. 여러 사람들은 그 이전의 삶에서, 보통은 다른 영역에서였지만, 이미 특별히 뛰어난 재능을 지니고 있었다. 환자들 일부는 발병 이후에 창작한 작품으로 상을 타기도 했다. 환자들 대부분은 다른 정상적인 활동들을 접고 새로운 예술적 관심사를 추구했다. 그들의 병에서 공통된 실마리는 언어를 통한 의사소통 능력을 초기에 잃어버림과 동시에 왼쪽 측두엽이 수축한 것이었다.

얀의 경우와 같은 사례들은 두 가지 강력한 의문을 일으킨다. 예술적 창의성은 언어와 마찬가지로 우리를 다른 동물들과 구별하는 주요 능력들 가운데 하나다. 만일 그것이 뇌에 병이 있는 사람들에게서 언어 사용 능력과 분리될 수 있다면, 예술적 창의성의 토대는 과연 무엇일까? 그것은 과연 어떤 종류의 이해력과 기술을 요구할까? 그리고 언어 사용과 예술 창조 사이의 이런 분리는 경험과 행동이 뇌 안에서 나타나는 방식에 관해 무엇을 암시할까?

의심할 여지없이, 얀의 그림들은 그가 주위 환경들을 분명하게 지각할 수 있음을 증명해준다. 그는 장면의 개별 요소들—튤립과 태피스트리—과 그것들의 공간적 관계 모두를 충실하게 반영했다. 더군다나, 그는 요소들의 정수를 캔버스 위로 옮기는 동안 그 모습을 마음속에 분명하게 담아둘 수 있었고, 여기에 필요한 형태와 붓질을 선택하는 데 요구되는 기술들을 보유하고 있었다. 심리학자들의 어휘로, 그의 그림은 그에게 시공간 지각, 시각적 작업기억—또는 '단기기억—과 프락시스, 즉 능숙한 동작을 할 수 있는 능력 모두가 온전함을 암시했다.

하지만 얀의 그림은 더 의미심장한 무언가를 의미하고 있었다. 더욱 고유한 인간의 재능이 살아남았음을, 바로 우리를 지금 여기의 긴급한 필요로부터 해방시키고, 뒤로 물러나 찬미하고 관조하게 하고, 어느 정도 능숙하기만 하다면, 우리가 경험하는 것을 묘사하게까지 하는 초월 능력이 남아 있음을 보여주고 있던 것이다. 이와 똑같은 초월이 우리로 하여금 마음속에서 과거로 여행을 떠나게 하고, 미래를 그려보게 하고, 다른 세계와 다른 시간을 상상하게 해준다. 예술과 과학의 심장에 있는 것이 그 능력이다. 초월 능력은 특히 우리의 잘 발달된 전두엽, 얀의 악화되고 있는 뇌 안에서 이때까지 온전하게 남아 있던 영역에 의존한다. 이 모든 능력이 얀에게서 계속 존재하고 있었을 뿐만 아니라, 다른 무언가가 더 있었다. "자유로운 것은 종종 외로운 것"이라는 말처럼, 얀은 우리 인간의 충동들 가운데 가장 절절한 것인 경험을 공유하려는 욕망을 간직하고 있었다. 이는 우리 인간들에게는 고유한 초월 능력을 사용하여 사람들 사이에 펼쳐진 심연을 건너 소통하려는 본질적인 욕구가 있음을 보여주는 것이다.

얀은 여전히 카롤리나가 왔을 때 함께 바흐를 연주하길 좋아했다. 그는 이제 말을 거의 하지 않았지만, 그의 음악적 기량은 줄어들지 않았다. 실제로 연주는 전보다 더 쾌활했고 독창적이었다. 어느 날 저녁, 하프시코드 앞에 앉은 얀의 약간 뒤에 서 있던 카롤리나는 어리둥절하면서도 기쁘게, 49번 전주곡과 푸가에 맞추어 플루트 반주를 즉흥연주하지 않을 수 없었다. 바흐 자신은 시간이 없어서 한 번도 종이에 옮겨본 적이 없는 곡이었다.*

깨진 대칭

얀의 문제들의 뿌리는 브루스 밀러의 환자들과 마찬가지로 왼쪽 측두엽에 있었다. 그의 뇌 스캔 결과는 뇌 물질의 국부적 손실과 활동의 감

* 바흐는 각 12개의 장조와 단조로 된 '전주곡과 푸가'를 2권씩, 총 48곡을 작곡했다.

소 둘 다를 드러냈다. 그 엽의 가장 끝부분인 '측두극temporal pole'이 가장 많은 영향을 받았다. 이것이 언어 상실과 예술적 성취라는 얀의 조합을 설명할 수 있을까? 그럴 수 있다고 생각할 이유들이 있다.

우리는 대칭적인 동물이다. 우리 기관들 대부분이 쌍으로 이루어져 있다. 어떤 경우 그 쌍의 두 구성원들은 거의 동일한 구조와 기능을 가진 쌍둥이다. 이를테면 두 개의 신장이나 폐처럼 말이다. 어떤 경우는 그 기관의 두 반쪽이 노동을 분담하고 있다. 심장의 왼쪽은 동맥을 통해 산소가 결합된 혈액을 몸으로 공급하는 반면, 오른쪽은 정맥에서 흘러오는 산소가 부족한 혈액을 받아 재충전을 위해 폐로 보낸다. 양쪽 다 펌프 역할을 하지만, 해부 구조의 세부사항은 둘의 서로 다른 임무를 반영한다. 지금까지 우리가 알기로는, 우리의 포유류 친척들 대부분은 뇌의 두 반구가 거울상으로, 뇌의 왼쪽이 몸의 오른쪽을 통제하고 뇌의 오른쪽이 몸의 왼쪽을 통제한다. 살아 있는 친척들 가운데 우리와 가장 가까운 유인원의 뇌에도 노동 분업의 조짐이, 즉 전문화의 전조가 엿보인다. 하지만 우리 인류의 조상들 사이에서, 우리를 유인원과 분리시킨 5백만 년 진화 기간 도중의 어느 때인가, 사정이 근본적으로 달라졌다. 뇌 해부 구조와 기능의 대칭이 결정적으로 깨져버린 것이다.

이 주제는 엄청나게 논쟁을 불러일으킨다. 비대칭이라는 있는 그대로의 사실에 관해서는 아무것도 의심할 게 없지만, 그것을 어떻게 정의하고 해석하는 것이 최선인가에 관해서는 논란이 분분하다. 가장 반박의 여지가 없는 비대칭은 언어 기능, 특히 성인의 언어 기능과 관련된 것이다. 만일 당신이 오른손잡이라면, 좌반구가 주로 당신의 언어 사용과 이해를 맡을 개연성이 압도적으로 높다. 만일 당신이 인구의 약

10퍼센트에 속하는 왼손잡이라면, 여전히 좌반구가 언어를 지배할 확률이 높긴 하겠지만, 정상적인 비대칭이 역전돼 우반구가 언어를 주도할 가능성—약 15퍼센트—도 뚜렷이 존재하고, 양 반구가 이 일을 공유하는 '혼합 우세mixed dominance'라는 상태가 될 확률도 유사하게 존재한다. 좌반구의 우세는 해부학적 비대칭에 반영되어, 왼쪽의 언어 관련 영역이 오른쪽 상대 영역에 비해 약간 확대되어 있다. 그리고 좌반구는 언어 말고도 많은 것에서 주된 역할을 맡는다. 보통 우세손인 오른손을 통제하는 동시에 도구 사용이나 글쓰기 같은 숙달된 동작들을 수행하는 능력에서 주도적인 역할을 맡는다.

얀의 뇌 스캔 사진에서 수축해 있는 왼쪽 측두엽의 영역은 언어의 특정 측면과 연결된다. 우리가 의식적인 생각이 없이도 세계를 개념화할 때 항상 사용하는 능력, '범주'를 인식하고 명명하는 능력이 이 영역과 관계되어 있다. 당신은 십중팔구 의자 위에, 그리고 테이블 가까이에 앉아 있을 것이다. 이 항목들에 대한 당신의 광범위한 지식, 그것의 이름이나 통상적인 속성 같은 것들은 대체로 당신의 왼쪽 측두엽에 자리하고 있다. 만일 이 부위가 손상되면, 그에 따라 당신은 언어와 세계에 관한 지식이라는 이 기본 데이터베이스를 잃을 것이다.

그렇다면 언어에서 주도적이지 않은, 부차적인 우반구는 어떤 역할을 하는가? 우반구의 전문화된 기능들은 왼쪽 상대의 기능들만큼 딱 잘라 말하기 힘들다. 얼굴 인식과 같은 일부 시공간 기능에서는 우반구가 좌반구보다 더 중요한 역할을 한다. 우반구는 세부사항보다는 '요점'을 지각하고, 부분들보다는 전체를 지각하는 성향이 강하다. 예컨대 좌반구가 선호하는 '친척' 일반과 같은 넓은 범주의 지식보다는 당신의 엄마나 연인과 같은, 개별적인 인물들에 대한 지식을 향해 기울어져 있다는 증거가 있다. 개인적인 것에 대한 관심과 맞물려, 우반구는 좌반구보다 감정을 해석하고 공감을 달성하는 데 더 많이 관여하고 있다. 우반구는 언어를 '처리'하는 데서도 어떤 역할을 하지만, 이 역할은 우반구의 다른 성향들과 일치한다. 다시 말해, 우반구는 우리로 하여금 운율을, 우리의 발화에서 환희든 우울이든 감정적 어조를 전달하는 언어의 가락을 만들어내고 해석하게 해준다. 그리고 짐작할 수 있겠지만, 우반구가 근소한 차이로 주도하는 또 하나의 지각 영역이 있다. 바로 음악을 파악하고 즐기는 영역이다.

뇌의 비대칭성은 인간의 독특함을 설명하는 열쇠일 수 있다. 좌반구에 연결되는 두 가지 주요 기능인 언어와 도구 사용은 분명 인간을 정의하는 기술들에 속한다. 양 반구 사이의 노동 분담이 뇌 안에 참신하고 풍부한 계산상의 가능성들을 창출했을 것이다. 양 반구 사이에서 정상적으로 뇌 기능이 분할되지 않는 것—보통 경우보다 언어가 좌반구에 덜 단단하게 자리를 잡는다—이 정신분열증을 일으키는 뇌 기능 교란에 기여하는 것으로 보이므로, 그것이 정신분열증의 근본 원인일지도 모른다. 그래서 기능이 비대칭되는 쪽으로 반구를 편향시키는 유전자를 찾는 사냥이 진행 중이다. '한쪽으로 기운' 동물로 우리가 유일한 것은 아니다. 카나리아의 노래를 하나의 반구가 통제한다는 사실은 다른 종에서도 통제 중추가 하나인 것이 음성 의사소통을 능숙하게 하는 데 도움이 될 수 있다는 것을 암시한다. 그리고 언어에 좌반구를 사용하는 우리의 성향은 뒤집어질 수 있다. 다시 말해, 생애 초기에 좌반구에 손상을 입는다면 나중에 우반구가 그 과제를 넘겨받을 수 있다.

하지만 얀의 경우는 그렇지 않았다. 어린 시절부터 좌반구가 정상적인 역할을 맡아서, 세계를 분류하고 그 내용물을 명명할 수 있게 하는 지식의 서고를 제공해왔었다. 중년 끝 무렵에 이 반구가 부식되면서 점차 얀에게서 그런 지식을 빼앗았지만, 그의 경우 최소한 한동안은 이 과정이 동시에 다른 기술들을 해방시키고 있었다.

해방

올리버 색스Oliver Sacks는 신경장애가 과잉으로, 주체할 수 없는 기능의 해방으로 표현되는 현상에 관해 유려하게 썼다. 색스는 병으로 인한 상실만 지나치게 강조하는 것은 뇌를 단순한 '능력과 연결의 시스템'으로, 병에 걸리면 결함이 생기고 기껏해야 반응할 뿐인 수동적인 기계로 인식시킬 위험이 있다고 지적한다. 질병이 보여주는 더 생기 넘치는 현상들을 연구하면, 모든 생산적인—그리고 과도하게 생산적인—잠재력을 갖추고 있는 '마음의 삶을 밝히는 데 도움이 된다.

사례는 조금도 부족함이 없다. 색스는 '익살꾼 틱 레이'의 이야기에서 투렛 증후군의 격렬한 말장난, 경련, 욕설을 묘사한다. 뇌가 매독에 감염된 90세 여성 나타샤 K가 만족스러워하는 '사고와 충동의 해방'이나 알코올로 인한 기억 장애인 코르사코프 증후군 환자들의 끊임없이 오락가락하는 발명품—'작화증(이야기를 꾸며내는 증상-옮긴이)'—도 있다. 기능의 해방을 딘 하나의 사건으로 명확히 정의할 수 있을 때도 있다. 예컨대 실명이 시작될 때 수반되는 샤를 보네 증후군Charles Bonnet syndrome의 시각적 환각은 변함없이 생산적으로 활동하는 시각적인 뇌가 더 이상 눈과 협력해서 시각 경험을 만들어낼 수 없을 때, 자기 혼자서 그것들을 만들어내면서 생기는 현상이다.

해방은 개인 수준에서도 일어난다. 삶에서 우리가 마주치는 문제들은 환경이 아니라 우리 자신에게서 비롯된다는 진지한 충고는 대개 선의에서 하는 것이고 옳을 때도 있지만, 실제로는 완전히 틀릴 수도 있다. 까다로운 소녀가 다른 형제자매가 집을 떠난 뒤에 쾌활해지거나, 전학을 간 아이가 이전보다 더 잘 지내게 되는 일들은 우리의 행동이 여러 영향들의 치밀한 거미줄 같은 상호작용에서 나오는 결과라는 증거다. 때때로 필요한 것은 단지 또 다른 기회, 변화, 성장할 수 있는 양지바른 공간일 뿐이다.

얀의 생애 마지막 몇 년 동안 미술과 음악이 꽃핀 일이 꼭 들어맞는 사례를 제공한다. 얀은 한결같은 인품을 갖춘 덕택에 인생 대부분에 걸쳐 탄복할 만큼 농장을 잘 관리하고, 가족을 돌보고, 연로한 부모님을 계속 보살필 수 있었다. 때때로 스케치북이나 하프시코드와 함께 하는 휴식 시간을 스스로에게 허락했지만, 이는 평생 날마다 하는 업무에서 빠져나와 잠깐 누리는 짧은 휴가였다. 돌이켜보면, 교양 있게 매사를 명확히 표현하던 그의 외적 인격이 우반구에 깃들어 있던 수줍은 잠재력을 억눌러왔음에 틀림없다. 잠자고 있던 장난기, 창의력과 아름다움에 대한 갈증이 우세한 반구의 추상적이고 사무적인 성질들에 의해 속박되었던 것이다. 얀의 왼쪽 측두엽이 약해지자, 그를 한결같은 시민으로 만들었던 자제와 균형이 점차 사라지고, 60여 년간 유순히 억제되어 오던 우반구가 드디어 삶 속으로 분출한 것이다.

마음의 상실

분명 잃어가는 것에 숙달되기란 그렇게 어렵지 않다.
비록 그것이 마치 (어서 써라!) 마치 재난처럼 보일지라도.

엘리자베스 비숍, '어떤 기술'

그 분출과 개화開花는 너무나도 짧았다. 그것은 얀의 뇌에서 일어나는 변화가 왼쪽 측두엽에 국한되어 있는 동안은 지속되었다. 하지만 2년 안에 그 과정은 전두엽 안으로, 그리고 건너서 우반구로까지 퍼졌다. 그러자 그의 뇌 안에서 오락가락하던 세력의 균형이 결정적으로 그에게 불리하게 기울어지기 시작했다. 그는 그토록 강력하게 그의 작업에 연료를 쏟아붓던 욕구와 상상력을 잃었다. 비록 다른 이유에서였지만, 얀 역시 렘브란트처럼, 말년에 관계들을 상실했으며, 잠시 동안이나마 예술을 통해 자신의 경험의 일부를 구해낼 수 있었다.

얀은 전두측두 치매fronto-temporal dementia(FTD)를 앓았다. 60세 미만에 시작되는 치매로 치매 사례의 약 4분의 1을 헤아리긴 하지만 전체적으로는 흔하지 않은 형태이다. 그것이 어떻게 표현되느냐는 치매가 뇌 어느 쪽의 어느 엽에 먼저 침범하느냐에 달려 있다. '전두엽' 유형은 특히 성격과 행동에서 특징적인 변화들을 보인다. 사회적인 세부사항들을 존중하지 않게 되어 옷차림과 위생에 무관심해지고, 가족과 친구에게 공감하지 못하면서 관계가 소원해지고, 성미가 급해지거나, 소극적이 된다. 얀의 경우에서 언어와 개념 습득 능력이 약해지는 것은 왼쪽 측두엽에서 출발하는 FTD의 한 형태에서 보이는 전형적인 증세다. 영국의 심리학자인 줄리 스노던Julie Snowden과 나의 스승인 행동신경학자 존 호지스John Hodges는 이런 형태의 FTD에 '의미 치매semantic dementia'라는 이름을 붙였다. 이는 얀의 경우와 같은 창의성의 분출과 가장 흔히—결코 언제나는 아니지만—연관되는 변종이다. 왼쪽에만큼 흔히 발생하지는 않지만 오른쪽 측두엽에 치매가 걸린 경우에는 먼저 사람들에 관한 지식을 잃을 수 있다. 먼저 사람들의 얼굴을 알아보는 데 어려움을 겪고, 뒤이어 점차 친숙한 사람들이 나와 어떤 관계인가에 대한 기초 지식을 잃어간다. 이 병이 어째서 전두엽과 측두엽에만 일어나는지 또는 어째서 그토록 대개 비대칭이고, 특히 명백히 왼쪽 측두엽에 주로 발생하는지는 우리는 모른다. FTD에 걸린 뇌를 현미경 아래에서 보면 여러 종류의 변화를 볼 수 있지만, 모두 공통적으로 전두엽과 측두엽의 뉴런들이 줄어들어 있다.

'치매'란 모호한 진단용어로, 몇 가지 지적 능력—예컨대 기억과 언어와 문제해결—의 동시적 감퇴와 더불어 일상 기능에 미치는 악영향을 의미한다. 치매의 원인은 아주 많지만, 가장 흔한 유형은 아직까지는 알츠하이머병이다. 여기에도 뚜렷한 특징들이 있다. 첫 번째 증상은 대개 새로운 것에 대한 학습 능력이 떨어져서, 결국 최근 사건들을 회상하기가 힘들어지는 것이다. 뇌세포들 사이 공간에 '베타 아밀로이드'라는 단백질의 퇴적물, 다른 말로 '플라크'가 누덕누덕 쌓이고, 동시에 그 안에서 '타우' 단백질의 '엉킴이 나타나면서 그런 증상이 일어난다. 전두측두 치매에서 침범되는 전두엽이나 측두엽의 여섯 층짜리 신피질에서 시작되는 것이 아니라, 중간 측두엽의 비교적 원시적인 한 층이나 세 층짜리 피질에서 시작된다. 그 과정이 점차 뇌의 인근 영역들로 퍼져 들어가, 시간이 가면서 맨 처음 침범된 새로운 기억을 형성하는 능력뿐만 아니라 저장된 지식과 언어도 부식된다.

알츠하이머병은 흔히 혈액을 공급하는 동맥이 닳고 찢겨져 뇌에 일어나는 변화들과 동시에 발생한다. 때로는 이 '혈관'의 변화들이 독립적으로 치매를 일으킬 수도 있다. 단독으로 또는 알츠하이머병과 함께 일어나는 이 과정이 현재 두 번째로 가장 흔한 치매의 원인이다. 세 번째로 흔한 유형은 더 특징적이다. '레비소체 치매Lewy body dementia'에서는 집중력이 시간시간, 그날그날 바뀌면서, 정신이 혼미한 기간과 맑은 기간이 번갈아 나타난다. 환자는 집 안팎에서 종종 사람의 형상과 동물들의 생생한 시각적 환각을 경험할 것이다. 종종 파킨슨병의 발병을 암시하는 징후들—떨림이나 느림이나 뻣뻣함—이 나타난다. '레비소체' 자체가 파킨슨병의 표식으로 처음 확인된 물질이다. 이것은 '흑색질substantia nigra'이라 불리는 뇌간 영역에서 도파민을 생성하는 뉴런들 안에서 볼 수 있는, 단백질의 둥근 퇴적물이다. 이 소체들이 뇌 여기저기로 퍼져 이 특징적인 유형의 치매를 일으키면서 때때로 약간의 파킨슨병 징후를 동반할 수 있다는 사실이 최근에 발견되었다.

65세가 넘으면, 우리들 스무 명 가운데 한 명은 초기 치매나 확실한 치매를 겪고, 80세가 넘으면, 그 수치는 세 명 가운데 한 명에 가까워진다. 우리의 수명이 길어지고 우리들 가운데 노인의 비율이 높아지는 현실을 놓고 볼 때 치매는 곧 만연하게 될 것이다. 해리 포터의 피를 얼어붙게 하는 소름끼치는 '디멘터'도, 필립 풀먼Philip Pullman의 『황금나침반』에서 인간의 의식을 먹고 사는 유령 같은 '스펙터'도 결코 이보다 더 두려운 것은 아니다. 그럼에도 우리 앞에 닥친 치매는 대부분의 질병과 마찬가지로 인간적인 얼굴을 갖고 있다. 얀은 그림그리기에 대한 열정을 잃고서 오래 지나지 않아 죽었다. 생을 마감하기 겨우 두세 달 전, 그는 마지막으로 딸과 함께 듀엣을 연주했다. 렘브란트는 분명 이해하고 비통해했을 것이다. 젊음도, 부도, 화려한 지성도, 그 어떤 것도 지속되지 않음을.

chapter 9

정신

배신

내가 뱀을 가져다놓은 이곳이 완전히 진정한 천국으로 생각될 것이다.

존 던, '튀크남 정원Twicknam Garden'

무지의 핑계

우리는 지금껏 뇌의 조직을 층층이 통과해오면서, 보이지 않는 원자로부터 만질 수 있는 살덩이까지 올라왔다. 우리는 서로를 해명하는 여러 종류의 설명들 사이를 오갔다. 뇌 안의 구조들을 묘사하고, 그 구조들이 하는 일을 탐색하고, 그것들이 가능하게 하는 경험과 행동을 환기했다. 이 모든 것들은 오늘날 신경과학이 차지하는 영역 안에 편안하게 놓여 있다. 그 모든 것이 뇌의 장애들을 다루는 임상 신경학의 과학적 기초를 제공한다. 하지만 신경과의사들은 다소 다른 종류의 문제를 일상적으로 마주치고, 그 문제는 우리에게 덜 편안하다. 간단히 말해서, 그 흔한 문제는 이런 것이다. 어떤 신경 질환을 암시하는 증상들을 가지고 우리를 보러 오는 환자들의 약 3분의 1은 주의 깊게 진찰해보면, 전혀 병이 없는 것으로 밝혀진다. 대신 그들에게는 심리적 고충이 잠복해 있다는 증거가 흔히—항상은 아니지만—존재한다.

신경과의사—그리고 일반적으로 의사—들은 이런 상황을 다루도록 잘 훈련되어 있지 않다. 우리의 전문적인 일들과는 거리가 멀기 때문에, 그러한 환자와 그들의 문제에 대해서는 자신이 없는 경향이 있다. 수련 기간 동안 성실히 습득하는 방법들, 신경을 평가하는 우리의 기술들은 신경학적으로 정의되는 뇌의 기능장애들을 진단하는 데 헤아릴 수 없이 귀중하다. 하지만 마음의 문제들을 헤아리는 데는 별 도움이 되지 못한다. 오히려 상식과 공감이 우리를 도울 수 있다. 공식적인 정신의학 교육 역시 도움이 되겠지만, 신경과의사들이 그런 교육을 받는 경우는 거의 없다.

처음 마주쳤을 때 어떤 문제가 주로 신경의 문제인지 마음의 문제인지를 확신하기는 어려운 경우가 많다. 이 책을 시작할 때 본 앨리슨의 사례가 그 문제를 잘 보여준다. 그녀가 겪는 만성 피로의 원인은 당황스럽고 놀랍게도, 확실히 신경의 문제인 것으로 드러났다. 그러므로 신경과의사들은 단지 자신이 알아보거나 이해할 수 없는 병이라고 해서 '심리적' 원인이라고 치부하기 전에 주저하는 것이 마땅하다. 17세기의 내과의사 토머스 윌리스의 말을 빌리자면, 우리는 그 용어를 '무지의 핑계'로 사용하지 않도록 신중해야 한다. 하지만 그 역의 위험, 즉 본래 심리적인 문제를 신경적인 문제로 오해할 위험도 똑같이 심각해서, 비싸고 불필요한 검사들과 위험한 치료법들을 적용하다가, 때로는 법정 싸움까지 벌어지는 경우도 있다.

캐나다의 유명한 신경외과의 와일더 펜필드Wilder Penfield는 신경학을 '인간 자체를 연구하는 학문'이라고 표현했다. 만일 그렇다면, 신경과의사가 인간의 사생활을 무시해서는 안 될 것이다. 내가 곧 설명할 사례는 우리에게 의학적인 것과 개인적인 것은 많은 경우 서로 뒤섞여 있음을 상기시킨다. 의사들은 흰 가운을 걸칠 때 일상의 감정 안테나를 꺼버리지 않는 편이 좋을 것이다.

실신

내가 처음 제니를 만난 것은 긴 진료의 끝을 향해 다가갈 때였다. 영국의 국가의료제도NHS는 의사에게 다음 환자를 볼 때까지 15분의 준비

시간만 준다. 가정의보다는 넉넉한 것이지만, 주어진 과제가 다발경화증이나 운동뉴런병 같은 진단을 설명하는 것일 때는 다소 짧다. 또한 다소 사적인 것으로 밝혀질 수도 있는 문제를 알리는 것일 때도 역시 그렇다.

나는 제니를 부르기 전에 그녀의 기록들을 살펴보았다. 그녀의 파일은 보통보다 약간 두꺼웠다. 나는 내가 그녀를 '추적 조사하고 있었음에도 불구하고, 사실 전에 만난 적은 없음을 곧 깨달았다. 그녀는 두 달 전부터 병원의 전염병동에 있었고, 그 팀의 수련의가 그녀의 상태를 정밀 검사했는데, 내가 그 일을 이어서 시작하게 된 것이다. 그녀가 전염병동을 퇴원하기까지의 요약 기록은 유용했지만, 약간 당혹스러웠다. 제니는 심한 두통으로 입원했었다. 수막염이 의심되었지만, 관련 검사들—뇌 스캔과 척수액 조사를 위한 요추천자—의 결과는 정상이었다. 편두통이 가장 그럴듯한 설명인 것 같았지만, 그래도 만약을 위해 항생제로 치료를 받았다. 그녀는 회복이 느렸다. 입원한 지 일주일이 지나자, 왼쪽 팔다리가 약해졌고, 걸음걸이도 불안해졌다. 아픈 지 2주일째 들어, 그녀의 어머니가 심장마비로 입원하는 바람에 제니는 자기 아이들을 돌보고, 아버지를 도우러 가족에게로 절뚝거리며 돌아갔다. 그리고 이제 여기에 그녀가 있는 것이었다. 좀 나아져서 왔기를, 나는 바랐다.

나의 첫 인상은, 솔직히 말해서, 제니가 끝내주게 예쁘다는 것이었다. 자그마한 체격, 옅은 얼굴색, 청록색 눈에, 검은 머리를 뒤로 쓸어 넘겨 소녀처럼 하나로 묶었으며, 눈 주위에는 주근깨가 흩어져 있는, 산뜻하고 매력적인 모습이었다. 하지만 그녀는 행복하지 않았다. 그녀는 열의 없이 악수를 하고, 내 미소에 답하지도 않았다. 나는 그녀에게 몸이 어떠냐고 물었다. 내 질문에 대한 그녀의 대답은 조심스러웠다. 하지만 그래서 뭐? 그녀는 나를 모르고, 또 그녀는 최근에 많은 일들이 있지 않았던가. 그녀는 여전히 좋지 않았다. 집에 돌아간 뒤에도 두통이 계속되었다고 했다. 병원을 떠난 이후로 서너 번 의식을 잃었으며, 팔에는 심하게 멍이 들었다. 몸의 왼편이 무감각하고 둔했다. 이런, 이건 확실히 15분 안에 처리할 수 있는 것 이상의 일이었다. 하지만 나는 이 병의 요소들이 도무지 앞뒤가 들어맞지 않는다는 인상을 받았다. 내릴 수 있는 진단이 지나치게 많았다. 수막염, 편두통, 간질, 다발경화증의 가능성을 모두 생각할 수 있었지만, 그녀에게 이 병들이 다 있지 않은 것은 분명했고, 그 가운데 하나라도 있기는 한 건지도 의심스러웠다.

제니의 팔다리—근육 긴장도, 강도, 반사—를 잠시 진찰해보아도 별다른 것은 드러나지 않았다. 그녀는 집에서 적당히 대처해나가고 있었다. 나는 그녀의 기록을 더 찬찬히 살펴보고, 스캔 결과를 다시 검토하고, 이삼 주 안에 다시 보고 나서 다음 단계를 계획하기로 약속했다. 나는 제니가 혼자 간직하고 있는 어떤 사정이 배후에 있을 거라는 직감이 들었다.

그녀가 진찰실을 떠난 몇 분 뒤, 나는 담당 간호사의 호출에 불려나갔다. 제니가 외래환자과의 자동문 사이에 엎어져 있었다. 그녀는 창백했고 꼼짝도 하지 않았다. 눈은 감겨 있었지만, 맥박과 호흡도 있었다. 우리는 그녀의 의식 없는 몸을 대기실까지 살살 끌고 가고 나서, 기다렸다. 한 간호사가 손가락을 찔러 혈당을 검사했다. 정상이었다. 제니는 몇 분 뒤 약간 움직이면서 신음하기 시작했고, 우리는 그녀를 소파까지 부축했다. 내 진료실 밖에 다른 환자의 진료 서류철이 나타나, 나는 진료를 마치러 갔다. 업무가 끝났을 때 제니는 집에 가고 없었다. 대체 무슨 문제가 있기에 그녀가 이러는 것일까?

불안한 자궁

그대, 오 자궁에게, 발을 적시지 않고 바다를 건너시고, 병자를
치료하시고, 악마를 쫓으시고, 죽은 자에게 생명을 돌려주신
우리 주 예수 그리스도의 이름으로 기원하노니 …… 우리를 치유한
그의 약속으로, 그의 이름으로, 그대에게 그 신의 처녀를
해하지 말 것을 …… 그녀의 머리, 목구멍, 목, 가슴, 귀, 이빨, 눈,
콧구멍, 어깨뼈, 팔, 손, 심장, 위, 비장, 신장, 등, 옆구리, 관절, 배꼽,
장, 방광, 넓적다리, 정강이, 뒤꿈치, 손톱과 발톱을 차지하지 말고,
신이 그대를 위해 선택한 자리에 조용히 누워 있기를, 그래서
이 신의 처녀가 …… 건강을 회복하기를 기원하노라.

10세기의 기도

'히스테리hysteria'라는 병의 이름은 자궁을 뜻하는 그리스어 '*hystera*'에서 빌려온 것이다. 히스테리는 모든 곳에서 모든 시기에 인식되어온 병으로, 당황스러울 정도로 형태가 다양하며, 몸과 마음의 관계에 대한 우리의 이해에 도전하며, 부주의한 의사를 기다리면서 웅크리고 있다. 의사가 이 병의 존재를 인식하지 못하는 것이나 실수로 이 병을 진단하는

것이나 똑같이 잘못이다. 고전 작가들이 인식했듯이, 히스테리의 증상은 엄청나게 다양하다. 실어증, 팔다리의 마비, 피로, 감각 상실, 원인 불명의 통증, 격렬한 경련, 무감각한 의식 상실이 여기 속하며, 실로 거의 모든 경험과 행동의 장애로 모습을 드러낼 수 있다. 이와 같은 증상들은 신경과의 주 전공이지만, 히스테리 환자들에게 이런 증상이 있을 때는 신경 질환의 직접적인 결과가 아니다.

이집트 사람들은, 그리고 나중에는 그리스 사람들도, '히스테리'의 헷갈리는 증상들이 불안한 자궁이 몸을 돌아다니는 데서 오는 결과라고 믿었다. 그것이 심장으로 올라가면 공황을, 목구멍으로 올라가면 목이 졸리는 감각을, 뇌로 올라가면 무력감을 부추긴다고 말이다. 따라서 고안된 치료법들은 자궁을 그것이 돌아다니고 있는 신체 부위에서 다시 몰아내는 것을 목표로 했다. 배설물과 타르처럼 구역질나는 물질들을 써서 쫓아내거나, 몰약, 송진, 유향과 같은 은은한 향을 써서 본래 있어야 할 자리로 유도하는 식이다.

중세에는, 고대 세계에서라면 히스테리의 탓으로 돌렸을 증상들이 마법, 귀신들림, '부정한 교접'의 징후로, 의학적 치료가 아니라 기둥 묶기나 화형 같은 악령 퇴치 의식이 필요한 현상으로 간주되었다. 17세기에는 현대적 형태의 과학적 사고가 출현하기 시작하면서, 이 증상들이 점차 의학에 의해 올바르게 설명되었다. 1603년, 의사인 에드워드 조던 Edward Jorden은 뚜렷한 발작, 간헐적인 실명과 마비가 모두 마술적인 행위 때문이라고 여겨지고 있던 열네 살짜리 매리 글로버를 변호하는 증거를 내놓았다. 그의 논문인 "어머니의 질식이라 불리는 병에 대한 담론A Briefe Discourse of a Disease Called the Suffocation of the Mother"—

'어머니'는 자궁을 말한다—은 그녀의 증상들과 기타 유사 증상들이 초자연 현상이나 마법에 의한 병이 아니라 자연적 원인의 결과라고 주장했다. 하지만 히스테리와 자궁과의 연결고리는 점점 더 의심스러워지고 있었다. 특히 남자들도 여자들과 마찬가지로 히스테리에 걸리는 것이 관찰되었기 때문이다. 의학적 견해는 점차 히스테리의 출처를 뇌로 옮겼다. 17세기 프랑스의 의사 샤를 르포아Charles Lepois는 "이 모든 증상들이 머리에서 온다"라고 썼다.

19세기 동안 히스테리가 주로 뇌에 발생한 신체적 장애의 결과라는 이 관점은 프랑스 정신의학의 아버지 필리프 피넬Philippe Pinel과 같은 내과의사 겸 정신과의사들이 마음에 주의를 집중하면서 재조정되었다. 히스테리의 원인에 대한 설명이 신체적 영역에서 심리적 영역으로 이동하는 것은 지그문트 프로이트Sigmund Freud가 무의식, 특히 성적 감각의 무의식적인 심층 속을 여행하면서 정점에 달했다. 연구를 시작할 때 프로이트 자신도 히스테리와 자궁의 연관성으로 상징되는 그러한 관념들이 얼마나 긴 계보를 가지고 있는지 의식하지 못했다. 플라톤은 2천년도 더 전에 『티마이오스』에서 이렇게 썼다. "자궁은 출산을 갈망하는 생명체로서, 적기를 넘어서 오랫동안 불임의 상태로 있게 되면, 애가 타서 괴로워할 것이며, 몸을 따라 곳곳으로 방황하다가 숨의 통로를 막아, 숨을 쉬지 못하게 함으로써 사람을 극한적인 어려운 처지에 빠뜨리며, 그 밖에도 온갖 질병을 생기게 한다."

다시 보기

뒤를 돌아보아서는 안 되는 때들이 있다. 때로는 뒤쪽으로 눈길을 주는 것이 그냥 너무 고통스럽다. 때로는, 뒤에 따라오는 모습을 흘끗 보기 위해 돌아서는 바람에 에우리디케를 영원히 잃어버린 오르페우스의 경우처럼, 신에 의해 뒤돌아보는 것이 금지되어 있다. 하지만 일반적으로 의사들은 돌아서서 다시 보고, 그런 다음 또 다시 보는 것이 현명하다.

나는 시간을 조금 더 벌기 위해 제니를 진료 시간의 끝에 배정했다. 두통, 왼쪽 팔다리의 무감각과 저림, 실신 모두가 계속되고 있었다. 거칠지만 유용한 경험 법칙으로, 증상의 수가 많아지면 명확한 신체적 질병을 찾아낼 가능성은 줄어든다. 제니가 겪는 증상의 수는 높은 편에 속했다. 이 법칙을 적용하면서, 나는 다시 배후에 그녀가 혼자 간직하고 있는 무언가가, 병의 비밀을 풀 수 있는 어떤 열쇠가 있는 것은 아닐까 의문이 들었다. 나는 조심스럽게 그녀의 이야기 속으로 들어갈 진입점을 탐색했다. 병은 항상 심리적 토양에 뿌리를 두고 있기 때문에 난 병과 언제나 관계가 있는 질문들—식욕, 잠, 에너지 수준, 집중력과 기억력에 관한 질문들, 생활에서 즐거움을 얻을 수 있는지, 불안하지는 않은지—을 던졌다. 그녀는 이 모든 질문들에 선뜻 대답했지만, 그 답들은 우리를 어디로도 데려가지 않았다. 아니, 그녀는 즐겁게 지내고 있지 않았다. 하지만 그녀 같은 상황에서 누군들 즐겁겠는가?

나는 계속해 어떤 단서를 찾아서 전보다 더 세심하게 그녀를 진찰했다. 제니는 절뚝거리며 진찰대로 갔다. 그녀는 왼쪽 팔다리가 약한 것 같았지만, 그 허약함이 시종일관한 것은 아니었고, 때때로 팔다리가 갑자기 압력에 무너져 내렸다. 힘의 비일관성과 '실신할 정도의 허약함'은 일반적으로 신경병과는 거리가 멀다. 제니의 문제가 병보다는 고민을 나타낸다는 것을 암시하는 또 다른 징후가 있었다. 왼쪽 다리로 진찰대를 힘껏 누르고 있으라고 했을 때, 그녀는 힘이 약한 듯했다. 내가 다리를 들면 쉽게 들렸다. 하지만 정상인 오른 다리를 공중에 들어보라고 했을 때는 그녀의 왼쪽 다리 밑에 있는 내 손을 1인치도 올릴 수 없었다. 이는 우리 다리에서 정상적이고 자율적인 운동의 협동이 이루어지고 있음을 반영한다. 우리가 한쪽 다리의 엉덩이 쪽 관절을 구부리면 다른 다리는 자동으로 똑바로 펴진다(이는 친구의 도움을 받아서, 또는 혼자 해봐도 쉽게 증명된다). 그로 보아 제니의 왼쪽 다리는 완벽하게 튼튼한 듯했다. 그녀의 문제는 허약함의 문제가 아니라, 어떤 식으로든 의지의 문제였다.

제니와 나는 다음 몇 달에 걸쳐 진료실에서 두 번을 더 만났다. 그녀의 검사 결과들은 모두 정상이었다. 다시 진찰해도 다중 증상과 비일관성은 그저 그대로였다. 그녀를 만날 때마다, 내가 요점을 놓치고 있다는 확신이 거듭 들었다. 정답이 없는 나의 질문들은 번번이 벽에 부딪쳤다.

마비의 관념

신경계의 가장 심각한 장애들 중 마비, 경련, 통증 및 그 밖의
다른 식으로 변경된 감각들과 같은 일부는 감정의, 관념과 감정의,

또는 관념만의 병적 조건에 의존할 것이다.

러셀 레이놀즈Russell Reynolds, 「브리티시 메디컬 저널」, 1869

히스테리가 수세기 동안 진단의 함정이었던 이유의 일부는 그것이 다른 병들을 너무도 훌륭하게 모방하기 때문이다. 천 년에 걸쳐 엄청난 영향을 미친 글들을 남긴 기원전 2세기 페르가몬 출신의 의사 갈레노스는 이를 명확히 인식하고 있었다. 히스테리는 "하나의 이름일 뿐이다. 그러나 그것이 아우르는 형태들은 다양하고 셀 수 없이 많다". 천 년 뒤 17세기 영국의 의사 토머스 시든햄Thomas Sydenham도 갈레노스의 말을 그대로 반복했다. "히스테리의 빈도도 그것이 띠는 형태의 다양성 못지않게 두드러진다. 비참하게 죽을 운명의 병들 가운데 그것이 모방하지 않는 병이 드물다." 다음 세기에 로버트 휘트Robert Whytt도 "프로테우스*의 겉모습과 카멜레온의 색깔도 각종 건강염려증과 히스테리보다 더 무수하고 변덕스럽지는 않다"는 말로 '명민한 시든햄'의 의견에 동의했다.

어떤 공통된 가닥이 그러한 당황스러울 만큼의 다양성을 함께 묶을까? 어떤 의미에서는, 히스테리가 상상의 병일 것이라는 생각이 반복하여 제기되는 답이다. 16세기 르네상스의 떠돌이 연금술사이자 의사였던 파라셀수스는 아이들에게서 발생하는 춤을 닮은 운동 장애에 관해 쓰면서, 이 개념을 제시했다. "그 병의 원인은…… 상상에 의해 가정되는 관념 …… 생각이 아니라 지각을 바탕으로 한 가상의 관념이다." 놀

* 모습을 자유자재로 바꿀 수 있었던 그리스 신화의 신.

그림 9.

이 스케치는 1880년대 파리의 살페트리에르 병원에서 폴 리셰Paul Richer가 샤르코의 환자들을 그린 일련의 유명한 그림들에서 가져온 것이다. 본문에 언급한 피에르 자네는 샤르코의 제자들 가운데 한 명이었다.

랍게도, 파라셀수스는 상상력이 무의식적으로 작용할 가능성에까지 주의를 돌렸다. "아이들에게서 …… 그들에게 보이고 들리는 것은 너무도 강력해서, 그들은 자신이 보거나 들은 것에 관해 무의식적으로 환상을 가진다. 그리고 그러한 환상들 속에서 그들의 사고력은 장악당하고 상상된 형태로 왜곡된다." 수세기 뒤에 러셀 레이놀즈 박사는 히스테리의 완전히 다른 표현인 히스테리 마비를 논의하면서, 그것을 '관념에 의존하는' 병이라 표현했다.

어째서 어떤 관념이나 상상력의 작용이 누군가의 신체적 안녕에 주제넘게 나서서, 그에게서 운동 능력을 빼앗거나 이상하게 움직이도록 만드는 것일까? 17세기 이탈리아의 의사 조르지오 바글리비Giorgio Baglivi처럼, 대부분은 감정에서 설명을 찾았다. "모든 인간에게는 나름의 걱정이 있고, 모든 사람이 자기 인생의 거의 모든 기간을 노동이라는 앞날이 불안한 사건들에 참여하면서 보내야 할 쓰라린 필요성 아래 있다. 이것이 사실이므로, 병의 커다란 부분은 모든 사람의 어깨에 걸려 있는 걱정의 무게에서 생기거나 그 걱정의 무게를 양식으로 한다는 것도 똑같이 모든 인간에게 명백한 진실이다." 스코틀랜드의 의사 로버트 휘트는 1백 년 뒤 "경련을 일으키는 종류든 졸도하는 종류든, 히스테리성 발작"의 원인으로서 "슬프거나 감동적인 이야기, 끔찍하거나 예기치 않은 장면, 커다란 슬픔, 분노, 공포, 기타 열정들"을 거론했다.

상상력에 지배되며, 감정에 유발되고, 엄청나게 다양한 형태를 띠는 경향을 보이는 병은 그저 있는 그대로의 '병'이 아니다. 실은, 히스테리를 병이라기보다는 행동의 한 형태로, 즉 19세기 프랑스의 위대한 학자들 가운데 한 사람인 피에르 자네Pierre Janet의 말대로 '도덕과 예절의 로맨스'로 생각하는 것도 그럴듯하다. 이는 수세기에 걸쳐 환자들을 향한 태도가 인간적인 공감에서 강경한 비난에 이르기까지 광범위하게 요동쳐온 것을 설명하는 데 도움이 된다. 나는 미국 남북전쟁 동안 남자와 여자 모두에게서 히스테리를 마주친 미국의 신경과의사이자 과학자 웨어 미첼Weir Mitchell의 관점에 끌린다. "가장 큰 지식에는 가장 많은 이유가 있다……. 이 병을 일으키는 요소들은 심히 인간적이고, 우리 모두의 안에 다양한 양으로 존재한다."

밤의 부름

몇 달 뒤, 제니는 젊은 여성인 나의 동료 정신과의사를 만나, 그녀에게 내가 그토록 캐내지 못해 안타까워했던 이야기를 해주었다. 제니가 내 동료에게 자신의 이야기를 할 수 있었던 것은 무엇 때문이었을까? 성별 또는 나이, 병동의 이름, 시간의 경과, 아니면 단순히 진료 시간의 길이 때문이었을까? 어쩌면 제니 자신이 자신의 문제가 감정으로부터 흘러나온다는 것을 부분적으로 인식하고, 나처럼 몸을 치료하는 사람은 자신이 지닌 특정한 형태의 고통을 이해할 수 없다고 판단했는지도 모른다. 말하기까지 어떤 일이 있었든지 간에, 그 이야기는 대략 이렇게 진행되었다.

제니는 10년 전에 션과 결혼했다. 그들은 어린 시절부터 친구였다. 션은 항상 제니를 좋아했고, 그녀는 인생에서 어려운 시절에 그와 함께 있는 것에서 위안을 얻었다. 하지만 그 결혼 생활에는 제니가 한번도 진정으로 맞서본 적 없는—다른 사람들과도 또한 자기 자신과도—문제가 숨어 있었다.

제니는 금방 아이를 가졌다. 그녀의 아들들, 덩컨과 제임스는 이미 아홉 살과 일곱 살이 되었다. 하지만 제니와 션은 결코 가장 가까운 동반자가 아니었으며, 점차 사이가 멀어졌다. 특히 션은 일단 직장에서 문제들에 부딪치자 술을 마시기 시작했고, 저녁이면 맥주와 TV에만 정신을 팔았다.

12월 어느 밤, 낙담한 제니는 산책을 나갔다. 아이들은 자고 있었고, 션은 TV 앞에서 반쯤 졸고 있었다. 그녀는 몇 분 안에 돌아올 생각이었지만, 어째서인지 시내로 계속 발을 옮겼다. 스스로도 놀라면서, 그녀는 술집으로 가서 술을 주문했다. 앉아서 술잔을 감싸들고 고개를 든 그녀는 다른 한 쌍의 눈을 마주쳤다. 수전이 그녀 쪽으로 건너와 합석했다. 수전은 자신감이 충만한 금발의 늘씬한 여성이었고, 제니의 시선을 놀리는 듯하면서도 재미있다는 표정으로 맞받았다. 제니는 순식간에 그녀에게 매력을 느꼈다. 수전과 함께 있으면 따뜻하고 흥분되었다. 불만스러운 기분이 급속히 썰물처럼 빠져나갔다. 제니는 물에 빠져 있었고, 수전은 그녀를 다시 육지로 끌어올렸다.

몇 주 사이에, 제니는 직장이나 가족으로부터 한두 시간을 빼낼 수 있을 때마다 수전의 아파트에서 시간을 보냈다. 이전까지 제니는 남성이든 여성이든, 수전만큼 욕구와 갈망을 적나라하게 느끼게 해준 사람을 만난 적이 한번도 없었다. 하지만 일이 이렇게 된 것이 그다지 놀라운 것은 아니었다. 이것이 그녀에게 숨어 있던 문제였다. 제니는 언제나 션을 비롯한 남자친구들보다도 여성에게 성적으로 훨씬 더 강하게 끌렸다. 하지만 가족들은 그녀가 십대일 때 동성애에 대한 그들의 생각을 너무도 분명하게 보여주었다. 동성애자는 집에서 환영받지 못했다. 제니는 여성들에 대한 자신의 감정을 자기 마음 뒤편 어딘가로 몰아넣었다. 거기서 그 감정이 때를 기다리고 있었던 것이다.

어느날 밤, 그녀는 예정보다 훨씬 더 오래 머물렀다. 집으로 돌아오는 길에 션이 자지 않고 기다리고 있을지, 그렇다면 그에게 무슨 말을 해야 할지 생각하니, 머리가 욱신거리기 시작했다. 몇 분 뒤, 스스로를 어찌할 수 없게 된 그녀는 하수도에다 먹은 것을 토했다. 집에 도착했을 때는 엉망진창이 되어 있었다. 제니가 구역질을 하는 소리에 션은 잠에서 깼다. 제니는 욕실 바닥에서 몸을 웅크린 채 머리를 움켜쥐고 있었다. 그녀는 어떻게 된 일인지를 그에게 말할 수 없었다. 션은 구급차를 불렀다.

망상이자 올가미?

히스테리의 진단은 원리적으로 논의의 여지가 있고 실제로 내리기가 어려울 수 있다. '훌륭한 모방자'를 그것이 모방하는 병들로 오해하기가 쉽다. 그 위험은 너무도 커서 어떤 의사들은 어떠한 상황에서도 히스테리라는 진단을 내리지 말라고 주의를 주었다. 영국의 정신과의사 엘리엇 슬레이터Eliot Slater는 50년 전에 히스테리에 반대하는 매우 격렬한 운동을 벌이면서, 히스테리는 '망상일 뿐만 아니라 올가미'라 주장한 것으로 유명하다. 그는 히스테리 환자들의 앞날이 몹시 끔찍하다고 주장했는데, 그 이유는 증세—그가 존재하지 않는다고 믿은—의 고유한 위험 때문이 아니라, 심각한 신경병과 정신병의 혼합물이라고 제대로 진단되어야 하는 병들이 주는 위험 요인 때문이라고 했다.

슬레이터가 히스테리를 너무 되는 대로 진단해서는 안 된다고 동료들에게 주의를 준 것은 옳은 일이었다. 의사들은 번번이 자신이 이해할 수 없는 증상들은 '심리적인 것'이라고—그러므로 어떤 의미에서는 환자들의 잘못이라고—가정하는 경향을 보이곤 한다. 이는 더 생각하거나 조사할 필요에서 우리를 해방시킨다. 나는 앞서 옥스퍼드의 의사이자 해부학자인 토머스 윌리스의 말을 인용했다. 그는 17세기에 다음과 같이 이 경향을 지적했었다. "히스테리의 격정은…… 다른 많은 이상들의 결함을 지니고 있다. 어떤 병이 여성의 몸에서 일어나고, 그 방식이 유별나서…… 원인이 숨겨져 있을 때마다…… 우리는 그것이 히스테리적인 무언가라고 선언한다. 그것은 종종 무지의 핑계일 뿐이다."

하지만 히스테리라는 진단은 결코 내려져서는 안 된다는 슬레이터의 주장은 잘못되었다. 우리가 이 병을 어떤 이름으로 부르든— '히스테리성,' '심인성,' '정신신체적,' '기능성,' '신체형,' '의학적으로 설명되지 않는'—그것은 흔한 질병이고, 충분히 조심하면 믿을 만한 진단을 내릴 수 있기 때문이다. 사실, 오늘날에는 히스테리를 오진하는 경우보다 그 존재를 알아차리지 못하는 일이 훨씬 더 흔하다. 현대 의약의 위력과 잠재적 부작용을 생각해볼 때, 그러한 잘못의 결과로, 엉뚱한 병을 진단하여 과격한 치료를 행한다면, 이는 명백하게 건강에 해를 끼칠 것이다.

몸의 배신

우리는 자기 감정의 주인이 아님을, 우리는 온갖 습격과 위험에,
심지어 내 몸의 전복에까지 노출되어 있는, 성벽 없는 부서진
도시나 바다에 던져진 배와 같음을 보기에.

에드워드 조던, '어머니의 질식이라 불리는 병에 대한 담론'

제니는 크리스마스 기간이면 언제나 바쁜 전염병동에 수용되었다. 온

갖 의료 용품들—링거 걸이, 주사기 펌프, 심장 검사 모니터, 심폐소생 장치 운반차—이, 크리스마스의 축제 분위기를 간데없이 만들었다. 그 경험은 상당히 무서웠다. 이른 시간이었지만 마침내 의사가 그녀를 어렵사리 살펴볼 수 있었고, 그녀가 수막염이 아닐까 걱정했다. 의사는 긴급히 뇌 스캔을 준비시키고, 이어서 요추천자를 했다. 척추관으로 바늘을 세 차례나 아프게 밀어 넣어야 하는 시술이었다.

제니는 다음날 아침, 12월의 우중충한 새벽에 깨어났다. 머리는 여전히 아팠고 등은 천자로 멍들어 있었다. 고문 의사는 회진을 와서, 결과에 별다른 것은 전혀 없다고 그녀를 안심시키고는, 편두통이었을 수 있다며 아직 몸이 괜찮은 것은 아니니 하룻밤 더 머물라고 조언했다. 의사가 가자 제니는 수전에게 전화를 해보았다.

휴대폰에 저장되어 있지는 않았지만, 그녀는 수전의 번호를 외우고 있었다. 일요일이었으므로, 수전의 집으로 전화를 걸었다. 부드러운 여성의 목소리가 전화를 받았다. 수전이 아니었다. "여보세요." 그 목소리가 울렸다. 제니는 잠시 갈피를 못 잡고, 침을 꿀꺽 삼킨 다음 물었다. "수전과 통화할 수 있을까요? 이 번호가 맞죠?" "네, 맞아요, 수전의 전화기예요." "수전 있나요?" "종이 사러 나갔어요." 제니는 말을 끊었다. "실례지만 누구시죠?" "저는 커스티예요. 수전의 파트너인데요. 말씀 전해드릴까요?" 제니에게는 이 말이 마치 외계에서 오는 것처럼 느껴졌다. "됐어요," 그녀는 대답했다. "괜찮아요. 제가 나중에 다시 걸게요." 전화가 끊기자 제니는 눈을 감고, 두 배가 된 듯한 황량함을 응시했다.

션은 아이들을 돌보기 위해 직장에서 시간을 내야 했지만, 아이를 돌보는 일은 그가 감당할 수 없는 일이었다. 션이 아이들을 데리고 애들 엄마를 보러 왔을 때 그녀는 견딜 수 없을 만큼 너무나 지쳐 있고 두통에 시달려 해서, 그들은 오래 머물지 않았다. 입원하고 난 지 나흘로 접어들면서 제니는 전염병 팀을 당황시키기 시작했다. 두통이 악화되고 있는 것에 더해서, 이제는 빛 때문에 그녀의 눈이 아프기까지 했다. 그녀는 커튼을 쳐달라고 부탁했다. 그날 아침 간호사가 샤워실로 가는 것을 돕고 있는 동안, 그녀는 발을 헛디뎠다. 부축을 받아 일어서면서, 제니는 왼쪽 다리가 힘없고 무감각하며, 왼손이 저리는 것을 느꼈다. 그녀는 절뚝거리며 침대로 돌아갔다. 그 다음날 친정어머니가 심장마비로 병원에 입원했다는 소식이 도착했다. 제니는 그날 오후 빌린 목발을 짚고 따가운 빛을 가리기 위해 검은 안경을 쓰고서, 비틀거리며 병동을 나갔다.

몸과 마음

몸과 마음의 관계는 영원한 수수께끼다. 당신의 정신생활—당신의 사고, 결정, 감정—이 어떻게 뇌라는 기계에 영향을 미칠까? 역으로, 당신 몸의 사건들—이 페이지가 당신의 눈을 자극하는 것과 같은—이 어떻게 당신의 마음과 정보를 교환할까? 혼란에 빠진 상태의 마음이 풍부한 신체 증상들을 일으키는 히스테리는 똑같은 문제의 축소판을 제기한다. 어떤 식으로든 제니의 사고와 감정이 그녀의 증상들을 일으켰다는 것만은 사실이어야 한다. 하지만 어떻게?

　히스테리에 관해 쓴 어떤 사람들은 순순히 패배를 인정했다. 강한 감정이 히스테리의 통상적인 원인이라고 믿은 바글리비는, "모든 시대에서 가장 우뚝 솟은 천재들 자신이 그 문제에 관해 헛되이 지쳐 떨어졌음을 고려할 때," 격정이 병을 낳게 되는 "기계적 경로"는 인간의 이해를 넘어선다고 시인했다. 그는 아마도 당시까지 나온 제안들—자궁의 방황에서부터 나중에 시든햄과 윌리스가 들먹인 뇌의 '동물정기animal spirit'가 내뿜는 '증기'의 침투 효과나 그 정기의 불규칙성까지—이 모두 불만스러웠을 것이다.

때는 변했다. 우리는 이제 실제로 사고, 감정, 뇌, 행동 사이를 잇는 순환 고리들에 관해 상당히 많은 것을 이해하고 있다. 상상해보라…… 집에 도착해보니 대문이 빠끔히 열려 있고, 침실에서 옷가지들이 통로로 흩뿌려져 있고, 오디오가 사라졌다. 좀도둑이 들어서 집이 뒤집어졌구나. 당신을 맞이하는 장면들을 뇌가 능숙하게 판단하는 덕분에 당신은 빠르게 결론에 도달한다. 그로부터 1초 이내에, 당신이 알아차리기 훨씬 전에, 당신의 몸이 이 부분에 합류하게 될 것이다. 뇌에서 내장으로 뻗어 있는 '자율' 신경들이 그 발견에서 발생한 스트레스를 신호하면서, 당신의 맥박과 혈압을 높여 필요하다면 싸우거나 달아날 준비를 시킨다. 이와 동시에 뇌의 자극으로 스트레스 관련 호르몬—아드레날린, 코티솔—들이 부신에서 혈류로 방출되면서, 맥박 증가에 더 많은 연료를 공급하고, 포도당을 즉시 소모될 수 있도록 동원하고, 혈류의 방향을 피부와 내장에서 근육으로 돌리고, 다시 뇌에 작용하여 각성 수준을 높인다. 이 생리적 활동의 많은 부분이 당신의 경험으로 들어가, 경험에서 느껴지는 무언가를 형성한다. 스트레스에 반응할 준비를 갖추는 뇌와 몸의 작용이 당신에게 포화를 받는 속에서도 침착하게 통제한다는 느낌을 주거나, 당신을 곧장 잽싸게 공황 상태로 보내버리는 것이다. 뇌에 도달하는 호르몬들은 또한 '섬광기억'을 포착해서 사건들의 기억을 형성하는 데 도움을 줄 것이고, 만일 스트레스가 누그러지지 않으면, 기억 형성에 관련되는 측두엽 구조를 수축시켜 당신이 그 기억을 잊게끔 만들 것이다.

심장의 박동, 호르몬 방출의 급등, 사려 깊은 뇌의 작용들, 행동적 반응들, 이 모두가 감정에 기여하며, 이것들 각각이 서로 다른 것들에게서 받은 영향을 피드백한다. 몸과 마음은 끊임없이 상호작용한다. 여기까지는 좋다. 하지만 이것이 우리가 제니를 이해하는 데 도움이 될까? 그녀의 혼합된 감정—죄책감, 욕망, 배신감—이 정확히 어떻게 쇠약과 졸도로 이어졌을까? 그녀의 뇌에서는 어떤 일이 일어나고 있었을까? 그녀가 상상을 하고 있었을까? 꾀병을 부리고 있었을까? 그게 아니라면, 어떤 일이?

히스테리란 무엇인가?

히스테리는 논란이 많은 주제이지만 한 가지는 확실하다. 그것이 유기체—우리—의 기능에 영향을 미친다는 것이다. 우리는 언제나 몸과 마음의 신기한 융합체이므로, 어떤 병이든 몸, 마음, 사회적 동물이라는 우리 존재의 세 가지 차원 각각을 따라 그 병의 기원과 효과를 살펴보면 도움이 된다. 이것이 병에 대한 '생물심리사회적biopsychosocial' 접근의 기초이다. 이는 정신과의사들이 가장 자주 채택하는 접근법이지만, 어느 병에든 전면적으로 적용 가능하다. 우리는 이 차원들 각각에서, 히스테리에 관한 모든 것을 아는 것은 아니지만, 상당히 많은 것을 알고 있다.

고백해야 할 것은 우리가 뇌 안에 든 히스테리의 생물학적 기초, 즉 지난 절의 끝에서 제기된 질문에 관해서는 가장 조금밖에 모른다는 사실이다. 원인불명으로 졸도하거나 팔다리를 움직여보라고 했을 때 움직이지 못하는 제니와 같은 사람의 뇌에서는 분명 다른 뇌와 구별되는 어떤 일이 일어나고 있어야 한다. 지난 10년에 걸쳐 여러 연구 팀이 히스테리 환자들에게서 일어나는 뇌 활동의 특징들을 규명하려고 애써왔다. 옥스퍼드를 근거지로 한 존 마셜John Marshall과 피터 핼리건Peter halligan의 첫 번째 보고는 놀라울 만큼 분명한 답을 주었다. 원인불명으로 반복해서 왼쪽 팔다리가 약해지는 환자를 PET 스캔을 사용해 살펴본 연구는 환자의 뇌가 정상적으로 움직일 준비가 되어 있지만, 어떤 움직임이 요청된 순간, 즉 환자가 마비된 다리를 움직이려는 순간, 감정에 연결되어 있고 뇌의 앞쪽을 향하는 영역들이 예기치 않게 활동하기 시작하는 것을 보여주었다. 이러한 영역들이 운동의 '무의식적 억제'의 출처일 수 있을까? 글쎄, 어쩌면 그럴 것이고 프로이트라면 이런 경우에 거기에 책임을 돌렸을 것이다. 하지만 뒤이은 연구는 이 호소력 있는 그림을 복잡하게 만들었다. 글을 쓰고 있는 이 시점에도, 히스테리 마비를 일으키는 근원적인 문제가 옥스퍼드 연구가 암시한 것처럼, 말하자면 심리적 브레이크의 과용인지, 아니면 다른 연구의 결론처럼 가속 페달을 밟지 못하는 것인지는 불분명하다. 이는 경우에 따라 다를 수도 있겠지만, 첨단 뇌 영상 기법들이 이제 히스테리에 대한 실험적 접근을 가능하게 하면서, 몇 가지 흥미진진한 관련 질문들이 제기되고 있다. 의도적으로 약함을 가장하는 사람의 뇌에서는 어떤 일이 일어날까? 마취로 마비를 유도한 사람의 뇌에서는? 그리고 이 경우들이 히스테리와 다르다면, 어떻게 다를까? 당신은 답을 기다려야만 할 것이다. 아직까지는 모든 게 불확실하다.

히스테리의 심리적 조건과 사회적 조건에 관해서는 더 많은 것을 안다. 보고에 따르면, 히스테리 환자들은 히스테리가 없는 비슷한 조건의 사람들보다 어린 시절에 불운한 경험을 겪은, 특히 성적 학대를 당한 비율이 높았다. 히스테리가 관련된 사건들은 보통 모종의 상처, 특히 그 당시의 공포를 일으키는 상처에 의해 촉발되곤 한다. 우울과 불안은 흔하게 존재한다. 더 특정한 종류의 소인이 있다는 증거도 있는데, 이 소인은 여러 방식으로 나타날 수 있다.

히스테리 환자들은 과민성 대장 증후군이나 섬유근육통 같은 원인 불명의 광범위한 신체 증상들을 가지고 의사를 만나러 올 가능성이 다른 사람들보다 높다. 그들은 자궁이나 맹장 절제 수술을 때로는 필요도 없는데 받았을 가능성도 크다. 그들은 일반적으로 자신의 증상에 대해 심리적 설명을 생각해보기를 꺼린다. 다시 말해, 어떤 사람들은 삶의 고난들을 유독 신체적인 관점에서 경험하거나 설명하려는 성향이 있는 듯하다. 이 성향에는 프로이트적인 해석을 내릴 수 있다. 프로이트는 감정적 갈등이 관련 감정을 의식적으로 대면하는 것을 피하기 위해 신체 증상으로 번역될 수 있다고 제안했고, 거기서 '전환장애conversion disorder'라는 용어가 생겨나 제니의 것과 같은 문제들을 설명하는 데 아직도 쓰이고 있다. 그것은 '해리dissociation'라는 개념과 연관될 수도 있다. 해리는 히스테리의 주도적인 심리학 이론에 토대가 되는데, 감정적 스트레스에 반응하는 과정에서 때때로 경험이 통합되지 않아 우리와 내적 자아의 일부가 접촉이 끊길 수 있다는 것이 해리의 기본 개념이다. 아마 제니도 팔다리를 움직이거나 의식을 유지하는 능력과의 접촉점을 잃었을 것이다. 이론은 이렇다. 해리란 도저히 저항할 수 없는 스트레스, 예컨대 부모에 의한 성적 학대와 같은 끔찍한 스트레스에 대처하도록 해주는 유용한 학습된 반응으로, 희생자가 어떤 의미에서는 더 이상 스트레스를 받는 장소에 있지 않은 것처럼 가장해줌으로써 그렇게 한다.

그래서 결국은?

그래서 제니는 어떻게 되었냐고? 그녀와 션은 헤어졌다. 한 연구에서는 결혼 상태가 변하면—어떤 방향으로든—히스테리에서 벗어나는 좋은 결과가 나온다고 예측했다. 제니의 경험은 이것이 옳음을 증명했다. 그녀는 가끔씩 수전과 연락을 했고, 여전히 그녀의 생동감에 매력을 느꼈지만, 최선을 다해서 거리를 유지했다. 제니는 수전을 완전히 신뢰할 수 없었다. 하지만 이제는 자기 자신 역시 완전히 신뢰할 수 없다는 것도 깨달았다. 지난 몇 달은 배신의 집중 훈련 기간이었다. 그녀 스스로는 남편을 배신했고, 공평한 일이었든지 불공평한 일이었든지, 수전은 그녀를 배신했으며, 그녀의 마음은 그녀의 몸을 배신했다. 그래서 이제는? 그녀는 아이들과 함께 거의 상처를 극복하고 있었고, 직장으로 돌아갔다. 나는 그녀가 자신의 이야기를 내 동료에게 해준 뒤 한 번 더 그녀를 보았다. 그녀는 훨씬 나아져 있었다. 그녀는 어떤 일이 자신의 건강을 그토록 해쳤다고 생각했을까? 글쎄요. 제니는 씩 웃었다. 처음으로 그녀의 미소를 보았다. 그녀가 어떻게 알 것인가? 의사는 나였는데.

생물심리사회적 설명이 제니의 경우에 잘 맞을까? 그녀의 결혼생활이 애정 없이 스트레스를 줌으로써, 분위기를 조성하고 있었다. 그녀의 감정은 한계선에 가까워졌다. 수전과의 만남은 감정의 온도를 더 올려서, 그녀를 의무와 욕망 사이의 갈등 속으로 던져 넣었다. 그녀는 쉽게 죄책감을 느끼는 성격이라, 수전에 대한 감정은 더 젊었을 때 가족들이 보인 태도에 대한 아픈 기억을 일깨웠다. 그녀가 병원으로 왔을 당시, 비록 피해는 편두통에 지나지 않았을지 몰라도, 그녀의 몸은 '감정에 의해 전복된' 상태였다. 일단 병원에 입원하자, 의사들은 심각한 병일지도 모른다는 가능성을 그녀의 마음에 심으면서, 의도치 않게 그녀의 불안을 더더욱 높이는 데 기여했다. 그런 다음 커스티와의 대화와 어머니의 병이라는, 상실의 위협을 주는 두 사건이 그녀가 약해져 있던 시점에 덤벼들었다. 그녀의 뇌와 몸은 정상적인 업무의 일부를 차단함으로써, 많은 사람들에게 동정받을 방식으로 반응했다. 그렇다면 제니는 단순히 아픈 척하고 있었을까? 나도 의심이 든다. 하지만 그녀는 분명 '아픈 것처럼 행동하고 있었다.

만일 히스테리가 일종의 연기라면, 그것은 어쨌거나 '전부 마음속에 있는' 것일까? 글쎄. 그렇기도 하고 아니기도 하다. 히스테리는 어떤 의미에서 우리가 하는 것이지만, 우리가 하는 것과 우리에게 일어나는 것의 구분은—마음과 뇌의 구분처럼—우리가 많은 경우 가정하는 것만큼 융통성 없이 칼로 자르듯 나누어진 것이 아니다. 법정에서는 자발적인 행동과 본의 아닌 행동을 날카롭게 구분해야 하지만 사람들이 자신이 일으키는 행동과 일으켜진 운동을 구분하기 어려울 수 있다는 증거가 있다. 그리고 물론, 미국의 철학자 토머스 네이글Thomas Nagel이 말했듯이 "어떤 것을 하려면 우리는 먼저 무언가가 되어야" 하고, 그 무언가는 우리가 선택하는 성질의 것이 아니다. 웨어 미첼의 말은 틀림없이 옳았다. "가장 큰 지식에는 가장 많은 이유가 있다……. 이 병을 일으키는 요소들은 심히 인간적이고, 우리 모두의 안에 다양한 양으로 존재한다."

히스테리는 우리를 이 책의 이전 장들에서 거쳐온 전통적인 병의 영역에서 끄집어내 우리들 모두에게 훨씬 더 친숙한 영역으로 우리를 인도한다. 그곳은 맨 처음 프로이트를 의학 연구로 끌어당겼던 '인간적 걱정들이 흘러넘치는 영역이다. 이 영역은, 말하자면 영혼의 영역이다. 마지막 장에서 나는 이 영혼의 영토가 뇌의 세력권과는 어떤 관계인지를 물을 것이다.

chapter 10

영혼

영혼의 해부학

• • • • • • • • • • • • • •

영혼! 위대한, 가장 의미 있는 단어!…… 자기의 존재 그 자체.
사람들은 당신을 몸의 노예로 만들어서 얼마나 아래로 끌어내리는지!

요한 하인로트Johann Heinroth, 『심리학*Psychologie*』

인간 개인에게 불멸의 영혼을 삽입함으로써 …… 무단침입이 저질러
진다 ……. 그것은 그 개인의 결속을 겨냥한 불합리한 일격이다.

셰링턴, 『인간 그 본성에 관하여』

인간 기계

우리의 조상은…… 기계들이었다
(기계들로 만들어진 기계들로 만들어진)……

대니얼 데닛Daniel Dennett, 『마음의 진화』

우리는 어디에서 왔을까?

140억 년 전, 우주 탄생 이후 얼마 되지 않았을 때에는 원자도 원소도 없었다. 오로지 에너지와 소립자들이, 시간의 역사를 시작시킨 상상할 수 없는 폭발로부터 분출되고 있었다. 온도가 떨어지면서, 아원자 입자들이 결합해 수소와 헬륨이라는 가장 단순한 원자들을 형성했다. 물질이 물질을 끌어당기면서, 최초의 별과 은하들이 형성되었다. 이 별들의 이글거리는 중심에서, 가벼운 원자들이 융합하여 당신과 나를 실질적으로 구성하는 더 무거운 원소들—탄소, 산소, 질소, 인, 칼슘, 철 등—을 만들어냈다. 1장에서 앨리슨이 점차 쇠약해져 혼수상태에 빠진 원인이 산소 부족이었음을 기억할 것이다.

100억 년 뒤, 즉 지구가 형성된 지 얼마 안 되어, DNA 같은 자신을 복제할 능력이 있는 복잡한 분자들이 젊은 우리 행성에서 형성되었다. 그 분자들은 돌연변이와 선택의 과정을 거쳐 진화하면서, 10억 년이 지나지 않아 우리의 박테리아와 대략 비슷한 유기체를 낳았다. 이 작은 생명체에게는 문명을 이룰 고상함 같은 것은 없었지만, 인간—또는 생쥐—을 만드는 데 필요한 많은 것, 즉 유전자, 단백질, 기타 수많은 '거대분자들'과 생명 유지에 필요한, 복잡하게 조절되는 일련의 화학 반응들이 이미 갖추어져 있었다. 찰리의 DNA에 포함된 단일 유전자에서 발생한 상상할 수 있는 가장 작은 이상이 그의 몸과 마음에 강박적 불안이 일어날 것을 운명 지었다. 피트를 비롯한 소수의 '변종 CJD' 희생자들은 우리 생명 활동의 예기치 못한 잔혹한 속임수들 중 하나의 공격에, 즉 우리의 모든 예상을 거스르고 어느 단백질이 치명적인 전염성을 띠게 되었을 때, 쓰러졌다.

20억 년 전쯤 언젠가, 우리가 지금 보는 구획된 세포들의 조상이 출현했다. 이 일은 우리가 '변신' 장에서 본 것처럼, 더 원시적인 선조 둘이 가장 긴밀한 병합에 착수해, 하나가 다른 하나 속으로 영원히 들어가면서 일어났다. 약 10억 년 전, 이 더 정교한 세포들이 여러 집단으로 분화하면서, 많은 세포들로 이루어진 유기체가 탄생했다. 이 유기체들 가운데 하나이자 우리의 조상인 어류가 5억 년 전 캄브리아기의 바다에서 헤엄치고 있었다. 그 무렵 어류와 기타 동물들은 고도로 전문화된 세포들을 이용해 자신의 과거와 현재 상황에 비추어 활동을 조정했다. 이 세포들이 뉴런으로, 과거부터 지금까지 지구상에 있는 모든 동물들의 신경계를 이루고 있는 기초 구성성분이다. 물론 우리 뇌 역시 뉴런으로 이루어져 있다. 데이브가 느낀 무아경의 순간들은 이 세포들 가운데 소수가 성장하고 있던 뇌에서 목적지를 찾지 못해 생긴 결과였다. 루시의 어쩔 수 없는 졸음, 불면, 무서운 꿈은 우리의 수면과 각성을 통제하는 뉴런들 사이에서 정상적으로 신호를 전달하는 단 하나의 신경화학물질이 부족한 것이 원인이었다.

하나의 유망한 진화 경로—가능한 유일한 성공 경로는 결코 아니었지만—를 따라 신경계가 점진적으로 정교해지면서, 그 신경계의 소유자들은 더욱 더 세분된 지각 능력을 갖추고, 더욱 더 복잡한 종류의 행동을 할 수 있게 되었다. 우리의 포유류 조상들이 이 경로를 택해서, 창조적인 지성체가 되었다. 원숭이의 것 같은, 가장 크고 뛰어난 포유류의 뇌에서 점점 더 높은 비율의 뉴런들이 지능과 관련된, 계산을 수행하는 네트워크에 포함되었다. 이제는 세계를 직접 감지하거나 세계에 직접 행위를 가하는 뉴런이 상대적으로 적다. 인간과 원숭이의 진화 경로가 갈라진 이후 과거 5백만 년 동안 변화의 속도가 극적으로 빨라졌다. 우리 인류의 조상들 사이에서 뇌 무게가 약 500그램에서 1,500그램으로 올라갔고, 그에 따라 지능도 급속히 높아졌다. 우리의 피질은 단단히 접혀서 뇌 안쪽으로 찌그러져 들어가야 했다. 이 급속한 진화적 발전은 장애가 들어설 새로운 공간을 열었다. 쇼나에게서 데자뷰가 연장되고, 제드에게서 일시적으로 기억이 없어지고, 얀에게서 세계에 대한 지식이 점차 사라져간 것, 그리고 제니가 겪은 '도덕과 예절의 로맨스'가 그런 장애의 예들이다.

이것은 인간 뇌의 진화를 가장 간단하게 스케치한 것이다. 인간 뇌의 조직은 알려진 우주 안의 다른 어떤 체계보다 더 복잡하다. 그럼에도 뇌의 기초 성분들은 비교적 단순하다. 따라서 "인간의 본성을 알려면 만물의 본성을 알아야 한다"고 한 히포크라테스의 말은 전적으로 옳았다. 앞의 장들에서는, 어째서 각각의 자리에 있는 원자, 유전자, 단백질, 세포소기관, 뉴런, 신경전달물질, 신경망, 엽과 반구를 모두 언급해야만 뇌의 기능과 기능장애를 이해할 수 있는지를 보여주었다.

하지만 뇌는 이 부분들의 합 이상이다. 그것은 또한—틀림없이—마음의 기관이자 의식의 자리이자 영혼의 샘이다. 이제 이 뇌의 더 고차적인 기능들에 초점을 맞출 때가, 우리 뇌 안의 사건들이 어떻게 우리 마음속의 삶을 일으키는지를 물을 때가 왔다. 이 마무리 장에서는 이 오랜 질문에 대한 잠정적인 답들을 탐색한다. 우리가 평상시에 그러듯, 나도 그 질문은 그저 답할 수 없는 질문이 아닐까, 이렇든 저렇든 우리가 잘못된 종류의 질문을 하고 있는 건 아닐까 의문이 든다. 그렇지만 옳은 질문으로 가는 길을 찾기는 어려운 법이다.

개념의 역사

이 책은 뇌 과학 입문서다. 이 과학이 흥미진진한 이유는 부분적으로 이것이 생명의 나머지 부분과 너무도 많이 연관되어 있기 때문에, 말하자면 심장이나 신장의 과학보다 훨씬 더 많이 연관되어 있기 때문이다. 그야말로 '신경학은 인간 자체를 연구하는 학문'인 것이다. 하지만 그럼에도 불구하고, 뇌의 과학도 여전히 하나의 과학일 뿐이다. 모든 과학과 마찬가지로 뇌 과학 역시 적절한 전문지식과 장비만 있으면 누구라도 할 수 있는 관찰을 통해 신중하게 정의되어온 개념—뉴런이나 시냅스와 같은—들을 연구 대상으로 삼는다.

우리가 마음에 관해 생각할 때 사용하는 단어들은 이와는 상당히 다르다. '마음mind,' '영혼soul,' '의식consciousness'은 과학 용어가 아니고, 전문적 정의도 없다. 우리가 그것들을 이해하는 방식에는 종교와 철학의 전통이 강력하게 영향을 미친다. 따라서 여기에 과학적 질문과 일상적 사고가 분리될 위험이 피할 수 없이 존재한다.

위의 세 가지 관념은 관련되어 있지만, 미묘하게 다른 뜻을 함축하고 있다. 영혼—우리 존재에 생명을 불어넣는 비물질적이고, 눈에 보이지 않는 불멸의 요소로 여겨지는—에는 분명 종교적인 울림이 있다. 마음은 영혼의 세속적인 버전이다. 우리는 마음이라는 용어로 우리의 사고와 감정, 성격과 행동의 바탕이 되는 일련의 능력들을 가리킨다. '의식'은 각성 상태—깨어 있음—를 가리키기도 하지만, 주어진 시간에 우리 마음을 스쳐 지나가고 있는 모든 것, 즉 우리의 경험이나 자각을 가리킬 수도 있다.

나는 다음 절에 설명할 이유들로, 영혼이 과학적으로 설명되리라고는 전혀 기대하지 않는다. 마음과 의식의 과학은 번성하고 있지만, 사려 깊은 많은 비평가들 역시 과학이 완전한 이해를 제공할 수 있다는 데는 의심스러운 태도를 유지한다. 이 장의 나머지에서는 그 이유를 탐색하고, 그들이 옳은지 물을 것이다.

영혼 상상하기

우리를 돋보이게 만드는 것은 마음속의 삶, 상상하는 능력이다.

로빈 던바Robin Dunbar, 『인간 이야기*The Human Story*』

우리는 상상력이 풍부한 원숭이다. 지치지 않고 몽상을 꾸고, 밤에 꿈을 꾸고, 이야기를 들려주고 듣는다. 우리는 과거의 사건, 친구의 얼굴, 좋아하는 장소, 무수한 미래를 상상한다. 우리는 우리의 세계가 있을 수 있는 무수한 세계들 가운데 하나일 뿐이라는 생각에 넋을 빼앗기고, 작은 소녀가—루이스C. S. Lewis의 유명한 동화에서—곰팡내 나는 벽장을 통해 꽁꽁 언 나니아의 겨울 속으로 걸어 들어가는 그런 순간들을 즐긴다. 우리 자신을 지금과 여기로부터 분리시키는, 마음속에서 과거와 미래로, 가공의 삶과 전에 상상해본 적 없는 땅으로, 원자의 세계와 은하간 공간으로 여행을 떠나는 이 능력은, 분명 영장류 동물학자 로빈 던바가 제시한 것처럼 인간을 정의하는 표식이다.

우리가 상상하는 일이 일어날 때도 있다. 우리는 달에 사람을 착륙시킬 수 있을지 모른다고 상상했고, 이 터무니없는 야망을 이루어냈다. 나는 내가 이 책의 집필을 곧 끝낼 거라고 상상한다. 하지만 우리가 상상하는 많은 것들은 그 상태로 머문다. 나는 20년 전, 한두 주 동안 내 머릿속을 떠나지 않은 늘씬하고 멀건 빨강머리 소녀에게 나를 소개하는 모습을 생생하게 상상했지만, 결코 그렇게 할 용기를 내지 못했다. 그리고 우리는 때때로 거의 불가능한 것들을 상상한다. 미안하지만, 웨일스 말을 유창하게 하는 새끼 고양이, 숨 쉬는 석상은 없다. 아무리 공손하게 부탁한다 해도 양탄자는 허공을 가르며 주인을 실어다주지 않는다.

어떤 종류의 상상은 다른 것들보다 더 자연스럽게 발달한다. 지구에 한때 공룡들이 살았다는 사실이나 DNA의 복잡성을 발견하는 데는 엄청난 상상력이 필요했지만, 자연계의 이 어두컴컴한 구석들을 파고드는 데 기질적으로 끌리는 사람들은 우리들 가운데 비교적 소수다. 반면에 우리 중 거의 모두는 서로를, 그리고 서로의 마음을 상상하는 데 많은 시간을 바친다.

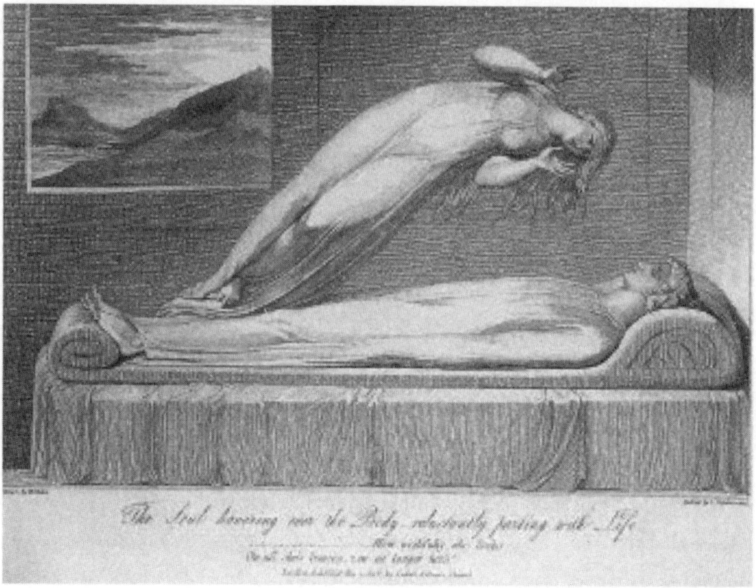

그림 10. 떠나는 영혼

블레이크의 그림은 '생명을 마지못해 버린 영혼이 몸 위에서 맴돌고 있음을 보여준다.
블레이크의 그림을 루이지 스키아보네티 Luigi Schiavonetti(1765~1810)가 판화로 제작함.

문화와 역사적 시기를 막론하고 인간에게는 마음을 다음과 같이 상상하는 강한 성향이 아주 두드러지게 존재했다. 사람들은 마음은 몸과 따로 떨어질 수 있고, 몸이 죽은 뒤에도 살아남을 수 있으며, 때로는 미래를 볼 수 있고, 물리적인 대상에 직접 작용하며 다른 마음과도 직접 소통할 수 있고, 도덕적 계약에 의해 창조주가 정한 법을 존중하도록 매어 있다고 상상하곤 했다. 이 관념들이 당신에게 완전히 자연스러워 보일 수도, 혹은 상당히 이질적으로 보일 수도 있지만, 그것들이 지금껏 인간 사회에서 거부되기보다는 수용되는 경우가 훨씬 더 흔했다는 데는 이견의 여지가 없다. 마음을 이런 식으로 상상하는 것은 그것을 '영혼'으로서 상상하는 것이다. 우리가 너무나 잘 알고 있듯이, 때가 되면 자신이 나온 흙으로 돌아갈 운명인 눈에 보이는 물질적 육체의, 눈에 보이지 않고 비물질적이며 불멸하는 쌍둥이인 영혼으로 말이다.

이 의심할 여지없는 성향이 어째서 존재하는지는 흥미로운 질문이다. 비물질적인 영혼의 불멸성에 대한 믿음은 이런 줄거리를 따라 설명될 수 있을 것이다. 우리는 우리와 가까운 사람들이 때로 우리가 직접 가보지 않은 곳으로 떠나, 이따금씩 우리 곁에 없는 일에 익숙하다. 사랑하는 누군가가 죽었을 때, 그가 근본적으로 접근할 수 없는 곳으로 가서 없다고 상상하는 것은 어쩌면 자연스러운 일이다. 하지만 우리는 그의 몸이 재가 되었거나, 땅 밑에 있음을 안다. 그러므로 다른 곳으로 여행을 떠난 것은 그의 본질적인 존재, 그의 정기나 영혼임에 틀림없다. 자연적 사건들에는 더 광대한 도덕적 목적이 있으며 우리를 그 목적에 결부시키는 도덕적 계약이 있다는 믿음은, 세계 속에서 인간적인 의미를 찾으려는, 우리를 둘러싼 환경을 인격화하는 우리의 거의 저항할 수 없는 성향으로 설명할 수 있을 것이다. 그 성향은 지극히 사회적인 우리 삶의 인간관계에서 지대한 중요성을 지니는 것으로 결국 추적해나갈 수 있다. 심리학자 제시 베링Jesse Bering은 이 계통의 믿음—인격의 불멸성, 자아의 더 고차원적 목적, 자연적 사건들의 도덕적 의미에 대한—이 자연선택의 압력으로 인해 특별히 형성되었을 것이라고 주장했다. 그 믿음은 '명성'을 보전하려는 계산된 행동을 장려함으로써 개인과 집단에 이득이 되었기 때문에 선택되었다는 것이다. 이런 믿음이 극도로 뿌리 깊다는 것은 분명하다. 데이비드 로지David Lodge는 이렇게 쓴다. "비물질적 자아라는 개념은 우리가 종교적 신자이든 아니든 우리의 언어와 사고 습관에 너무도 깊이 각인되어 있어서, 나에게는 그것이 언제고 말살될 날이 올지 의심스러워 보인다."

다른 많은 이들과 마찬가지로, 나도 영혼이라는 핵심 관념에 연결된 이 초자연적인 관념들—다른 세계들 간의 여행, 미래에 대한 예지, 염력 등등—에 흥분을 느낀다. 그것을 문학에서 마주치면 만족스러운 전율이 척추를 타고 흘러내린다. 그것은 문학에서는 매우 자주 탐색되는 주제다. 예컨대 찰스 디킨스, C. S. 루이스, J. K. 롤링, 필립 풀먼이 반복적으로 이 주제들을 다룬다. 하지만 이런 믿음은 어떤 부류의 '상상에 속할까? 달 비행처럼, 실현되었음을 우리가 아는 상상일까, 빨강머리와 나의 데이트처럼, 사실이 될 수 있거나 사실이 되었을 수도 있는 상상일까, 아니면 웨일스 말을 하는 고양이의 이야기처럼, 사실이 아님을 우리가 굳게 확신하는 상상일까? 당신에게 하나 고백하자면, 나는 우리가 눈에 보이지 않는 비물질적인 불멸의 영혼을 소유하고 있다는, 우리에게 위안을 주는 그 끈질긴 관념이 멋들어진 허구에 지나지 않는다고 굳게 확신한다.

우리가 이 위안을 주는 관념을 신화로서, 더 이상 진지하게 믿을 수 없는 호소력 있는 허구로서 물리친다면, 마음에 대한 우리의 관점은 어떻게 되는가? 남는 것이라고는 '원자들과 공허라는 무정한 전망뿐일까? 어쩌면 또 다른 위대한 신비, 생명 그 자체의 신비의 숙명이 우리에게 마음에 대해 무인가를 알려줄지도 모른다.

물질, 생명, 마음

19세기에 생명의 존재는 프랑스의 위대한 미생물학자 파스퇴르를 포함한 많은 과학자들에게 헤아릴 수 없는 신비로, 생명의 약동 *élan vital*의 표현으로, 환원 불가능한 생명의 정수로 여겨졌다. 우리가 이 책의 처음 몇 장에서 간단히 다룬 발견들로 이 가설은 필요가 없어진다. 생명이란 간단히 말해서 바로 유기체가 주위에서 얻은 에너지를 이용해 자신을 재생산할 수 있게 해주는 과정들의 집합이다. 유전자와 단백질, 세포소기관과 그것들을 담고 있는 세포에 대한 현대의 지식은 어떠한 신비스러운 힘도 추가로 불러올 필요 없이 자연적이고 생리화학적인 과정들만으로 유기체가 그 목적을 달성할 수 있음을 보여준다. 생명은 헤아릴 수 없는 하나의 것이 아니라, 복잡하지만 헤아릴 수 있는 대단히 많은 것들의 통일성 있는 작용이다.

우리가 이 생각의 줄기를 따라 마음에까지 도달할 수 있을까? 생명이 자연 과정들에 의해, 조직된 물질의 작업들로부터 발생하듯, 마음도 자연 과정들에 의해, 조직된 생명의 작업들로부터 출현할 수 있지 않을까? 이 관념은 분명 호소력이 있다. 마음의 두 가지 표식—지식과 지적 행동—을 생각해보자. 세계에 대한 지식을 습득해 그것을 행동의 지침으로 사용하면 유기체 자신의 환경 적응력이 커져 살아남기에 유리해진다는 사실은 이해하기 쉽다. 그렇다면 적절한 때에 그 유기체가 자신에 관한, 그리고 자신의 지식 습득 체계에 관한 지식을 습득해서 그것을 자기 마음의 모형으로 삼는 것도 유용할 것이다. 우리는 이제 그 모든 지식 습득과 지식 사용 목적에 우리가 실제로 사용하는 시스템이 뇌라는 것을 안다. 여기서 우리는 생명이 대략적으로 말해 번식과 대사 과정을 위해 존재하는 것처럼, 마음도 뇌의 작업과 뇌가 통제하는 몸의 활동을 위해 존재한다고 주장하고 싶은 강한 유혹을 받는다.

우리는 앞의 장들에서 이 지식들을 행사하는 구조들의 일부를 마주쳤다. 우리로 하여금 특정 사건들의 '일화' 기억을 형성하게 해주는 변연계 네트워크들의 네트워크, 세계의 '의미'에 대한 우리의 이해가 차곡차곡 저장되는 왼쪽 측두엽의 영역들이 그런 곳이었다. 나는 원하기만 한다면 '인지cognition'의 다른 성분들 각각에 대해서도 뇌를 기반으로 유사한 설명들을 제시할 수 있다. 인지란 지식을 수집하고, 저장하고, 사용하는 데 관련되는 마음의 측면들을 총칭하는 용어로, 주의, 지각, 정신적 통제, 언어, 프락시스 등이 이에 해당한다. 우리는 뇌를 탐구함으로써 마음을 과학적으로 이해하기 시작하고 있다.

의식—우리의 자각, 우리의 경험—에 관해서도 같은 말을 할 수 있을까? 여기에서도 풍부한 발전이 있었다. 뇌 안의 많은 일은 무의식적으로 일어난다. 시상하부가 호르몬을 조절하는 일이나, 뇌간이 호흡을 통제하는 일, 대뇌피질의 여러 부분이 시각의 안내를 받아 운동을 통제하는 일 등은 모두 의식적 자각 없이 아주 잘 돌아갈 수 있다. 그렇다면 자각과 연관된 뇌 활동을 구분하는 것은 무엇일까?

몇몇 후보들이 있고, 각각의 근거도 있다. 먼저 양이 중요해 보인다. 소량의 활동은 다량의 활동보다 의식으로 들어갈 가능성이 낮다. 질도 문제가 된다. 협동하는 뉴런들 사이에서 동시적으로 일어나는 통일성 있는 활동이 덜 조직된 활동보다 자각될 확률이 높다. 위치도 중요할 것이다. 일반적으로, 피질에서의 활동이 다른 곳에서의 활동보다 자각될 가능성이 높다. 하지만 최근의 연구는 네 번째 특징, 즉 그 활동의 '유효범위'나 연결도의 중요성을 특히 강조했다. 여기서 기초가 되는 개념은 의식은 대개 광범위하게 떨어져 있는 여러 영역들 사이의 정보교환에 달려 있다는 것이다. 버나드 바스Bernard Baars와 스타니슬라스 드하네Stanislas Dehaene가 제안한 '통합작업공간 이론global workspace theory'에 따르면, 우리의 자각을 형성하는, 의식에 있는 정보를 구분해주는 결정적인 특징은, 그 정보가 뇌 곳곳에 광범위하게 전송되면서, 그 과정에서 우리의 행동을 통제하는 신경 과정들에 접근하고, 그럼으로써 우리가 자기 자신의 경험을 살필 수 있게 해준다는 것이다.

우리가 생물학을 새로이 이해한다고 해도, 생명은 여전히 창의적이고, 예측할 수 없고, 놀랍다. 하지만 이런 이해를 얻고 나면, 생명은 더 이상 우리에게 헤아릴 수 없는 신비로서 다가오지는 않는다. 우리가 생명을 지원하는 뇌 안의 과정들에 관해 점점 더 많은 것을 알게 되면, 마음에 관한 신비감도 비슷한 정도로 잃게 될까?

포도주와 물

인간이 이해하기에, 세계는 여전히 완강하게 이중적이다.

찰스 셰링턴 경, 『인간 그 본성에 관하여』

철저하게 유물론적인 철학자 대니얼 데닛과 같은 일부 저자들은 아주 강하게 확신한다. 하지만 그렇지 않은 사람들은 내가 생명과 마음 사이에서 끌어낸 비유를 불신한다. 최근의 인물은 아니지만, 이 회의론자들 중 영국의 생리학자 찰스 셰링턴 경이 긴 삶의 말년인 1937년에 『인간 그 본성에 관하여』를 쓰면서 지적한 의혹들은 특히 설득력이 있다. 셰링턴은 명석한 생리학자로서 마음을 생물학적으로 이해하기를 간절히 원했다. 그는 그렇게 하지 못하는 것은 '생물학의 수치'라고 느꼈다. 문제는 도무지 그렇게 할 방법을 알 수 없다는 것이었다. 현대의 회의론자들과 마찬가지로, 셰링턴도 생명이 생리화학적으로 이해될 수 있음은 인정했지만, 마음의 본성은 여전히 그를 괴롭히는 문제로 남았다.

마음을 과학적으로 이해할 가능성에 관한 셰링턴의 주된 의혹은, 그가 생각하기에 문제가 되는 데이터, 즉 자각의 내용이 과학자에게 보이지 않는다는 점이었다. "우리의 정신적 경험은 어느 감각기관을 통해서도 관찰되지 않는다……. 지각할 수 있는 것들은 감각에 뿌리를 두고 있다. 우리의 정신적 경험에는 마음으로 들어가는 그러한 통로가 없다. 경험이 이미 마음이 하는 것이기 때문이다." 이를 놓고 봤을 때 과학자는 뇌 안에서 자신이 찾고자 하는 것—경험—을 발견하기를 결코 기대할 수 없으며, 단지 서로 연결되어 끊임없이 정보를 교환하는 천문학적인 숫자의 뉴런들만을 발견할 뿐이었기에, 셰링턴은 "인간이 이해하기에, 세계는 여전히 완강하게 이중적"이라고, 물질적 생명과 마음의 영원한 콤비라는 결론에 다다랐다. 그는 마지못해서 과학이 뇌가 하는 일들과 그것이 일으키는 행동을 설명할 수 는있지만, 의식 있는 마음의 본질인 경험은 '그 이상의 사실들'을 포함하고 있어서, 영원히 과학적 연구의 힘이 미치는 곳 너머에 있을 운명이라고 결론을 내렸다.

최근의 몇몇 유창한 사상가들도 찰스 경의 의견에 폭넓게 동의해왔다. 미국의 철학자 토머스 네이글은 이제 유명해진 그의 소논문, “박쥐가 된다는 것은 어떤 것인가?What is it like to be a bat?”에서, 우리에게 없는 감각—음파 탐지와 같은—을 과학적으로 아무리 많이 탐구해도 우리는 결코 그 감각을 지니고 사용하는 것이 ‘어떤 것인지’ 느낌을 얻을 수는 없을 것이라고 주장한다. 특정한 주관적 1인칭 지식은 과학이 미치는 범위 너머에 있는 것 같다. 철학자 콜린 맥긴Colin McGinn은 그 문제를 함축적으로 요약했다. “물리적 뇌라는 물이 의식이라는 포도주로 바뀌었지만, 이 전환의 본성을 알아내는 데 완전히 실패했다……. 우리의 당혹스러움에는 절망스러운 부분이 있다.” 이 분야의 상상력이 넘치는 사상가 데이비드 차머스David Chalmers가 이와 관련해 도입한 구분법이 이후로 널리 사용되고 있다. 그가 제시한 의식의 ‘쉬운 문제easy question’는 의식의 메커니즘과 관련된 것이다. 내가 지난 절에서 답하기 시작한 종류의 질문들, 즉 자각을 위해서는 뇌의 어떤 부분에서 어떤 종류의 과정이 필요한지 같은 질문들이 ‘쉬운 문제에 속한다. ‘어려운 문제hard question’는 그런데 도대체 어째서 이 과정들이 의식을 일으켜야 하는가 하는 것이다. 많은 사람들에게, 어려운 문제는 답할 수 없는 질문으로 보인다.

셰링턴과 철학적으로 그를 뒤따르는 사람들이 던진 도전장은 마음의 과학에 심각한 도전을 제기한다. 그런데 그 도전—피할 수 없는 것만 같은—은 어딘가 잘못된 것이며, 우리는 도전장을 놓여 있는 곳에 그대로 두어야 하는지도 모른다. 어떻게 그럴 수 있냐고?

때때로 딜레마에 빠져 당혹스러울 때는 두 가지 모순되는 직관 중에서 더 강한 직관을 신뢰해야 한다. 둘 중 하나에 결함이 있다는 직감이 들 때는 특히 그렇다. 분명 모든 사람이 나와 같진 않겠지만, 나에게는 생명이 물질의 연속인 것과 마찬가지로, 마음은 생명의 연속이라는 직관이 매우 강하게 든다. 마음의 재료나 마음의 속성들은 물질적 차원과 다른 차원의 것이라는 그 반대의 '이원론적' 직관은 최소한 부분적으로는 영혼이라는 끈질긴 초자연적 개념에서 기원하는 것이 아닐까 싶다. 오래전에 공식적인 모든 신앙을 버린 사람들조차, 종교가 엄청난 역할을 해온 지적 역사에 계속해서 영향을 받는다. 영혼을 폐기하는 날은 쉽게 오지 않을 것이다.

한 번만 더 돌아보면 그것을 폐기하는 게 조금은 쉬워질 것이다. 우리가 지금 살펴보고 있는 마음과 물질의 관계라는 문제는 둘 사이가 극단적으로 구분된다고 전제하는 경향이 있다. 마치 데카르트가 연장된 실체res extensa—사물—와 사유하는 실체res cogitans—마음—를 근본적으로 대비시킨 것처럼 말이다. 만일 우리가 영혼의 개념을 폐기하면서 물질에서 자유로운 마음이라는 데카르트의 이상한 착상을 포기한다면, 마음에서 자유로운 물질이라는 그의 착상을 고수할 필요도 없어진다. 마음과 물질이라는 고전적 문제는 바로 여기에서 시작된다. 마음 없는 물질과 물질 없는 마음의 대립. 하지만 주장하건대, 이 대립은 거짓이다. 마음과 물질은 반대되는 관계가 아니라 긴밀하고 순환적인 관계다. 마음은 물질로부터 발현하고 물질은 마음에 의해 움직인다. 주체와 객체의 극단적 대비 역시 같은 이유로 우리를 오도한다. 우리는 결코 완전한 객관성을 획득할 수 없다. 지식은 언제나 앎의 주체가 형성하는 것이기 때문이다. 하지만 우리는 순수한 주관성 역시 결코 누릴 수 없을 것이다. 지식은 언제나 세계의 한 부분으로부터 생겨나고 세계의 한 부분을 포함하기 때문이다.

이 생각들이 내가 앞서 제기한 질문에 답을 제시한다. 만일 영혼이 허구라면, 우리에게는 자신을 이해하는 데 황량한 유물론 말고는 아무 대안도 남지 않는 것일까? 나는 그렇지 않다고 생각한다. 물리적 세계에서 '마음을 위한 자리를 찾을' 필요는 없다. 마음은 처음부터 여기에 있었다. 애초에 우리가 바로 세계 안에 들어 있는 세계의 일부다.

그리고 물론 우리는 뇌 이상이다. 어쩌면 우리가 마음과 물질의 관계에 관해 불가능한 질문만을 하고 있는 또 다른 이유는, 우리가 전적으로 뇌에 초점을 맞추는 동안, 괜찮은 답을 만들어낼 수도 있는 재료들에 눈감았기 때문인지도 모른다.

오로지 뇌로부터?

우리의 기쁨, 환희, 웃음, 농담뿐만 아니라 슬픔, 아픔,
비탄, 눈물까지도 오로지 뇌에서만 일어난다…….
우리가 겪는 이 모든 것들이 뇌에서 온다.

히포크라테스, '신성병에 관하여'

우리는 뇌를 우두머리, 최고 책임자, 담당자로 여기는 경향이 있다. 그것은 적절하게도 인간의 펜트하우스 안에 비치되어 있어서, 우리의 부

실한 골격이 제공할 수 있는 가장 높은 전망을 차지하고 있다. 사업에서 최고 책임자가 그러는 것처럼, 뇌는 우리가 쉬고 있을 때에도 몸의 다른 어떤 기관보다 무게에 비해 훨씬 많은 에너지를 소모하면서, 예외적으로 높은 보수를 받는다. 우리는 뇌를 영혼의 상징으로, 아니면 최소한 영혼의 물질적 화신으로 생각한다. 나는 깨어 일하는 시간의 대부분을 뇌가 일으키는 기기묘묘한 일들을 해명하려 애쓰며 보내므로, 뇌의 중요성을 비하하기는 싫다. 하지만 아마도 우리는 모든 것을 뇌 중심으로 보는 잘못된 길로 빠질 위험에 처해 있는 것 같다. 우리가 경험의 모든 풍부함을 오로지 뇌가 하는 일들 속에서 발견하길 바란다면, 우리는 심각한 실망을 맛보게 될 수 있다.

육지에서 삐죽 나온 곳에 서서 바다를 내다본다고 상상하라. 무수한 파도들이 하얀 거품을 머리에 이고 달려와 30미터 아래를 때리고 있다. 당신의 눈은 한 떼 또 한 떼 밀려드는 사나운 물결을 넘어가다 청록색 바다가 연파랑 하늘과 만나는 수평선을 발견한다. 눈을 떠서 이 경치를 바라보는 것보다 더 간단한 것이 뭐가 있겠냐고? 글쎄, 이 기초적인 경험을 위한 선행조건들을 고려해보자.

가장 기본적으로, 당신은 먼저 살아 있어야 한다. 하지만 단순히 살아만 있는 것이 아니라, 움직이는(그리고 꼼지락거리는) 종류의, 스스로 자기 살 길을 찾아다녀야 하는 종류의 생물이어야 한다. 그렇지 않다면, 애초에 보는 데 드는 모든 수고를 할 이유가 무엇이겠는가? 다시 말해 당신은 한 마리 동물, '빛도 없이 타는 불들' 가운데 하나, 먹을 것이 필요하고, 숨을 쉬고, 심장이 뛰고, 번식하는 생명체여야 한다. 그러한 생명체들이 수억 년을 거치는 동안, 빛을 탐지하고, 파장을 구분하며,

세계의 상을 형성하고, 빛이 도착했다는 소식을 전송하는 섬세한 장치를 진화시킨 것이다. 다윈은 눈이라는 절묘한 기구를 마주하고 패배를 인정하기 직전까지 갔으며, "오늘까지도 그것을 생각하면 으스스 몸이 떨린다"고 쓰기도 했다. 하지만 물론 눈은 혼자서 진화하지 않았다. 진화는 번식이라는 결과를 통해 작동하며, 눈 혼자서는 그것을 이뤄낼 수 없다. 눈은 오로지 안내할 수 있는 몸이 있을 때에만 쓸모가 있다. 시각은 처음부터 몸으로 구현되는 것이었고, 눈으로부터 뇌를 거쳐 뇌가 인도하는 손에 이르기까지, 시각계의 모든 부품은 자연선택으로 형성되었다. 시각계는 우리가 눈을 뜨기 전에도 이미, 설계될 때 보고자 한 세계에 관한 정보를 엄청나게 많이 담고 있다.

눈을 얻는 것은, 그리고 시각계를 얻는 것조차도 시작에 지나지 않는다. 당신이 보는 그 부서지는 파도의 경치도 오래전에 잊힌 발달 과정의 성과다. 유아기와 아동기 처음 몇 년에 걸쳐, 신경계에서 가소성이 최대인 기간 동안, 우리 시각계의 세포들은 점차 세계의 특징에 맞추어 조율된다. 우리의 뇌는 문자 그대로 환경에 의해 형성된다. 동시에 눈을 써서 세계 어디든 갈 수 있는 법을 배우면서, 우리는 자신이 움직일 때 세계 속 사물들의 모습이 어떻게 변할지에 관한 기댓값들을 엄청나게 많이 비축한다. 내가 어떤 수직선을 본 다음 눈을 약간만 옆으로 돌리면, 수직선은 흐릿해질 것이다. 이 사실을 아는 것이 선을 본다는 행위의 일부다. 어린 시절부터 앞을 보지 못하다가 어른이 되어 시각을 복원한 사람들은 분명히 눈에서 정보가 흘러들어오고 있음에도 불구하고 '볼 수 없다'며 불만을 토로한다. 보통 우리가 뚜렷한 노력 없이 시각적 세계를 파악할 수 있도록 해주는 기댓값들이 그들에게는 축적되어 있지 않은 것이다. 천문학자 윌리엄 허셀William Herschel 경은 "보는 것은 학습해야만 하는 기술이다. 우리는 보자마자 볼 수 없다"라고 썼다. 그러한 '감각운동sensorimotor' 지식이 나중에 우리가 발휘하는 모든 인지의 토대가 된다.

아기 시절에 지각에 필요한 지식을 습득하는 내내 우리는 언어에 노출된다. 우리는 차츰 그 언어를 우리가 점점 더 실제적으로 이해해가는 세계에 대응시킨다. 언어가 제공하는 빠른 입장권을 들고 문화의 영역으로 들어가면, 문화는 곧 경험에 스며들고 경험을 형성하기 시작한다. 우리가 내다보는 그 바다가, 곶에서 보이는 경치 위를 맴도는 천 번의 비행—진짜 비행이든 상상의 비행이든, 목적이 모험이든 체공비행이든 망명이든—을 위한 출발점이 되는 것이다.

우리가 보는 것에는 아직도 더 많은 것이 있다. 부서지는 파도를 내다보는 동안, 우리의 눈은 움직인다. 눈은 장면을 심문한다. 경험이란 수동적인 접수가 아니라 능란한 정보수집의 과정이다. 지각하는 것은 언제나 행동하는 것이다.

어떤 경험이 첫눈에 아무리 단순해 보여도, 그것은 언제나 '체화되어 있고embodied', '내재되어 있고embedded', '연장되어 있다extended'. 몸을 지니고 있는embodied 동물이, 문화 속에 심어져 있으면서embedded, 시공간에 연장된extended 주위환경 및 타인들과 상호작용하면서 하는 활동인 것이다. 뇌는 그 경험의 사슬에서 없어서는 안 될 고리이지만, 경험의 유일한 출처도, 유일한 생산자도 아니다. 우리는 뇌를 요술 램프와 같은 것으로 생각하는 경향이 있다. 제대로 문지르기만 하면, 눈에 보이는 뇌 안의 물질적 사건들과 동시에 눈에 보이지 않는 비물질적

'마음 사건들이 일어난다고 말이다. 어쩌면 그 대신 우리는 뇌를 일종의 매개체—세계와 접촉할 때 우리가 세계의 어마어마한 풍부함을 포착할 수 있게 해주는 엄청나게 미묘한 장치—로 생각해야 할 것이다.

하지만 당신은 속았다는 느낌을 받았을지도 모른다. 왜냐하면, 만일 이것이 과학이 제공할 수 있는 전부라면, 즉 몸에 연결되어서 시공간을 헤치고 돌아다니는 고도로 진화하고 학습한 뇌에서 일어나는 사건들을 설명하는 게 다라면, 경험의 정수, '살아 있다는 것은 어떤 것인가'라는 느낌을 포착하는 데는 실패한 것 아닌가?

왕국의 열쇠

그 왕국에는 도시가 있단다,
그 도시에는 마을이 있단다,
그 마을에는 거리가 있단다,
그 거리에는 꼬불꼬불 골목길이,
그 골목길에는 터가 있단다,
그 터에는 집이 있단다,
그 집에는 방이 기다리고 있단다,
그 방에는 침대가 있단다,
그 침대 위에는 바구니가 있단다,
꽃바구니가.

꽃들은 바구니 안에,
바구니는 침대 위에,
침대는 방 안에,
방은 집 안에,
집은 잡초 우거진 터에,
터는 꼬불꼬불한 골목길에,
골목길은 넓은 거리에,
거리는 넓은 마을에,
마을은 도시에,
도시는 왕국에 있단다.
이것이 왕국의 열쇠란다.

전래 동요

이 자장가는 우리들이 어릴 때 하고 놀았던, 내 땅을 좁혀 들어갔다가 넓혀나가는 게임을 그대로 닮았다. 웅대한 것으로부터 지엽적인 것으로, 국가의 규모에서 가정과 그 중심의 규모로 쭉 내려갔다가 다시 그 순서를 되돌리는 이 노래는, 마치 우리가 만물을 제대로 이해하려면—왕국의 자물쇠를 열려면—이 과정에서 나오는 모든 관점들을 고려해야 한다는 의미를 함축하는 듯하다. 이 노래는 우리 존재를 구성하는 미소한 전자들로부터 가시적인 뇌라는 광활한 공간까지, 우리가 이 책에서 거쳐 온 여정에 대한 비유가 된다. 하지만 그것은 또한 경험에 대한 두 가시 사고방식—과학을 통한 방식과 예술을 통한 방식—을 대비시키는 은유로서 읽힐 수도 있다.

우리의 경험, 우리의 의식은 본래 유일무이하다. 특정한 한 주체의 전유물로, 우리 자신의 매우 개인적인 역사에서 나온 개별적 산물인 것이다. 그것은 막대한 정보의 거대한 종합을 나타내는, 미증유의 통합 과정에서 나온 결과다. 우리—그리고 우리의 뇌—는 그러한 것을 가능하게 하는 종합자 내지 통합자이다. 이 성취는 복잡하기는 하지만, 본질적으로 불가사의한 것은 아니다. 다만 이것은 우리의 본성에 관한 필수적인 사실이다. 소설가 데이비드 로지의 말을 빌리자면 '개인적 경험의 농밀한 특수성을 포착하고 환기시키는 것은 예술의 주목적들 가운데 하나다. 어쩌면 유일한 목적일지도 모른다. 로지는 자신의 어느 소설 서문에서 조지프 콘래드Joseph Conrad의 말을 인용한다. "내게 주어진 과제는 내가 쓴 글의 힘으로 당신이 듣도록, 당신이 느끼도록 만드는 것이다. 그것은 무엇보다도, 당신이 보도록 만드는 것이다. 결코 그 이상이 아니며, 그것이 전부다." 예술의 목표는 생생한 경험의 존재를 상기시키는 것이다. 데이비드 로지가 주장했듯이, 그런 의미에서 예술가는 의식의 진정한 전문가다.

과학의 소관은 이와 다르다. 과학이 경험 자체를 설명하려 한다 해도, 경험은 과학의 행동을 지배하는 원리와 규칙성들 너머에 있는 것으로 보인다. 과학은 경험의 생생한 '존재presence'를 상기시키는 것을 목표로 하는 대신, 우리가 경험하는 것을 설명하기 위해 '닮은 것likeness'을 제공할 뿐 우리 경험을 불러일으키지는 않는다. 과학은 종합과 통합 대신, 분석과 분화를 가지고 일한다. 예술이 특정하고, 개인적이고, 구체적이라면—보편적 연관은 있다 하더라도—, 과학은 일반적이고, 비개인적이고, 추상적이 되려고 애쓴다. 각자가 경험에 관해 할 말이 많다.

두 접근법은 상보적이다. 둘 다 왕국을 여는 열쇠를 제공해, 우리가 우리의 생명과 마음을 이해하도록 돕는다.

오 크나큰 신비여

O magnum mysterium, et admirabile sacramentum......
(오 크나큰 신비여, 또한 경외할 신성함이여 ……)

어떤 곡들은 혼자서 듣는 것이 최고다. 도취될 만큼 너무나 아름다워서 그 기쁨에 완전히 몰입되기 때문이다. 나는 모르텐 로리젠Morten Lauridsen 작곡의 '오 크나큰 신비여O Magnum Mysterium'를 차를 타고 출근하는 길에 라디오에서 처음 듣고, 거의 심장이 멎는 줄 알았다. 어떻게 인간 목소리의 조합으로 그토록 사랑스럽게—또는 그토록 슬프게—곡을 만들 수 있을까?

그 곡은 어떤 신비—구유에 던져져 동물들 한복판에서 이루어진 숙명적 탄생의 신비—를 기린다. 나는 종교인이 아니지만, 이 곡은 부드러움과 경외감을, 경이, 행복, 슬픔이 혼합된 눈물 어린 감정을 불러일으킨다. 나는 때때로 그 노래를 찾아 듣는다. 지금 내가 이 곡을 언급하는 이유는 내가 알기로 우리의 느낌을 지배하는 음악의 힘이 이 책의 주요 주제를, 즉 물질, 생명, 마음의 깊은 연속성을 가장 훌륭하게 보여주는 실례 가운데 하나이기 때문이다.

이 별나게 추상적인 예술이 어떻게 우리의 숨을 멎게 하고 눈물을 흘리게 할까? 그 단서는 물론 우리가 음악에 대해 그토록 자주 사용하는 단어에 있다. 음악은 우리를 움직인다. 다른 어떤 형태의 예술도 그토록 직접적으로 우리 감정에 말을 걸지 않으며, 음악은 발과 몸에도 똑같이 직접 말을 걸어 발장단을 맞추고 춤을 추게 한다. 그것은 즉시, 그리고 강력하게 뇌의 활동을 조율한다. 일단의 음악가들이 개인적으로 척추에 전율을 흐르게 하는 곡이라고 선정한 특정 곡을 들을 때 나타나는 뇌의 반응을 연구한 앤 블러드Anne Blood와 로버트 자토레Robert Zatorre는 그 떨림과 함께 어김없이 심박 수가 늘고, 호흡이 깊어지고, 근육이 긴장되는 것을 발견했다. 그리고 그 이상의 발견도 있었다. 각성, 보상, 감정에 연관된 뇌 영역들에서 나타나는 활동 패턴이 음식이나 섹스와 같은 희열을 주는 자연적 자극에 대한 반응으로 일어나는 변화를 그대로 보여주었던 것이다. 신경과학자 팀 그리피스Tim Griffiths는 "느낌이 사라졌을 때When the feeling's gone"라는 제목의 보충 사례 보고에서, 블러드와 자토레가 확인한 영역 일부에 뇌졸중이 일어난 환자가 리듬이나 선율을 판단하는 능력은 그대로였지만, 라흐마니노프 전주곡들에 대한 강한 감정적 반응이 완전히 사라진 사례를 소개했다.

음악은 다름 아닌 느낌의 형태를 포착할 수 있다. 그 형태는 동시에 수학적이면서 마음에 떠오르고, 입자와 행성의 움직임과 우리 뇌 안에서 벌어지는 춤을 반영한다. 음악이 그토록 사람을 도취시키는 이유는 심오한 의미에서, 우리 자신이 곧 음악이기 때문이다. 특히 우리 뇌가 끊임없이 상호작용하는 리듬에 따라 좌우된다는 직접적인 의미에서 그렇다. 올리버 색스의 기억에 남는 구절을 빌리자면, 음악은 우리에게 '양적인 동시에 질적인 융합'을 엿볼 기회를 준다. 악보에 적힌 음표들의 수학적 패턴이 연주자의 팔이나 가수의 목구멍에서 운동의 패턴으로 번역되고, 그것이 공기의 운동 패턴을 설정하고, 그것이 듣는 이의 뇌에서 신호 전달의 패턴을 일으키고, 그것이 그의 발장단과 그의 마음속에서 일어난 느낌의 패턴이 된다.

우리는 그러한 것들이 어떻게 일어날 수 있는지, 어떻게 무생물에서 생물이 생기는지, 인간이라는 '먼지 중의 먼지'가 어떻게 '행동할 때는…… 천사 같고 이해할 때는…… 신과 같은지!', 이제 겨우 이해하기 시작하고 있다. 이 책에서 개략적으로 보여준 답은 잠정적인 스케치이다. 우리는 지극히 군체群體적인, 다층적 수준에서 군체적인 생물이다. 우리는 원자들로 만들어져 있다. 어떤 것이든 원자를 다스리는 법칙들이 우리 생명을 다스린다. 우리 원자들은 거대분자들로, 지구상에서 일어난 30억 년의 진화로 용도가 정교하게 정해진 단백질이나 유전자들로 결합한다. 이 분자들 자체는 서로 힘을 합쳐 세포소기관들을 창조한다. 환경으로부터 에너지를 끌어내 자신을 만들고 유지하면서 우리 세포 안에서 생화학적 생명 업무를 수행하는 미토콘드리아가 그런 세포소기관의 하나다. 세포들은 조직되어 세포조직이 된다. 뇌의 조직은 명령과 통제를 위해 설계된 뉴런들의 네트워크, 뉴런의 네트워크들의 네트워크들로 짜인 복잡한 태피스트리다. 우리는 대니얼 데닛의 말처럼, 진실로 '기계들로 만들어진 기계들로 만들어진 기계들'로 만들어져 있다. 우리는 자신을 복제하도록 설계된 기계들인 것이다. 그럼에도 불구하고 우리는 무언가 다른 존재이다. 우리에게는 마음이 있다. 마음은 다른 종류의 기계가, 눈에 보이지 않고 비물질적인 불멸의 존재가 아니다. 그것은 생명 활동의 하나로, 매우 중요한 활동이며, 특히 우리가 물질을 알아가게 해주기 때문에 중요하다. 마음은 물질과 더불어 자기의 자리에 있다. 마음은 물질로부터 일어나고, 물질을 움직인다. 물질의 자식이기도 하고 부모이기도 한 것이다.

지킬 박사와 하이드 씨의 악몽 같은 이야기에서, 로버트 루이스 스티븐슨Robert Louis Stevenson은 "궁극적으로 인간의 내면에서는 각양각색의 서로 다른 독립된 자아들이 서로 다투며 공존하게 될 것"이라고 어둡게 예측했다. 이 책은 당신에게 독특한 남녀 거주자들 일부를, 뇌의 내부 부품들과 윙윙 돌아가는 뉴런들의 네트워크를 소개했다. 당신은 늘어나기만 하는 일련의 낯선 성분들, '수백만의 국한적 원리들'로 분해될 위협에 놓인 당신의 자아, 당신의 영혼이 매우 걱정스럽게 느껴질 것이다. 나도 공감한다. 하지만, 어떤 식으로든 대개, 부분들은 합산된다. 좋든 싫든, 그 부분들이 우리 존재의 기본 구조다. 우리는 초자연적인 힘을 끌어들이지 않고 우리 자신을 이해하는 법을 배우고 있다. "이런 생명관에는 장엄함이 깃들어 있다"고 다윈은 썼다. 거기에는 신비도 넘쳐난다.

자료 출처와 더 읽을거리

배경 자료

이 책을 즐기는 독자라면 몇 권의 신경학 이야기 모음집(윌리엄 오슬러 William Osler 경의 말로, '아라비안나이트처럼 흥미진진한')에 매력을 느낄 것이다. 올리버 색스의 훌륭한 책 『아내를 모자로 착각한 남자(이마고, 1996)』와 그의 후속작 『화성의 인류학자(바다출판사, 2005)』가 여기 들어간다. 폴 브록스Paul Broks의 『사일런트 랜드(연암서가, 2009)』는 색스가 신경학을 위해 한 일을 신경심리학을 위해 하면서, 우리가 더 무모한 상상의 영역으로 들어가는 것을 막아준다. Jonathan Cole의 *Pride and a Daily Marathon*(MIT Press, 1995)』은 단 한 사람의 신경과 환자, 팔다리의 모든 감각을 잃어버린 한 남자를 연구한 상세하면서도 흥미진진한 이야기이다. Harold Klawans의 *Newton's Madness*(Headline, 1990)는 속사포처럼 이어지는 신경학적 탐정 이야기이다. 이 책의 이야기들은 대부분 실생활에서 뽑은 것이지만, 허구의 성질을 많이 담고 있다. Sebastian Faulks의 *Human Traces*(Hutchinson, 2005)는 흡인력 있는 소설로, 웅장한 규모로 신경정신의학의 역사에 관한 풍부한 정보를 담고 있는 동시에, 여기 나열한 작가들 모두와 겹치는 관심사들을 담고 있다. Stanley Finger의 *Minds behind the Brain-a history of the pioneers and their discoveries*(Oxford, 2000)는 신경과학의 더 광범위한 역사를 소개하는 매력적인 입문서다.

더 체계적인 과학적 배경을 구하는 사람들은 이 영역에서 최근에 나온 교과서를 파고 싶을 것이다. Alwyn Lishman의 *Organic Psychiatry*(Blackwell, 3rd edn, 1997), Eric Kandel 등의 *Principles of Neural Science*(Prentice-Hall International, 3rd edn, 1991), Michael Gazzaniga의 Cognitive Neuroscience(W. W. Norton, 2nd edn, 2002)가 내가 좋아하는 교과서들이다.

1장: 피곤해

화학사에 관한 책으로는 Paul Strathern의 *Mendeleyev's Dream: the quest for the elements*(Hamish Hamilton, 2000)와 올리버 색스의 『엉클 텅스텐(바다출판사, 2004)』 두 권 다 매우 잘 읽히면서 알차다. 나는 Roy Porter의 *The Greatest Benefit to Mankind*(HarperCollins, 1997)와 W. C. Dampier의 *A History of Science*(Cambridge University Press, 1966)도 참고했다. 토머스 윌리스와 동시대인들에 대한 흥미진진한 연구를 다룬 칼 짐머Carl Zimmer의 『영혼의 해부(해나무, 2007)』, 좀 더 학술적인 색깔을 띤 Robert Martensen의 *The Brain Takes Shape*(Oxford University Press, 2004)는 이 장에서 요약한 역사의 측면, 특히 17세기 과학혁명을 다룬다. Stephen Rose의 *Chemistry of Life*(Penguin, 3rd edn, 1991)는 접근하기 쉬운 기초

생화학 입문서다(생화학 영역에는 총천연색 학부용 교과서들도 시중에 많다). S. Wessely 등의 학술도서 *Chronic Fatigue*(Oxford University, 1998)는 만성피로증후군에 관한 역사적 배경 및 현재의 견해와 더불어 그 증후군으로 오인될 수 있는 많은 의학적 장애들을 상세히 논의하고 있다. 같은 분야를 간단히 개관하려면 J. L. Levenson이 편집한 *Essentials of Psychosomatic Medicine*(American Psychiatric Publishing, 2007)에서 M. Sharpe와 P. O'Malley가 쓴 9장: "Chronic fatigue and fibromyalgia syndromes"를 보라. 내가 구리 결핍의 위험에 관해 알게 된 것은 *Advances in Clinical Neuroscience and Rehabilitation*(2007) 20~21쪽에 수록된 Stephen Jaiser 등의 "Copper deficiency masquerading as subacute combined degeneration of the cord and myelodysplastic syndrome"을 통해서였다. 앨리슨의 사례는 A. S. J. Zeman 등의 "Multicore myopathy presenting in adulthood with respiratory failure," *Muscle & Nerve*, 20 (1997): 367~369에 전문 용어로 설명되어 있다.

2장: 꼼지락거리지 좀 마라

매트 리들리Matt Ridley의 『게놈(김영사, 2001)』은 매우 칭송받는 대중적인 유전학 입문서다. 나는 이제 3판째인 D. J. Weatherall의 *The New Genetics and Clinical Practice*(Oxford, 1991)에서 많은 것을 배웠다. Stephen Rose의 *Chemistry of Life*가 여기서도 유익한 배경지식을 제공한다. 광범위한 종의 유전자들 사이 유전적 관계를 *Nature*, 408 (2000): 796~815의 "Analysis of the genome sequence of the flowering plant

Arabidopsis thaliana. The Arabidopsis Genome Initiative"에서 논의하고 있다. FOXP2 '언어 유전자'에 관한 연구는 *Nature Reviews Neuroscience*, 6 (2005): 131~138에 실린 Faranah Vargha-Khadem 등의 "FOXP2 and the neuroanatomy of speech and language"에 요약되어 있다. 대뇌기저핵, 기분, 행동과 관련된 연구로는 *New England Journal of Medicine*, 340 (1999): 1476~1480에 실린 B. P. Bejjani 등의 "Transient acute depression induced by high-frequency deep-brain stimulation," *Lancet*, 360 (2002): 1302~1304에 실린 L. Mallet 등의 "Compulsions, Parkinson's disease, and stimulation"이 있다. 찰리의 사례는 *Psychiatric Genetics*, 15 (2005): 291~293에 실린 A. Zeman 등의 "McLeod Syndrome: Life-long neuropsychiatric disorder due to a novel mutation of the XK gene에 보고되어 있다.

3장: 여명의 빛

나는 매혹적인 의학적 발견의 이야기들을 모은 Michael Howell과 Peter Ford의 *The Ghost Disease*(Penguin, 1986)의 표제글에서 이 장애들의 비범한 역사를 처음 알게 되었다. 물론 그 이후에 쓰여진 글도 많다. *Journal of the Royal College of Physicians of London*, 28(1994): 1~30에 대한 부록으로 발표된 Stanley Prusiner의 "Prion disease of humans and animals"와 *New England Journal of Medicine*, 344(2001): 1516~1526에 실린 그의 샤턱 강연 내용을 담은 "Neurodegenerative diseases and prions"는 둘 다 매우 유용한 정보를 준다. R. G. Will 등이 영국에서 신종 크로이츠펠

트 야콥병이 발견된 과정을 서술한 논문 "A new variant of Creutzfeldt-Jakob disease in the UK"는 *Lancet*, 347(1996): 921~925에 발표되었다. Ki-Heung Kim의 2003년 에든버러 대학교 박사논문 "From scrapie to prion disease"는 1998년 P. Brown과 R. Bradley가 *British Medical Journal*, 317: 1688~1692에 발표한 "1755 and All That: a historical primer of transmissible spongiform encepholopathy와 더불어 역사적 배경을 스케치한다.

4장: 변신

변신은 어디에나 있다. 오비디우스의 『변신이야기』는 최근에 Michael Hofman과 James Lasdun이 편집한 *After Ovid: new metamorphoses*(Faber, 1994)에서 번역 및 재배열되었고, 거기서 이 장을 여는 인용구를 가져왔다. 자연스러운 엄숙함을 지닌 곡, 리하르트 슈트라우스Richard Strauss의 '변신Metamorphosen'은 이 곡의 열광적인 팬인 내 딸을 통해 알게 됐고, 슈트라우스가 자신의 일터이자 자신의 곡을 초연했던 뮌헨, 빈, 드레스덴의 극장들이 폭격을 당한 뒤 작곡한 곡임을 알고 나니 너무나 통렬하게 들렸다. 미토콘드리아에게 바치는 최초의 대중서적인 닉 레인Nick Lane의 『미토콘드리아(뿌리와이파리, 2009)』도 최근에 쓰여진 책이다. Lynne Margulis의 *Acquiring Genomes*(Basic Books, 2002)는 진화에서 공생이 결정적인 힘이었다는 발상을 소개한다. 미토콘드리아에 관한 의학 문헌과 과학 문헌은 엄청나게 많다. 다른 자료들 가운데 내가 참고한 것으로는 *Genome Biology*, 2(2001): 1018.1~1018.5에 실린 M. W. Gray 등의 "The origin and early evolution of mitochondria," *Journal of Neurology*, 250(2003): 267~277에 실린 J. Schmiedel 등의 "Mitochondrial Cytopathies," *Practical Neurology*, 6 (2006): 90~101에 실린 Patrick F. Chinnery의 "Could it be mitochondrial? When and how to investigate"가 있다. 시냅스 성장에서 미토콘드리아가 하는 역할에 관한 최근 연구는 *Nature Reviews Neuroscience*, 6(2005): 93에 실린 Jane Qiu의 "Fuel for plasticity"에 요약되어 있다. 멜라스 증후군은 S. Pavlakis 등이 *Annals of Neurology*, 16(1984): 481~488의 "Mitochondrial myopathy, encephalopathy, lactic acidosis and strokelike episodes: a distinctive clinical syndrome에서 묘사했다.

5장: 황홀한 미로

이 장은 현미경으로 신경계의 해부구조를 탐구한 19세기 연구에 관한 Gordon Shephaerd의 흥미진진한 책, *Foundations of the Neuron Doctrine*(Oxford University Press, 1991)에 많이 의존한다. 산티아고 라몬 이 카할의 회고록인 *Recollections of my Life*는 E. Horne Crainie와 Juan Cano의 번역본(MIT Press, 1996)을 구할 수 있다. 회고록은 19세기 중반 스페인에서의 반항적인 어린 시절에 대한 흥미로운 묘사와 그의 연구생활—어떤 면에서 똑같이 반항적인—및 풍요로운 발견들에 대한 설명으로 반반씩 나뉜다. 황홀한 발작은 *Epilepsy and Behaviour*, 4(2003): 667~673에 실린 B. A. Hansen과 E. Brodtkorb의 "Partial epilepsy with ecstatic seizures"에서 묘사된다. 도스토예프스키의 간질은 *Seizure*, 14(2005): 324~330에 실린

C. R. Baumann의 "Did Fyodor Mikhailovich Dostoevsky suffer from mesial temporal epilepsy?"에서 논의된다. Michael Trimble의 최근 책 *The Soul in the Brain: the cerebral basis of language, art and belief*(John Hopkins University Press, 2007)에는 간질과 종교 체험의 관계에 대한 흥미롭고 상세한 논의가 포함되어 있다. 5장과 다른 곳에 인용한 셰링턴의 글들은 *Man on His Nature*(Cambridge University Press, 1953)에서 가져온 것이다. 히포크라테스의 *On the Sacred Disease*(물론 간질에 초자연적 원인이 있다는 발상에 반대하는)는 W. H. S. Jones가 번역한 *Loeb Classical Library series*(Harvard University Press, 1998)에서 구할 수 있다. 골지와 카할이 띄워놓은 주제의 현 상태에 대한 상세한 최신 설명을 원하면, G. Shepherd가 편집한 The Synaptic Organization of the Brain(5판, Oxford University Press, 2004)을 보라.

6장: 의사 겔리노의 꿈

내가 공상을 곁들여 다듬은 의사 겔리노의 이야기는 학술지 *Sleep*, 3(1981): 241~246에 실린 Pierre Passouant의 "Historical note," "Doctor Gelineau(1828~1906): narcolepsy centennial"에서 뽑은 것이다. 겔리노가 서술한 원본인 "De la Narcolepsie"는 *Gazette des Hôpitaux*, 1880: 626~628과 635~637에 발표되었다. 기면증일 때 부족한 신경전달물질인 하이포크레틴의 발견을 포함해, 기면증에 대한 지식의 현 상태는 Y. Dauvilliers 등이 최근에 *Lancet*, 369(2007): 499~511에서 "Narcolepsy with cataplexy"라는 제목으로 개관했다.

데자뷰를 검토한 보고서들이 있다. 짧은 것으로는 *Practical Neurology*, 3(2003): 106~109에 수록된 C. Warren-Gash와 A. Zeman의 "*Déjà vu*"가 있고, 더 긴 것으로는 *Psychological Bulletin*, 129(2003): 394~413에 실린 A. S. Brown의 "A review of the *déjà vu* experience"와 V. M. Neppe의 *The Psychology of Déjà vu: have I been here before?*(Witwatersrand University Press, Johannesburg 1983)가 있다. 문학에서 다루어지는 데자뷰는 *British Journal of Psychiatry*, 160 (1992): 511~518에 실린 Herman Sno 등의 "Art imitates life: *déjà vu* experiences in prose and poetry"에서 논의된다. 이 장에서 언급한 연장된 데자뷰의 최초 사례는 Helen Wright 등이 "Prosopagnosia following non-convulsive status epilepticus associated with a left fusiform gyrus malformation"이라는 제목으로 *Epilepsy and Behaviour*, 9(2006): 197~203에서 묘사했다. 데자 베큐의 개념은 C. J. Moulin, M. A. Conway 등이 *Neuropsychologia*, 43(9) (2005): 1362~1378에 "Disordered memory awareness: recollective confabulation in two cases of persistent *déjà vecu*"라는 제목의 논문을 실으면서 도입했다. 대니얼 샥터의 기억 실패에 대한 설명들은 『기억의 일곱 가지 죄악(한승, 2006)』에서 소개된다. John Hodges는 짧지만 훌륭한 책 *Transient Amnesia*(W. B. Saunders, 1991)에서 일시적 기억상실의 원인들을 논의한다. 최근 연구는 *Advances in Clinical Neuroscience and Rehabilitation*, 6(2006): 13~14에 실린 Chris Butler와 Adam Zeman의 "Syndromes of transient amnesia"에 요약되어 있다. 제드가 겪은 특정한 형태의 일시적 기억상실은 C. Butler 등

이 자세히 탐구하여 "The syndrome of transient epileptic amnesia"라는 제목으로 *Annals of Neurology*, 61(2007): 587~598에 실었다. '수면과 망각' 이라는 절의 제목은 *Lancet*, 357(2001): 524에 실린 B. J. Corridan 등의 "A case of sleeping and forgetting"에서 빌려온 것이다. 초기 해마 손상이 기억에 미치는 효과에 관한 Faraneh Vargha-Khadem의 연구는 *Science*, 277(1997): 376~380에 실린 "Differential effects of early hippocampal pathology on episodic and semantic memory"와 더 최근의 몇몇 출판물에서 묘사된다. 복잡한 신경계의 시냅스 숫자에 관한 사실들을 참고하려면, Peter R. Huttenlocher의 *Neural Plasticity*(Harvard University Press, 2002)를 보라. 뇌의 주요 신경계의 조직—산티아고 라몬 이 카할이 시작한 작업의 최절정—에 대한 상세한 설명을 원하면, 위에 언급한 Gordon Shepherd의 책 *The Synaptic Organization of the Brain*을 보라. 좌반구의 언어 편재에 관한 브로카의 혁신적인 연구는 E. A. Berker 등의 영어 번역본이 "Translation of Broca's 1865 report: localization of speech in the third left frontal convolution"이라는 제목으로 *Archives of Neurology*, 43(1986): 1065~1072에 실려 있다.

8장: 상실의 기술

얀의 장애인 '의미 치매'의 고전적인 최근 묘사로는 John Hodges 등이 *Brain*, 115(1992): 1783~806에 발표한 "Semantic dementia: progressive fluent aphasia with temporal lobe atrophy"가 있다. 의미 치매는 전두측두 치매 증후군들 가운데 하나다. John Hodges가 편집한 *Frontotemporal*

Dementia Syndromes(Cambridge University Press, 2007)는 더 광범위한 그림에 대한 권위 있는 설명을 해준다. 이 장애를 겪는 도중에 때때로 일어나는 창의성의 방출은 *Neurology*, 51(1998): 978~982에 실린 B. Miller 등 의 "Emergence of artistic talent in frontotemporal dementia" 와 *British Journal of Psychiatry*, 176(2000): 458~463에 실린 "Functional correlates of musical and visual ability in frontotemporal dementia"에서 묘사된다. Narinder Kapur는 *Brain*, 119 (1996): 1775~1790에 실린 "Paradoxical functional facilitation in brain-behaviour research"에서 관련 생각들을 논의한다. Chris McManus의 *Right Hand, Left Hand*(Phoenix, 2002)는 비대칭의 주제를 탐구한다. 정신분열증이 반구 전문화의 실패와 관계가 있다는 관점을 참고하려면 *Current Opinion in Psychiatry*, 17(2004): 97~106에 실린 T. J. Crow의 "Cerebral asymmetry and the lateralization of language: core deficits in schizophrenia as pointers to the genetic predisposition"을 보라. 렘브란트에 관해 더 알고 싶은 사람은 Simon Schama의 *Rembrandt's Eyes*(Penguin, 1999)와 함께 멋진 시간을 보낼 수 있을 것이다.

9장: 배신

Ilze Veith의 *Hysteria: the history of a disease*(University of Chicago Press, 1965)는 히스테리에 관한 수세기에 걸친 생각을 흥미진진하게 소개한다. 최근 연구서로는 Peter Halligan, Chris Bass, John Marshal이 편집한 *Contemporary Approaches to the Study of Hysteria: clinical and theoretical perspectives*(Oxford University Press, 2001)가 있다. 신경과에 찾아오는 환자들 가운데 3분의 1가량에게 의학적으로 설명되지 않는 증상들이 있다는 증거는 *Journal of Neurology, Neurosurgery and Psychiatry*, 68(2000): 207~210에 실린 A. J. Carson 등의 "Do medically unexplained symptoms matter? A prospective cohort study of 300 new referrals to neurology outpatient clinics"에서 찾아볼 수 있다. Jon Stone은 이 영역에서 폭넓게 글을 썼다. 다만 그가 제니와 증상이 유사한 100명이 넘는 환자들을 연구해서 발견한 주요 결과들 가운데 많은 부분은 아직 발표되지 않았다. 그가 경험한 것은, 널리 공유되는 내용으로서, 히스테리로 인한 죽음에 대한 보고들은 대단히 과장되어왔다는 것이다.

10장: 영혼의 해부학

영혼에 관한 하인로트의 말은 G. Zilboorg가 편집한 *A History of Medical Psychology*(W. W. Norton, 1941)에서 인용한 것이다. 셰링턴의 말은 *Man on His Nature*에서 가져왔다. 마음과 뇌의 관계에 대한 셰링턴의 관점은 복잡했지만, 그는 영혼이라는 개념을 상대하지 않았다. 대니얼 데닛의 『마음의 진화(사이언스북스, 2006)』는 그 주제에 관한 그의 도전적인 사고들을 흥미롭게 소개한다. Robin Dunbar의 *The Human Story*(Faber, 2004)는 인간 진화의 사실들을 간결하고 정연하게 소개한다. *Behavioral and Brain Sciences*(Cambridge University Press, 2006)에 실린 Jesse Bering의 논문 "The folk psychology of souls"는 영혼과 내세의 존재를 믿는 것에 있을 수 있는 진화적 이점들을 논의한다. 데이비드 로지의 *Consciousness* *and the Novel*(Penguin, 2003)은 의식의 과학에 대해 많은 것을 시사하는 삐딱한 시선으로, 의식에 관한 진짜 전문가는 사실 창의적인 예술가들이라고 주장한다. Robert Martensen은 *The Brain Takes Shape*(Oxford University Press, 2004)의 흥미로운 글은 어느 시점에서 '닮은 것'과 '존재'를 구분한다. 내가 쓴 *Consciousness: a user's guide*(Yale University Press, 2002)는 이 장의 영역을 더 자세히 탐구한다. 그 책의 참고문헌들도 이 영역의 다른 글들을 안내해줄 것이다. 나는 그 책에서 취했던 불가지론의 관점에서 약간 벗어나, 마음은 '체화된, 내재된, 연장된' 것이라는 생각을 따르고자 했다. Douglas Hofstadter의 *I Am a Strange Loop*(Basic Books, 2007)는 거의 이 책이 멈추는 곳에서 출발하는, 놀라운 영혼(그리고 자아, 내면, 의식)의 연구서다. 마법을 끌어들이지 않고 현재 우리가 뇌에 관해 이해하고 있는 내용을 기초로 마음을 이해하는 길을 탐색하고 싶은 모든 사람에게 이 책을 강력하게 추천한다. 영원히 흥미롭지만 똑같이 당혹스럽기도 한 이 영역에서 내가 현재 읽고 있는(다 읽지 않은) 책들로는 George Lakoff와 Mark Johnson의 *Philosophy in the Flesh: the embodied mind and its challenge to Western thought*(Basic Books, 1999)와 M. R. Bennett과 P. M. S. Hacker의 *The Philosophical Foundations of the Neurosciences*(Blackwell, 2006)이 있다. 자장가 '왕국의 열쇠The key of the kingdom'는 Iona와 Peter Opie의 The Oxford Nursery Rhyme Book(Oxford, 1955)에서 찾아볼 수 있다.

에필로그: 오 크나큰 신비여

앤 블러드와 로버트 자토레가 연구한, 척추를 타고 흐르는 전율에 관한 논문은 'Intensely pleasurable responses to music correlate with activity in brain regions implicated in reward and emotion'라는 제목으로 *Proceedings of the National Academy of Sciences*, 98(2001): 11818~11823에 실려 있다. 팀 그리피스의 사례 보고서는 'When the feeling's gone: a selective loss of musical emotion'이라는 제목으로 *Journal of Neurology, Neurosurgery and Psychiatry*, 75(2004): 344~345에 실려 있다.

용어풀이

이 용어풀이는 책에서 한 번 이상 사용된 좀 더 전문적인 용어들의 의미를 잠시 상기시켜준다. 한 번밖에 쓰이지 않고 문맥에서 설명되는 단어들은 여기에 다 포함시키지 않는다. 어떤 단어가 유독 어느 장에서 중요한 역할을 할 때는, 문제의 장을 언급한다.

ATP
아데노신삼인산. 세포 안에서 일어나는 화학 과정들을 위한 가장 광범위한 에너지원의 하나. 미토콘드리아가 끊임없이 ATP를 재충전해서 세포에게 공급한다(4장).

BSE(소해면상뇌증Bovine Spongiform Encephalopathy)
소의 뇌에서 해면상 변화를 일으키는 전염성 뇌 질환. 전염성 단백질(프리온)에 의해 일어나는 증세. BSE에 걸린 소의 고기를 먹은 것이 인간에게서 변종 CJD라고 불리는 BSE의 변형이 발생한 원인으로 여겨지고 있다(3장).

CJD — **크로이츠펠트 야콥병**을 보라.

fMRI

기능적 자기공명영상. 특정한 과제를 수행하고 있는 살아 있는 뇌의 활동을 드러내는 데 사용하는 두 가지 주요 기법들 가운데 하나. 다른 하나는 PET(기능적 영상 참조).

GABA

감마아미노부티르산. 신경계의 주요 억제성 신경전달물질.

REM

급속안구운동. 꿈 수면의 두드러진 특징 가운데 하나.

가소성Plasticity

변화에 적응하는 신경계의 능력. 학습과 기억의 기초인 신경가소성은 주로 뉴런들 사이의 연결부위인 시냅스의 개조가능성에 의존한다. 시냅스는 그것을 건너는 신호들의 작용에 따라 강도가 배가되거나, 쇠약해지거나, 변경될 수 있다(7장).

가시적혈구Acanthocyte

보통 매끄러운 도넛을 닮은 세포의 모양이 변형되어 가시 같은 돌기들이 튀어나온 적혈구. '신경가시적혈구증가증neuroacanthocytosis'이라는 총칭으로 알려진 일군의 신경장애를 나타내는 표식. 신경가시적혈구증가증은 운동, 사고, 행동에 영향을 미치며, 맥레오 증후군(2장)이 여기에 속한다.

간뇌Diencephalon

대뇌반구의 핵심으로, 시상과 시상하부로 구성된다.

간질Epilepsy

뇌의 전기적 활동의 교란으로 국소적('부분간질')으로 또는 전역적('전신간질')으로 일어나는 활동의 비정상적 동기화. 우리에게 더 익숙한 '대발작'뿐만 아니라 광범위한 감각, 기억, 사고의 교란을 일으킬 수 있다.

계통발생Phylogeny

개체발생의 반대로, 종의 발생을 말한다.

고랑Sulcus

주름진 대뇌피질의 깊은 곳 또는 골짜기. 봉우리 또는 '이랑'의 반대 개념이다.

골지 염색법Golgi stain

카밀로 골지가 발견한 염색법으로, 아직도 확실치 않은 이유들로 개별 뉴런들을 통째로 선명히 물들인다. 라몬 이 카할이 이 염색법을 써서 신경계가 조그만 틈—시냅스—을 건너 서로 소통하는 별개의 세포들—뉴런—로 구성된다는 그의 이론을 발달시키는 대단한 결과를 내놓았다(5장).

교뇌Pons

연수의 위, 중뇌의 아래에 있는, 뇌간의 중심부(다리를 뜻하는 라틴어에서 유래. 온전한 뇌에 들어 있는 교뇌를 앞에서 보면 소뇌의 두 반구 사이를 잇는 다리처럼 보여서 생긴 이름이다).

구리

원자번호 29번의 금속 원소로, 전선을 만드는 데(그리고 해당 색깔의 머리카락을 묘사하는 데) 유용하며, 동물 세포에서 미량 발견되는 구리는 일부 효소의 작용에서 주요한 역할을 한다. 1장에서 논의한 윌슨씨병과 멘케병의 뿌리는 보통 몸이 구리를 처리하지 못하는 데 있다.

근육병증Myopathy

근육의('**myo**') 병('**pathy**')(1장).

근육통성 뇌척수염Myalgic encephalomyelitis(ME)

만성피로증후군의 다른 용어이지만 아마도 선호되지는 않을 것이다. 문자 그대로는 '근육에 통증을 일으키는 뇌와 척수의 염증'이지만, 이는 애매모호한 이름이다. 왜냐하면 뇌와 척수에 염증이 있다는 명확한 증거들은 더욱 특징적인 다른 신경장애들을 나타낼 것이며, 의사는 ME의 진단을 배제할 것이기 때문이다.

글루탐산Glutamate

널리 퍼져 있는 흥분성 신경전달물질. 예컨대 시상으로부터 피질로 또 피질로부터 시상으로 뻗어 있는 축삭들에 의해 방출된다. 아미노산의 하나다.

글리신Glycine

뉴런의 발화를 억제하는 아미노산 신경전달물질이다.

기관

신장, 간, 심장—그리고 이 책의 주인공인 뇌—과 같은 신체의 주요 내부 부위들을 가리키는 데 사용되는 단어다.

기능적 영상법Functional imaging

번쩍이는 불빛을 보는 것에서 수학적인 생각까지 다양한 범위의 특정 기능에 의해 활성화되는 뇌 영역들을 시각화할 수 있는 일군의 기법들. 두 주요 기법이 PET(양전자방출단층촬영)과 fMRI(기능적 자기공명영상)이다. 이 기법들은 활동하는 뇌 영역에서 혈류와 에너지 소비가 증가한다는 점을 이용한다.

기면성 뇌염Encephalitis lethargica

뇌 감염의 한 형태로, 1차 세계 대전이 끝날 무렵에 유행했다. 병의 초기와 긴 회복기에 각성 장애가 두드러지게 나타났다. 지금은 거의 사라졌다.

기면증Narcolepsy

낮 시간의 과도한 수면이 특징인 수면장애로, 대개 탈력발작(감정적으로 각성된 순간, 특히 소리 내어 웃는 동안 일어나는 마비)이 동반되고, 흔히 수면마비(꿈에서 처음 깨어날 때 움직이지 못함), 입면환각(잠을 자려고 눈을 감았을 때 일어나는 꿈과 유사한 심상), 밤 수면의 교란도 따른다. 최근 발견된 신경전달물질인 하이포크레틴이 없어져서 생긴다(6장).

기억

넓게 말해서, 우리의 경험과 행동이 과거에 우리에게 일어났던 것의 결과로서 변화할 수 있게 해주는 능력. 여러 방법으로 분류될 수 있지만, 특히 유용한—뇌 안에서 생물학적으로 명확하게 구분되기 때문에—한 가지 분류법은 서술기억과 절차기억으로 나누는 유형이다. 서술기억은 명확히 표현될 수 있는 기억으로, 일회적 사건에 대한 일화기억, 그리고 언어와 세계에 관한 지식(테이블이란 무엇이며, 미국 대통령은 누구인가 등등)의 데이터베이스를 쌓는 의미기억으로 세분된다. 절차기억은 무언가를 다르게 함으로써—예컨대 자전거를 타고 달림으로써—우리가 소유하고 있음을 시범으로 보여주는 기억이다(7, 8장).

기억상실증Amnesia

새로운 기억을 형성하거나 회상하지 못하는 증상. 인간 환자들에게서는 예컨대 사건 기억에만 영향을 주고 새로운 운동 기술을 습득하는 능력은 남겨두는 등, 대개 선택적으로 결함을 일으킨다. 새로운 기억을 형성하지 못하는 동시에 다양한 정도로 과거의 기억을 잃는 고전적 기억상실 증후군은 변연계 안에서 연결되어 있는 구조들, 특히 해마와 시상에서 기인한다. 기억상실증은 일시적으로 일어날 수도 있다(7, 8장).

꼬리핵Caudate nucleus — **대뇌기저핵**을 보라.

나트륨

원자번호 11번의 반응성이 큰 원소. 우리에게는 염화나트륨, 즉 소금 안에 존재하는 분자의 반쪽으로서 친숙하다. 우리 조상들이 진화한 옛적 바다 속에 풍부했고, 아직도 우리의 체액 속에 풍부하게 남아 있으면서 그 바다의 조성을 보전하고 있다. 원자는 흔히 양으로 대전된 나트륨 '이온'과 같은 대전된 형태로 존재한다. 나트륨 이온이 뉴런 안—나트륨의 농도가 비교적 낮게 유지되는 곳—으로 급속히 흘러드는 것이, 뉴런이 충분히 흥분했을 때 일어나는 '발화'—활동전위—의 주요 사건이다(1, 5장).

노르아드레날린Noradrenaline

미국에서는 노르에피네프린이라 불리는 신경전달물질. '싸우거나 달아나기'를 위한 몸의 자원들을 동원하는 데 도움을 주기 위해 부신에서 방출하는 호르몬인 아드레날린과 긴밀한 관계로, 뇌의 '활성화계' 신경전달물질에 속한다. 뇌간에서 합성되어 뇌 곳곳에 널리 방출된다.

뇌간Brain stem

아래에 있는 척수와 위에 있는 대뇌반구를 연결하는 뇌의 영역. 뇌간은 연수(척수에 가장 가깝다), 교뇌(가운데), 중뇌(반구에 가장 가깝다)로 나뉜다. 여러 기능을 하지만, 그중에서도 뇌간의 아래 부분은 호흡과 심장을 통제하고, 윗부분은 반구로 가는 광범위한 연결들을 거쳐 수면-각성 주기를 조절한다. 영국에서 '뇌사'는 뇌간의 사망과 같은 뜻이다.

뇌실Ventricle

액체로 채워진 뇌 중심의 공간. '수두증hydrocephalus' (뇌에 척수액이 과도함)에 걸리면 압력을 받아 확장된다.

뇌염Encephalitis

뇌 물질의 감염.

뇌졸중Stroke

혈관의 문제(대개 동맥이 막힘)로 인해 뇌의 일부가 죽음으로써 일어나는 신경 손상을 가리키는 일반 용어. 매우 흔한 병으로, 인간의 뇌 기능에 대해 확립되어 있는 우리 지식의 많은 부분이 뇌졸중의 효과를 연구한 데서 나왔다.

뇌파Electroencephalogram(EEG)

뇌의 전기적 활동을 기록한 것. 대개 두개골에서 기록된다.

뉴런Neuron

신경세포(5장).

뉴클레오티드 염기Nucleotide base — **핵산**을 보라.

단백질Protein

유전자가 아미노산들의 순서를 지시함으로써 형성되는 분자. '첫 번째 것들'을 뜻하는 그리스어에서 유래했다. 인체를 구축하고, 유지하고, 지원하고, 운영한다(생명에 직결되는 업무에서 한 발짝 떨어진 유전자들의 감독 아래. 3장).

대뇌기저핵Basal ganglia

꼬리핵, 조가비핵, 창백핵, 흑질을 포함하는, 뇌 깊은 곳에 있는 중요한 핵(뉴런들의 덩어리)의 집단을 총칭. 대뇌기저핵을 포함하는 하나의 주요 신호 고리에서는, 신호들이 피질의 수많은 영역들로부터 꼬리핵/조가비핵(하나의 단위로 기능하는)을 지나서, 창백핵을 거쳐 시상까지 갔다가, 다시 원래의 피질 영역으로 돌아온다. 대뇌기저핵의 기능장애에서 비롯되는 인간의 병에는 파킨슨병과 헌팅턴병이 있다. 특히 운동의 통제와 연관되지만, 사고, 성격, 행동의 신경 통제에도 기여한다(2장).

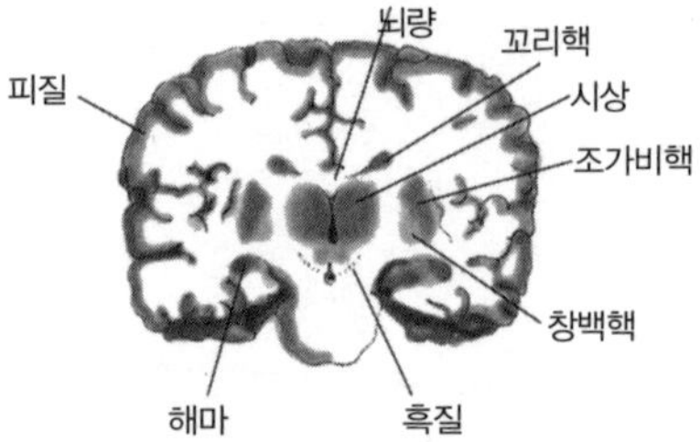

뇌의 앞쪽 절반이 투명하다면 들여다보일 중심의 모습. 전통적으로 운동과 연관되지만 사고, 감정, 행동을 통제하는 데도 관련되는 뇌 영역인 '기저핵'의 상호 연결된 영역들 — 파킨슨병에 걸리면 없어지는 도파민 생성 세포들이 자리한 흑질, 꼬리핵, 조가비핵, 창백핵 — 을 알아볼 수 있다. 이 영역들은 2장에서 논의된다. 기억을 형성하는 데 주요한 영역인 해마(7장), 뇌의 두 반구 사이의 정보 교환을 허락하는 뇌량(8장), 대뇌피질(8장)과 광범위한 뇌 영역들 사이 상호 연결의 주요 허브인 시상도 보인다.

대뇌 반구Cerebral hemispheres/대뇌cerebrum

쌍을 이루는 뇌의 반원으로, 주름진 대뇌피질에 덮여 있고, 각 반구에는 대뇌기저핵과 '간뇌(사이뇌)'시상, 시상하부를 포함하는 심부 구조들이 들어 있다. 뇌간과 소뇌는 포함되지 않는다.

데자뷰

현재의 경험이 어떤 규정하기 힘든 불분명한 과거의 경험을 그대로 반복하고 있다는 당황스러운 느낌. 구어에서는 단순히 두 번째로 일어나고 있는 사건의 경험을 묘사하는 데 쓰이기도 한다(7장).

델타파

초당 4주기 이하의 느린 뇌파로, 깊이 잠든 동안이나 때로는 혼수상태일 때 두개골이나 뇌에서 기록된다.

도파민Dopamine

뇌간에서 출발하는 축삭들에 의해 대뇌반구에서 방출되는 신경전달물질로, 각성, 동기부여, 운동 통제에서 어떤 역할을 맡고 있다. 파킨슨병은 뇌간에 있는 도파민 생성 뉴런들이 없어져서 생기는 결과다. 정신분열증은 대뇌기저핵에서 도파민의 작용을 차단하는 약물을 써서 치료한다.

돌연변이Mutation

단백질에서 변화—좋은 쪽으로든 나쁜 쪽으로든—를 일으킬 수 있는 유전자에서의 변화. 좋은 쪽으로의 변화라면, 그 돌연변이는 선택되어 개체군 전체로 퍼질 것이다. 진화의 원료다(2장).

동기성Synchrony

뉴런들이 서로 때를 맞추어 빌화하는 것을 말한다.

두정엽Parietal lobe

뒤쪽의 후두엽, 아래쪽의 측두엽, 앞쪽의 전두엽과 경계를 이루는 뇌의 엽. 우리가 촉감과 관절 위치에 관한 감각 정보를 받아 공간적 관계를 이해하는 데에서 주요한 역할을 하는 '체감각피질'이 여기에 들어간다(8장).

디옥시리보핵산

DNA. 우리 유전자의 화학 물질로, 염색체 안에 꾸려져 있다. 우리 몸을 구축하고 유지하기 위한—우리의 유전적 구성을 위한— 지시들을 전달한다(2장).

레비소체 치매Lewy Body Dementia(LBD)

세 번째로 가장 흔한 치매의 일종. 특징적으로 현저한 환각이 발생하고, 인지 기능의 (시간 단위나 일 단위) 동요와 파킨슨병의 특징들(떨림, 경직, 운동의 결핍과 둔화, 불안정)이 두드러진다. 비정상 함유물인 '레비소체'가 뇌간 영역의 뉴런들 안에서 발견되는 것은 파킨슨병이 있다는 병리학적 표식이다. LBD인 경우는 대뇌피질에서 발견된다(8장).

막Membrane — **세포막**을 보라.

만성피로증후군

사람을 무기력하게 만드는 피로의 상태로, 정의에 의해 의학적으로도 정신의학적으로도 단순히 설명되지 않는다(1장).

말초신경계Peripheral nervous system

뇌와 척수 이외의 신경들. 머리 안에 있는 1~12번까지의 뇌신경들, 그리고 근육으로 뻗어 나가고 피부나 관절 등에 있는 감각 기관들로부터 되돌아오는, 팔다리 및 몸통의 수많은 신경들을 말한다.

망상체Reticular formation

그물을 뜻하는 라틴어 '*reticularis*'에서 유래했으며, 뇌간의 길이만큼 달리면서 여러 기능들을 조절하는 영역. 예컨대 아랫부분에서는 호흡과 심장 박동을, 윗부분에서는 각성을 조절한다.

맥레오 증후군McLeod's syndrome

X 염색체 상으로 전달되는 한 유전자인 XK 유전자의 돌연변이로 인해 운동, 사고, 행동에 일어나는 유전병이다(2장을 보라).

멜라스MELAS

미토콘드리아 안에 포함된 DNA에서의 돌연변이에 의해 일어나며, 어머니로부터 자식에게 전달되는(미토콘드리아 안의 모든 DNA는 어머니로부터 유전되므로) 신경장애. '근육병증myopathy, 뇌병증encephalopathy, 락트산증lactic acidosis, 뇌졸중양 사건stroke-like episode'을 나타낸다. 추가의 설명을 원하면 4장의 '이브의 자식들을 보라.

무도병Chorea

가만히 있지 못하고 불수의적으로 움직이는 병으로, 대뇌기저핵의 기능 장애에서 비롯된다. '무정위운동'은 관련된 몸부림을 가리키며, '무도무정위운동'은 두 유형을 합쳐서 가리킨다(2장).

미엘린(수초)Myelin

신경계 안에 있는 많은 축삭들을 둘둘 말고 있는 지방질 절연 피막으로, 신호 전달 속도를 높인다.

미토콘드리아Mitochondrion

세포 안에 있는 미소한 화학적 기계 또는 세포소기관의 하나. 세포 안에서 에너지를 생성하기 위해 필요하다. 다른 세포소기관들과 달리, 자체의 DNA를 포함하고 있다. 원래 독립적인 유기체였는데 약 2천 년 전에 우리 세포의 조상과 공생 관계로 들어간 것으로 생각하고 있다.

바이러스

단백질 안에 싸여 있는 유전자들의 묶음. 생명의 경계선에 있다. 침입한 세포의 기구를 강탈하여 자신을 복제하고 전파시키며, 대개 그 과정에서 세포를 파괴한다.

박테리아

세포 안에 구획이 없고, 지구상에 존재한 것으로 알려진 최초의 생명 형태와 가까운 단세포 유기체.

반사

망치로 무릎을 두드렸을 때 다리가 튀어 오르는 것과 같은, 거의 자동적인 행동의 단편. 이 같은 반사들조차도 완전히 자동적이고 변경 불가능한 것은 아니다(7장).

반사간질Reflex epilepsy

특정한 방아쇠에 의해 규칙적으로 유발되는 간질. 번쩍거리거나 깜박거리는 빛이 흔한 방아쇠이지만, 독서, 계산, 특정 기억의 호출을 포함한 광범위한 활동들이 방아쇠로 설명되어왔다.

발작

경험이나 행동의 갑작스러운 교란을 가리키는 일반 용어. 흔히 간질에서 비롯된다.

백색질White matter

뇌의 영역들을 상호 연결하는 섬유들의 다발. 축삭 둘레에 감기는 절연물질 미엘린이 집중되어 하얗게 보인다. 대뇌피질과 심부 핵들의 '회색질에 대비된다. 회색질에는 뉴런의 세포체가 모여 있다.

베타파

초당 13~25주기의 빠른 뇌파로, 정신 활동 중인 인간의 두개골에서 기록된다.

변연계Limbic system

뇌의 '가장자리' 또는 경계에 있는 구조들의 그물망. 감정과 기억에서 주요 역할을 맡고 있다. 해마와 안쪽측두엽 주위 피질, 시상의 일부, 그리고 안쪽전두엽의 띠이랑과 편도를 포함하는 기타 연결된 영역들로 구성된다(7장).

병소Lesion

자연에 의해서나 사람에 의해 일어난 손상이나 병이 있는 별도 영역을 뜻하는 매우 일반적인 용어이다('실험적 병소').

분자

화학 결합에 의해 연결된 두 개 이상의 원자를 말한다. 물은 단순한 분자(두 개의 수소 원자와 한 개의 산소 원자가 결합된 H_2O)이고, 단백질은 복잡한 분자다.

브로드만 영역

신경해부학자 코르비니안 브로드만Korbinian Brodmann(1868~1918)이 광학현미경을 써서 구분한 대뇌피질의 영역들이다. 각 영역은 특정한 피질 층의 세포 밀도와 같은 미묘한 해부학적 특징이 서로 다를 뿐이지만, 영역들 사이의 경계가 일반적으로 기능의 차이에 해당하는 것으로 드러났기에, 그가 작성한 지도가 현재에도 여전히 사용된다(8장).

비대칭

신경학에서 비대칭이란 뇌 양쪽의 기능 전문화를 일컫는다. 좌반구는 언어 처리에서, 우반구는 지각에서 주도적인 역할을 맡고 있다(8장).

산소

원자번호 8번의 원소. 지구상의 많은 생명체에 필수적이며, 주의 깊게 조절되는 '연소'를 통해 우리가 먹는 것들을 이용해 효율적으로 에너지를 생산하게 해준다(1장).

생리학

몸이 작동하는 방식과 신체 부위들의 기능을 연구하는 학문.

생화학물질

내가 DNA, 단백질, 탄수화물처럼 생물에서 중요한 역할을 하는 화학적 화합물들을 가리킬 때 사용해온 느슨한 용어. 과학자들은 화학, 물리, 생물 세 과학 모두에서 나오는 결과와 이론들이 대등할 것이라고, 즉 화학의 사실들이 물리의 용어로 설명되고, 생물의 사실들이 화학과 물리의 용어로 설명될 수 있다고 가정한다. 하지만 실제로 폭넓은 환원이 달성될지는 의심스럽다.

서파 수면

전기적으로 '느린 파장'(세타파와 델타파)이 우세한 것이 특징인 수면. 밤의 초기에는 깊은 서파 수면이 우세하고, 밤이 깊어가면서 얕은 서파수면과 렘수면의 양이 늘어난다.

섬유

축삭을 가리키는 데 쓰이는 용어의 하나다.

세로토닌Serotonin

주로 뇌간에서 만들어지는 신경전달물질. 각성, 식욕, 기분을 조절하는 중요한 역할을 한다.

세타파

초당 4~8주기의 느린 뇌파. 수면 도중이나 때로는 혼수상태에서 두개골이나 뇌로부터 기록된다.

세포막

바깥세계와의 업무를 집행하는, 세포의 반유체 경계. 두 겹의 (물이 침투하지 않는) 지방 분자들로 구성되어 있고, 다른 세포들과 정보를 교환하는 수많은 단백질을 포함하고 있다. 예를 들어 단백질 수용체 분자들은 근처 뉴런의 축삭들이 만드는 시냅스에서 방출되는 신경전달물질의 존재를 탐지한다.

세포소기관Organelle

핵과 미토콘드리아를 포함한, 우리 세포 내부의 거주자들.

세포

세포란 생물학의 원자라 말할 수 있으며, 복잡한 형태의 생명을 구성하는 성분으로서, 제대로 양분을 공급하기만 하면 주인과 떨어져 독립적으로 존재할 수 있다. 각 세포마다 하나의 몸을 만드는 데 필요한 완전한 양의 유전물질이 들어 있지만, 우리의 것과 같은 몸에서 서로 다른 기관에 들어 있는 세포들은 그 기관의 특정한 필요와 관련된 지시들만을 사용한다. 뉴런은 대표적인 전문가 세포로 신경계에 속해 있다. 뇌 안에는 약 천억 개의 뉴런이 들어 있다(5장).

소뇌Cerebellum

뇌간 뒤, 반구 아래에 박혀 있는 뇌의 영역으로, 뉴런 구조가 매우 반복적이고, 통상적으로 원활한 협동 운동과 연관된다(하지만 사고와 감정의 '협동'에도 연관될 수 있다). 대뇌기저핵을 포함하는 회로와 유사한 통제 회로신호 안에서 신호들이 대뇌피질에서 소뇌를 지나 시상으로 갔다가 다시 대뇌피질로 간다.

수면 단계

수면에는 내부 구조가 있다. 대개 네 개의 심화 단계로 세분되는 비렘 수면(가장 심화된 두 단계가 서파 수면으로 이루어진다)과 더 나아간 단계인 '역설적' 수면 또는 '급속안구운동(렘)' 수면으로 나뉜다. 우리는 렘 수면 단계에서 꿈을 꾼다.

수상돌기Dendrite

뉴런에서 가지를 치고 있는 돌기들로, 다른 뉴런들로부터 오는 대다수의 신호를 받는다.

수소

원소들 가운데 가장 단순하면서 우주에 가장 널리 존재하는, 원자번호 1번의 원소. 자유로운 형태일 때는 기체이고, 산소와 묶이면 물, 즉 H_2O 상태가 된다(1장).

수용체

다른 분자를 받아서 결합하도록 적응된 분자. 결과적으로 통로를 열어 입자들을 세포 안으로 또는 밖으로 흐르게 하는 등의 효과를 낳는다. 신경과학에서, 수용체는 대개 신경전달물질을 감지하는 존재다. 예컨대 근육에 있는 아세틸콜린 수용체는 운동뉴런이 방출한 신경전달물질—아세틸콜린—을 붙잡아 근육에 수축을 일으킨다(6장).

스크래피Scrapie

양에게 걸리는 프리온 질병. 아마도 소에 걸리는 관련 질병인 소해면상뇌증(BSE: 3장)의 출처였을 것으로 사료된다.

시각피질

피질에서 시각과 관련된 부분들을 가리키는 일반 용어. 1차 시각피질뿐만 아니라 시각 처리에서 거의 전문화된 역할을 하는 30여 군데 시각 영역들을 포함한다.

시냅스Synapse

하나의 뉴런이 다른 뉴런과 대개 화학적으로 접촉하는 지점을 말한다. 시냅스전 세포에서 방출된 화학적 신경전달물질이 시냅스후 세포의 표면에 있는 수용체들로 건너간다(6장).

시상Thalamus

대뇌반구 중심의 제3뇌실 주위에 있는 커다란 핵(대뇌기저핵 항목의 그림을 보라). 궁극적으로 대뇌피질에 도달하는 감각 정보(시각, 청각, 촉각과 관련된)의 대부분과, 뇌간에서 피질로 가는 활성화 신호의 대부분을 받으며, 피질과 대뇌기저핵 사이, 피질과 소뇌 사이 회로의 신호들을 전송한다. 피질 활동의 소우주라 할 수 있으며, 이곳이 손상되면 뇌의 나머지 부분이 예민하게 반응한다.

시상하부Hypothalamus

뇌의 바닥 쪽 시상 아래에 있는 겨우 땅콩 크기만 한 작은 세포 덩어리다. 자율신경계를 통제하면서 식욕과 갈증 같은 것들을 조절하지만, 수면과 각성도 조절한다. 기면증에 걸리면 없어지는 신경전달물질인 하이포크레틴의 집이다(6장).

신경Nerve

섬유들이 함께 뻗어 있는 일군의 뉴런을 총칭. 대개 섬유의 일부는 근육에 공급되고 있을 것이고, 다른 일부는 감각기관들에서 돌아오고 있을 것이다(시신경처럼 순수하게 감각을 전달하기만 하는 신경들도 있긴 하다).

신경(병)학Neurology

신경계의 장애들을 다루는 의학의 지류(신경계를 과학적으로 연구하는 학문인 신경과학neuroscience과 가까운 동류).

신경계Nerve system

뇌, 척수, 말초신경. 몸의 모든 신경조직을 말한다.

신경망Neural network

자연적인 신경망은 집합적으로 특정 기능을 수행하는 상호 연결된 뉴런들의 집단이다. 변연계 안에서 연결되어 기억 형성에 결정적 역할을 하는 뉴런들의 네트워크가 한 예다.

신경전달물질Neurotransmitter

하나의 뉴런이 또 다른 세포와의 접합점(다른 말로 시냅스)에서 방출하는 화학물질. 일반적으로 두 번째 세포에서 흥분 수준을 높이거나 낮추는 효과를 냄으로써, 세포의 신호 전달 속도를 높이거나 낮춘다. 2차전령 체계를 거쳐 더 미묘한 효과를 발휘할 수도 있다(6장 다섯째 절을 보라).

실신Syncope

'자르다'를 뜻하는 그리스어 *syncoptein*에서 유래하는 용어로, 뇌에 혈액 공급이 끊겨서 일어나는 일시적 의식 상실을 묘사한다.

심리학

마음의 과학. 마음의 학문에 대한 1인칭 접근법—경험의 직접 보고—뿐만 아니라 경험을 가능하게 하는 뇌 안의 과정들을 조사하는 것과 같은 3인칭 접근법까지 포괄하는 혼합 과목이므로 인문학(인간의 경험을 중심 무대에 둔다)과 과학(우리 경험과 독립적으로 존재하는 것으로서의 세계를 조사한다)을 이어준다. 임상심리학자들은 학문적 배경은 심리학에 있지만, 환자들을 상대로 진단하는 역할을(예컨대 기억 문제들을 평가) 하기도 하고 치료사로 일하기(예컨대 몇 가지 '대화요법' 가운데 어떤 것을 사용해서 공포증이나 우울증을 치료하기)도 한다.

아미노산

단백질의 구성요소. 우리 몸은 약 스무 가지를 사용한다. 유전자 부호는 아미노산들이 한데 엮이는 순서를 명시하여 단백질을 형성함으로써 작동한다. 아미노산은 다른 생물학적 기능을 하기도 한다. 예를 들어, 아미노산 글리신은 신경전달물질이기도 하며, 아미노산 글루탐산은 그 자체가 흥분성 신경전달물질이면서, 억제성 신경전달물질인 감마아미노부티르산(GABA)의 화학적 부모이기도 하다(3장).

아세틸콜린Acetylcholine

신경과 근육 사이에서 흥분을 전달하는 화학물질. 각성을 유지하고 학습을 허락하는 중요한 역할을 하는 뇌 안의 주요 신경전달물질이기도 하다. 알츠하이머병 초기에 뇌에서 고갈되는 물질이다.

아편유사제Opioid

펩티드 신경전달물질들의 일족으로, 통증을 조절하는 데서 큰 역할을 한다. 의술을 쓰지 않은 뇌에 그것이 존재한다는 것이 헤로인과 같은 아편제opiate들이 효과가 있는 이유를 설명한다. 아편제는 처방되기도 하고 남용되기도 한다.

알츠하이머병Alzheimer's disease

치매의 가장 흔한 형태로, 대개 우선 최근 사건들의 기억 상실을 일으키고, 점차 기타 지적 능력들을 손상시키면서, 기분, 인격, 행동에 관련 효과를 미친다(8장).

알파파

초당 8~13주기의 뇌파로, 편안히 눈을 감고 있는 실험 대상자의 머리 뒤쪽에서 기록된다.

얼굴인식불능증Prosopagnosia

얼굴을 재인하는 능력의 상실(그 외의 시각 능력들은 잘 보존되어 있는데도 불구하고)을 말한다.

엔도르핀Endorphin

통증 신호에서 중요한 세 가지 계열의 아편계 신경전달물질들 가운데 하나로 아편이나 헤로인 같은 '아편제'는 뇌 안에서 아편계 신경전달물질의 작용을 모방한다.

연수Medulla

뇌간에서 척수에 가장 가까운 부분이다. 호흡과 심장 활동을 유지하는 역할 때문에 생명에 결정적으로 중요하다.

염기Base → 핵산을 보라

염색체Chromosome

각 세포 안에는 유전물질이 성염색체(여성에게서는 두 개의 X 염색체로, 남성에게서는 X 염색체 하나와 Y 염색체 하나로 구성된다)를 포함한 23쌍의 염색체들로 응축되어 있다. 따라서 모든 주어진 유전자는 주어진 하나의 염색체 상에 위치하며, 우리들 각자에게서 아버지에게서 온 것과 어머니에게서 온 것, 두 가지 형태로 존재할 것이다(남성의 Y 염색체와 X 염색체 상의 유전자들은 한 벌밖에 존재하지 않는다. 1장).

염소Chlorine/염화물Chloride

염소는 원자번호 17번의 반응성 높은 원소로, 우리에게는 염화나트륨, 즉 소금 안에 존재하는 분자의 반쪽으로서 친숙하다. 나트륨처럼, 염소도 우리 조상들이 진화한 옛적 바다 속에 풍부했고, 아직도 우리의 체액 속에 풍부하게 남아 있으면서 그 바다의 조성을 보전하고 있다(1장). 물에 녹으면, 염소 원자는 흔히 대전된 입자인 염소 이온으로 존재한다.

엽Lobe

대뇌반구를 크게 넷으로 나눈 부분들이다. → **전두엽**, **두정엽**, **후두엽**, **측두**

엽(8장을 보라).

우세Dominance

뇌의 좌반구에서 언어가 주도적인 역할을 하는 것을 그것이 우세하다고 표현한다(8장).

원자

원자란 원소의 구성요소다. 다시 말해, 하나의 원자는 산소, 수소, 나트륨이나 금과 같은 어떤 원소의 가능한 최소량이다. 같은 원소의 원자들 또는 서로 다른 원소의 원자들이 결합해 분자를 형성할 수 있다(하나의 물 분자는 두 개의 수소 원자와 하나의 산소 원자로 구성되어 있는 H_2O다—1장을 보라).

원핵생물Prokaryote

박테리아처럼, 세포 안에 구획과 세포소기관이 없는 유기체를 말한다(4장).

유전자Gene

DNA에 적혀 있는, 우리 몸을 구축하기 위한 유전되는 지시문들이다. 각 유전자는 특정 단백질 분자를 구성하는 아미노산의 순서를 명시한다. 인간유전체프로젝트는 인체에서 3만 개의 유전자가 활동한다는 견해를 내놓았다(2장).

의식의 신경상관물Neural correlate of consciousness(NCC)

의식 경험의 신경적 토대를 가리키는 데 쓰이는 용어로 구조(의식이 일어나는 '장소')와 생리 현상(의식이 일어나는 '방식')의 조합으로서 집합적으로 우리의 경험을 일으킨다(혹은 그럴 거라는 게 의식에 대한 한 가지 대중적 관점의 생각이다).

이랑Gyrus

주름진 대뇌피질의 '언덕'. 골짜기나 '고랑'의 반대 개념이다.

이온Ion

유효전하를 싣고 있는 하나의 원자나 분자. 뉴런의 신호전달에 중요하다. 나트륨 이온, 칼륨 이온, 칼슘 이온(양전하를 띠는)이나 염소 이온(음전하를 띠는)과 같은 이온들이 뉴런을 드나드는 움직임에 의해 활동전위가 형성된다.

이원론

정신적 사건과 육체적 사건 사이에 깊은 구분선을 긋는 철학적 전통. 실체이원론은 정신적 실체와 육체적 실체를 구분하고, 속성이원론은 정신적 속성과 육체적 속성을 구분한다.

이차전령Second messenger

수용체 집단이 신경전달물질의 도착에 반응하여 활성화됐을 때 직접 이온 통로를 열기보다 추가 신호를 전달하기 위해 방출하는 화학물질(6장).

인지Cognition

우리가 하는 지적 활동의 총합. 인지 기능의 통상적인 목록에는 주의, 기억,

집행 기능(우리의 사고와 행동을 조직하는 능력), 언어, 프락시스(능숙한 행위들을 수행하는 능력), 지각(공간 자각을 포함한)과 같은 것들이 나열된다. 의식은 이 목록에 들어갈 수도 있고 들어가지 않을 수도 있다.

인

생물 안에 있는 원자번호 15번의 중요한 원소. 예컨대 산소를 필요로 하는 미토콘드리아의 작업으로 합성된 에너지를 세포 안에서 당장 쓰일 수 있도록 저장하는 분자인 ATP, 즉 아데노신삼인산에 기여한다.

자율신경계

대개 의식적으로 통제할 수 없는 신경계의 일부로, 혈관, 창자, 방광과 기타 부위의 민무늬근을 조절하고, 심장의 박동수와 수축력을 조절한다. 혈압, 발한, 발기와 같은 내부 신체 기능을 통제한다.

재인Recognition

무언가 또는 누군가가 친숙하다는 것을 아는 것이다. 우리는 때때로 어떤 사물이나 사람에 관해 아무것도 회상할 수 없으면서도 그것을 재인한다.

전두엽Frontal lobe

뇌의 네 개 엽들 가운데 가장 앞쪽에 있는 엽. 운동피질이 포함되며, 넓게 말해 우리의 행동을 조직하고 조절하면서 뇌의 출력을 지배하는 엽이다(8장).

전두측두 치매

치매뇌의 전두엽과 측두엽 가운데 하나나 둘 다가 수축해서 생기는, 얀의 것(8장)과 같은 치매를 말한다(하위 유형들에 대해서는 8장을 보라).

전전두피질Prefrontal cortex

전두엽에서 운동피질과 전운동피질을 제외한 영역. 운동피질과 전운동피질에서의 활동은 거의 완전히 운동의 통제에 연결되어 있다. 전전두피질은 예컨대 의사결정에서처럼, 행동에 미치는 영향력이 덜 직접적이다(8장).

정신의학

정신장애와 관련된 의학의 지류. 정신과의사는 — 심리학자와 달리 — 의학적으로 자격이 있지만, 마음의 병을 평가하고 치료하는 데 있어서 심리학자들과 긴밀하게 협동해서 일한다. 신경학과 정신의학은 겹치는 부분이 워낙 많아서, 한 의학 분야의 분과들이라고 볼 수도 있다.

정신이상

망상(잘못된 믿음의 고착)과 환각의 발생이 특징인 일군의 정신의학적 장애들.

주기율표

알려진 모든 원소들을 보여주는 표. 원소들의 화학적 행동에서 명백하게 드러나는 패턴들이 부각되도록 배치되어 있다(1장을 보라).

중간뉴런Interneuron

짧은 범위의 정보 전달에 관여하는 작은 뉴런. 정보를 뇌로 가져가는 감각 뉴런과 정보를 뇌로부터 멀리 실어 나르는 운동 뉴런 사이에 들어가는 뉴런 회로의 한 성분이다.

중뇌Midbrain

뇌간에서 진정한 뇌에 가장 가까운 부분. 이곳을 다치면 특히 의식이 손상되기 쉽다.

중추신경계

뇌와 척수(팔다리, 몸통, 머리에 있는 근육과 감각기관들로 뻗어 나갔다 돌아오는 말초신경의 반대 개념을 일컫는 말이다).

지방

(탄수화물처럼)에너지를 저장해서 세포에 공급하는 데 사용되는 두 번째 계열의 탄소, 산소, 수소 화합물. 하지만 열 손실에 대항해 우리를 단열하고, 우리 기관들의 충격을 완화하고, 인체의 형태를 형성하기도 한다. 지방 분자들은, 순수한 형태일 때는 달콤하고 끈적끈적한 액체인 글리세롤과 하나에서 세 개 정도의 '지방산'이 결합하여 구성된다. 팔미트산, 스테아르산, 올레산이 가장 흔한 지방산이다(올레산은 올리브유의 주성분이다).

진핵생물Eukaryote

세포가—우리의 세포처럼—내부가 구획되어 있고 안에 세포소기관들이 들어 있는 유기체(4장).

질소

원자번호 7번의 기체 원소이다. 생물 속 어디에나 있는 원소들 가운데 하나로 기체의 원자들이 생물 안에서 '고정된다. 특히 단백질의 구성요소인 아미노산에 풍부하다.

철

원자번호 26번의 금속 원소로, 몸에서 필수적인 역할을 한다. 산소와 결합하는 단백질인 헤모글로빈 안에 자리 잡고 있다. 헤모글로빈은 적혈구에 채워져 있으며, 적혈구로 하여금 몸 곳곳의 세포들로 산소를 운반할 수 있도록 해준다.

축삭Axon

뉴런의 가느다란 돌기로, 세포로부터 먼 쪽으로 나아가는 신호들을 전달한다. 목표물에 가까워지면 하나의 뉴런이 보통 가지를 쳐서 다른 세포들과 수많은 시냅스로 연결되긴 하겠지만, 뉴런에서 나가는 축삭은 하나뿐이다(5장).

측두엽Temporal lobe

뇌의 가장 아래, 귀 위에 있는 엽이다. 듣기, 냄새, 시각적 재인, 언어 이해와 기억에 특히 중요하다(8장).

치매

말하자면, 정신의 상실. 여러 인지 능력(예컨대 기억, 언어, 지각 능력)의 손상을 수반하고, 흔히 기분, 성격, 행동의 변화를 동반하면서, 사회적 기능에 큰 영향을 미친다(8장).

치명성 가계 불면증

유전되는 형태의 희귀한 프리온 질병으로, 특히 현저한 불면증을 일으킨다(3장).

칼륨

원자번호 19번의 원소이다. 연질 금속. 세포 안의 액체에 비교적 높은 농도로 녹아 있다. 세포 안에서 양으로 대전된 칼륨 '이온'의 형태로 존재한다. 활동전위의 후반부에서 뉴런들 밖으로 흘러나가, 뉴런의 발화에서 주요한 역할을 한다.

칼슘

원자번호 20번의 원소로, 우리에게는 분필의 주성분인 탄산칼슘의 형태로 익숙하다. 몸 안에도 풍부해서, 신호 전달 과정에서 신경 발화 도중이나 세포 내부에서 모두 주요한 역할을 하고 있다. 예를 들어, 축삭의 말단으로부터 신경전달물질이 방출되려면 칼슘이 시냅스 안으로 들어가야 한다. 과량의 칼슘이 세포 안으로 진입하는 것이 세포의 삶에서 일반적으로 일어나는 최후 사건이다(1장).

쿠루Kuru

뉴기니에 국한된 프리온 질병으로, 조상의 뇌를 먹는 관습으로 인해 주로 여성과 아이들 사이에 퍼졌다(3장).

크로이츠펠트 야콥병Creuztfeldt Jakob Disease(CJD)

프리온으로 인해 일어나는 인간의 병 가운데 가장 흔한 병으로, 전 세계에서 해마다 인구 백만 명 당 한 명꼴로 일어난다. CJD는 빠르게 진행되는 치매로, 뇌의 운동 및 감각 통제에 일어나는 광범위한 교란의 징후들과 연관된다. 주로 영국에서 일어나고 있는 변종 CJD(vCJD)는 CJD의 새로운 형태로, BSE에 감염된 고기를 먹게 되면서 일어난다(3장).

탄소

원자번호 6번의 원소로, 지구의 생명체에 결정적으로 중요하다. 탄소 원자들이 다른 탄소 원자들을 포함한 다른 원자들과 함께 형성하는 안정한 분자들에 생명이 달려 있다(1장). 유기화학은 탄소 화합물의 화학이다.

탄수화물

에너지를 저장해서 세포에게 공급하는 데 쓰이는 탄소, 산소, 수소 화합물의 일족을 지칭한다. 식물에 있는 녹말과 섬유소, 동물에 있는 포도당과 글리코겐이 여기에 들어간다.

탈력발작Cataplexy

감정적 각성, 특히 즐거움으로 인한 전신 마비나 부분 마비를 말하며, 기면증의 주요 증상들 가운데 하나다(6장).

통로Channel

뉴런의 전기 활동은 세포막 안에 자리 잡고 있는 단백질들에 의해 통제된다. 그 단백질에 들어 있는 구멍이나 통로가 나트륨, 칼슘, 칼륨 이온과 같은 대전된 입자들을 세포 안팎으로 통과시킨다. 활동전위를 전달하는 데 관련되는 것과 같은 일부 통로들은 전압이 변화하면 열리고('전압 개폐 통로'), 다른 통로들은 신경전달물질이 도달하면 열린다('리간드 개폐 통로'). 일부 유형의 간질과 편두통을 포함해, 점점 더 넓은 유형의 신경장애들이 통로의 결함 때문에 일어나는 것으로 밝혀지고 있다(5장).

통합 작업공간Global workspace

의식의 계산 기능을 표현하는 버나드 바스의 은유이다. 의식이 특수한 심리적 하위 체계들이 널리 이용할 수 있는 정보를 제공하는 중심이라는 것이다.

투사Projection

신경계의 한 부분으로부터 다른 부분으로 신호를 전달하는 축삭들의 다발. 예컨대 뇌간으로부터 반구로 가서 우리의 각성 상태에 영향을 미치는 몇몇 중요한 투사들이 있다.

파킨슨병Parkinson's disease(PD)

뇌 안에 신경전달물질 도파민이 부족해서 생기는 흔한 신경장애이다. 그 결과로 떨림, 경직, 운동의 결핍과 둔화, 불안정이 조합되어 나타난다.

펩티드

짧게 늘어선 한 줄의 아미노산들을 일컫는 용어다.

프리온

프리온 단백질은 뇌의 정상 성분이지만, CJD와 같은 장애에서는 프리온 단백질 분자가 화학적 변화를 일으켜서 세포에 소화가 되지 않는 동시에, 정상 단백질 분자들을 소화되지 않는 형태로 전환시키는 능력을 얻는다(3장).

피라미드세포Pyramidal cells

피라미드 모양의 커다란 피질 뉴런을 말한다. 축삭은 피라미드의 바닥에서 출발하고, 수상돌기 나무들이 폭넓게 존재한다. 피라미드의 정점에서 뻗어 나오는 가장 가까운 곳에서 가지 하나를 포함하고 있다. 대부분의 피라미드 세포들은 축삭을 백색질 속으로 보내므로, 대뇌피질의 '투사' 세포 또는 출력 세포들이다.

피질Cortex

'나무껍질'을 뜻하는 라틴어에서 유래하는 피질은 대뇌반구의 주름진 외부 표면을 가리키며, 피질의 '회색질에는 여러 층의 뉴런들이 풍부하다.

하이포크레틴Hypocretin

시상하부에서 만들어지는 최근에 발견된 신경전달물질. 수면-각성 주기를 조절하는 데 도움을 준다. 하이포크레틴의 결핍은 기면증을 일으킨다(6장).

해마Hippocampus

바다 생물 해마를 뜻하는 그리스어에서 유래했다. 측두엽의 안쪽 표면으로 박혀 있는 곡선 구조의 기관이다. 의식되는 새로운 장기 기억, 다시 말해 '서술적' 기억을 형성하는 데 필요하고, 어느 정도는 그 기억을 인출하는 데도 필요하다(7장).

핵Nucleus

전적으로 별개인 두 가지 생물학적 의미가 있는 용어다. 세포 생물학에서의 핵은 세포에서 DNA를 담고 있는 부분, 즉 화학 작용들의 본부를 말한다. 신경학에서의 핵은 일반적으로 하나 이상의 기능을 공유하는 뉴런들의 덩어리를 말한다.

핵산Nucleic acid

DNA(디옥시리보핵산)와 RNA(리보핵산)가 '핵산'이다. 핵산이란 당 분자들(DNA에서는 디옥시리보오스, RNA에서는 리보오스)이 인산 분자들에 의해 서로 연결되어 사슬을 이룬 거대 분자다. 각 당 분자는 또한 뉴클레오티드 염기(DNA에서는 아데닌, 구아닌, 시토신, 티민, RNA에서는 아데닌, 구아닌, 시토신과, 티민 대신 우라실)에 연결되어 있어서, 다음과 같은 종류의 구조가 된다.

당–염기
/
인산

/

당–염기

/

인산……

염기들의 순서가 유전 암호의 토대를 제공한다. 예컨대 '시토신–아데닌–구아닌', 즉 CAG는 아미노산인 글루타민을 명시한다. DNA의 이중나선(2장)에서는 두 개의 긴 핵산 분자가 서로를 휘감는다. 두 분자 사이의 염기들이 느슨한 화학 결합을 형성(아데닌은 언제나 티민과, 구아닌은 언제나 시토신과 짝을 이룬다)하고 있다.

당–아데닌……　　　　……티민–당

/　　　　　　　　　/

인산　　　　　　　　인산

/　　　　　　　　　/

당–구아닌……　　　　……시토신–당

/　　　　　　　　　/

인산　　　　　　　　인산

헌팅턴병 Huntington's disease

뇌에 걸리는 유전병의 하나로, 잠시도 가만히 있지 못하는 움직임—무도병—을 유발하는 동시에 기분, 사고, 성격, 행동의 교란을 일으킨다(2장).

호르몬Hormone

혈류 안으로 방출되어 신체 기능에 광범위한 효과를 발휘하는, 흔히 크기가 작은 단백질 물질을 말한다. 십이지장에서 방출되는 인슐린이나 부신에서 방출되는 아드레날린을 예로 들 수 있다.

혼수상태Coma

의식이 손상되어 반응 능력이 전혀 없거나 훨씬 떨어진 상태로서, 다양한 정도의 뇌 활동 감퇴와 연관된다. 눈은 감겨 있다. 혼수상태는 주로 광범위한 뇌 기능의 감퇴를 일으키는 조건들-예컨대 알코올이 너무 많거나 산소가 너무 적은—로 인해, 또는 평소에 각성을 유지하는 뇌간이나 시상의 영역에 손상이 집중되어서 일어난다(2장).

화학

물리학처럼, 화학도 물질과 에너지를 연구하지만, 물리학은 물질과 에너지의 기본 성질과 행동에 초점을 두는 반면, 화학은 물질과 에너지의 더 복잡한 상호작용에 관심을 둔다. 특히 화학자들은 서로 다른 원소의 원자들이 분자 안에서 어떻게 결합하는지, 그리고 이 분자들이 어떻게 함께 반응하는지를 연구한다. 유기화학은 탄소를 포함하는 지극히 많은 분자들, 그 가운데서도 생명의 기본이 되는 분자들(DNA, 단백질, 지방, 탄수화물과 같은)을 연구하는 학문이다.

환원주의

의식 상태처럼, 복잡하거나 신비한 기능 또는 실체에 관한 설명이 뇌 안의 활동처럼, 더 간단히 또는 더 명확히 이해되는 기능이나 상태에 관한 설명으로 환원될 수 있다는 철학적 관점을 지칭하는 말이다.

활동전위

하나의 뉴런이 충분히 흥분되었을 때 최대 크기로 전달되거나 전혀 전달되지 않거나 둘 중 한 형태로 전달되는 전기 신호를 말한다(5장).

회색질Gray matter

대뇌피질의 표면처럼 뉴런이 풍부한 뇌의 영역. 주로 상호 연결된 섬유 다발로 구성되는 '백색질'의 반대 개념이다.

후두엽Occipital lobe

뇌의 네 엽들 가운데 가장 뒤쪽의 엽을 말한다. 뇌의 곧장 뒤('후두극')에 있는 1차 시각피질과 기타 시각 영역 몇 군데가 여기에 들어간다(8장).

히스타민Histamine

각성을 유지하는 역할을 하는 흥분성 신경전달물질.

히스테리Hysteria

구분 가능한 신경병 없이 신경장애로 보이는 다양한 증상들이 일어나는 상태로 흔히 배경에 심리적 요인들이 있다(9장).

산소 원자
1/10,000,000mm

DNA는 폭이 2/1,000,000mm(또는 2nm)로 균일한 이중 나선 구조이다.

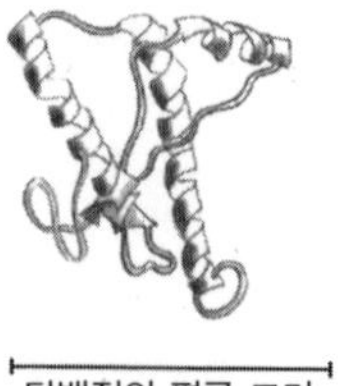

단백질의 평균 크기
1/100,000mm

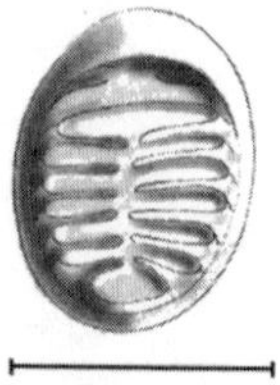

미토콘드리아의 크기는 1~10마이크로미터(1/1,000~1/100mm)이다

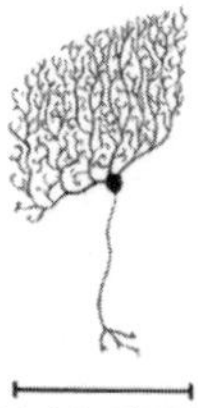

대부분의 뉴런들은 폭이 1/100~5/100mm 범위이다.

시냅스 폭은 200옹스트롬(2/100,000mm)이다

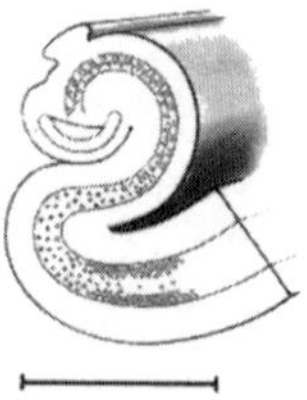

해마
대략 가로 100mm × 세로 40mm

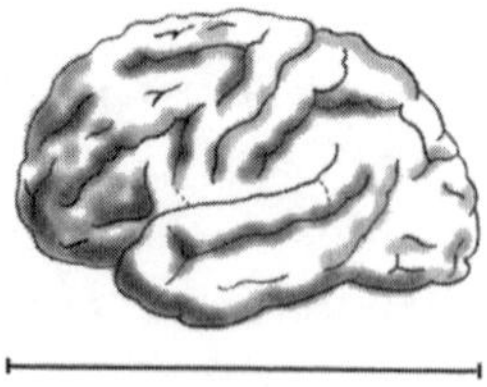

반구
대략 140mm 길이

사람
대략 1700mm

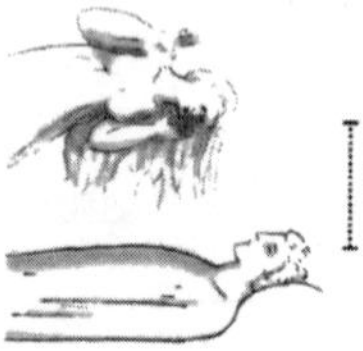

영혼

역자후기

“현미경과 망원경은 우리가 일상적 경험으로는 확인할 수 없는 세계를 열어 놓았다. 보이지 않던 세계를 보이게끔 만들었기 때문이다. 이제 우리는 악마의 농간으로 여겨졌던 질병의 원인이 세균이라는 것을 알 수 있게 되었으며, 또 계수나무 밑에서 방아를 찧고 있는 토끼도 더 이상 볼 수 없게 되었다……. 과학이 단순히 기술을 넘어서게 되는 이유도 결국 여기에 있다. 과학은 근본적으로 새로운 시선을 만드는, 따라서 기존의 시선을 폐기하는 혁명성을 가지고 있기 때문이다.”(강신주의 『철학 vs 철학』에서)

우리는 과학혁명에 천지가 개벽한 듯 세계관을 수선한다. 거기에 유감이 있는 건 아니지만 생각해보면, 갈릴레이 이전에도 지구는 태양 주위를 돌았다. 달라진 건 우리의 시선뿐이다. 간혹, 세상이 원자와 공간으로 이루어져 있다는데 ‘허무적인 환원주의’ 운운하는 걸 들으면, 그건 그냥 ‘비약’이 아닐까 싶다. 잘못된 아미노산 글자 하나, 변형된 단백질, 너무 적은 신경전달물질, 상처받은 해마나 전두엽이 우리에게서 단아한 외모와 품위 있는 자세, 화사한 웃음, 소중한 추억과 고귀한 자아를 빼앗는다는 것은 자존심 상하는 사실일 순 있어도, 무슨 '주의'라는 팻말 뒤에 줄선 사람만 신봉할 철학은 아닐 것 같다.

보이지 않는 틈새를 메우며 비약을 줄여가는 일은 방정맞은 자궁에게 간절히 기도하며 배설물을 끼얹는 '무효한(위약 효과를 빼면)' 푸닥거리를 거두는 데서 그치지 않는다. 광우병에 대해 까막눈이었다가 눈을 뜨기까지 그 시간의 창을 통과하며 '피할 수도 있었을' 젊은 죽음을 목도하던 의사의 안타까움을 생각해보라. 지금 이 순간도 어느 광학기기의 해상도나 유전자 암호 해독의 역사적 시간 창 언저리에서 어느 목숨이 왔다 갔다 하고 있을 것이다. 날 아프게 하는 악마를 보여준다면, 그것이 단백질이든 철자법이든 순순히 인정하리라. 나는 기계다.

'그리고' 나는 기계가 아니다. 기계로 만들어진 기계로 만들어진 기계들인 환자들의 목숨을 기계적으로 다루며 자신의 몸마저 기계처럼 가혹하게 굴리는 과학자와 의사들의 모습은 분명 살풍경이다. 환자도 과학자도 의사도 속으로는 절규할 것이다. "난 기계가 아냐!" 물론이다. 어쩌면 '흰 가운을 걸칠 때 일상의 감정적 안테나를 꺼버려선 안 되는' 여기부터가 몸에서 해부학적으로 찾을 필요 없는 문학적 '영혼'의 영역인지도 모른다.

"너무 바쁘게 사느라 우리는 '나'를 만날 시간이 없다. 어쩌면 세상에서 가장 만나기 어려운 사람이 바로 '나' 자신이 아닌가 싶다." (강신장의 『오리진이 되라』에서)

기계이면서 절대 기계가 아닌 동포들이여. 절규의 틈바구니에서 어디 있는지 모를 '나'를 만나고 싶을 때, 친절한 지면 선생이 의학 스릴러로 냉방을 해가며 천문학, 화학, 생물학을 원스톱으로 제공하는 『뇌의 초상』을 보러 가자. 물러섰다 다가섰다 앞태도 보고 뒤태도 살피면서, 패키지로 영국 여행도 하고 엘리엇도 읽고 렘브란트도 감상하고, 마지막으로 책을 덮으며 '오 크나큰 신비여'까지 찾아 들어보자. 혹시 아는가, 일상의 억제에서 해방된 당신에게 바흐가 50번째 전주곡과 푸가를 들고 강림할지. 원자여, 유전자여, 단백질이여, 세포 소기관이여, 뉴런이여, 시냅스여, 신경망이여, 네 엽들이여, 정신이여, 영혼이여. 그대들이 모두 제자리에 있어주어야 이 초대장이 가 닿을 것이다.

2011년 봄

옮긴이 **김미선**

1966년 서울에서 태어나 연세대 화학과를 졸업했다. 대덕연구단지 내 LG연구소에서 근무했으며, 숙명여대 TESOL 과정 수료 번역가로 활동하고 있다. 현재 '뇌'라는 키워드와 맞물린 분야를 공부하고 있다. 『뇌 과학의 함정』, 『기적을 부르는 뇌』, 『꿈꾸는 기계의 진화』 등을 번역했다

초판 1쇄 인쇄일 · 2011년 3월 30일
초판 1쇄 발행일 · 2011년 4월 6일

발행처 · 출판사 지호 || 발행인 · 장인용 || 출판등록 · 1995년 1월 4일 || 등록번호 · 제10-1087호 || 주소 · 경기도 고양시 일산동구 장항동 751 삼성라끄빌 1319호
전화 · 031-903-9350 || 팩스 · 031-903-9969 || 이메일 · chihobook@naver.com

I
SBN 978-89-5909-056-3